EXTREME NONLINEAR OPTICS

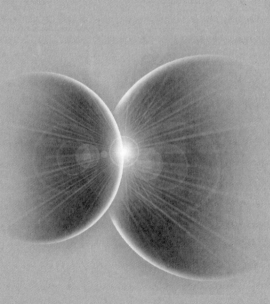

"十二五"国家重点图书出版规划项目

世界光电经典译丛

丛书主编 叶朝辉

极端非线性光学

【德】Martin Wegener 著

王 超 康轶凡 译

华中科技大学出版社
http://www.hustp.com

中国·武汉

Translation from English language edition:
Extreme Nonlinear Optics
by Martin Wegener
Copyright © 2005 Springer Berlin Heidelberg
Springer Berlin Heidelberg is a part of Springer Science + Business Media
All Rights Reserved

湖北省版权局著作权合同登记　图字:17-2015-087 号

图书在版编目(CIP)数据

极端非线性光学/(德)韦格纳著;王超,康轶凡译.—武汉:华中科技大学出版社,2014.1
(世界光电经典译丛/叶朝辉主编)
ISBN 978-7-5609-6963-3

Ⅰ.①极… Ⅱ.①韦… ②王… ③康… Ⅲ.非线性-光学-研究 Ⅳ.①O437

中国版本图书馆 CIP 数据核字(2014)第 017822 号

极端非线性光学　　　　　　　　　　　　　　　　　　　(德)Martin Wegener　著
　　　　　　　　　　　　　　　　　　　　　　　　　　　王　超　康轶凡　译

策划编辑：徐晓琦
责任编辑：王晓东
封面设计：范翠璇
责任校对：马燕红
责任监印：周治超
出版发行：华中科技大学出版社(中国·武汉)　　　电话：(027)81321913
　　　　　武汉市东湖新技术开发区华工科技园　　　邮编：430223
录　　排：武汉楚海文化传播有限公司
印　　刷：虎彩印艺股份有限公司
开　　本：710mm×1000mm　1/16
印　　张：15.25　插页:2
字　　数：257 千字
版　　次：2018 年 4 月第 1 版第 2 次印刷
定　　价：58.00 元

谨以此书献给卡琳、葆琳和亨丽埃特。

# 专家序

伴随着 20 世纪 60 年代激光技术的问世,非线性光学即成为一门新兴分支学科并随着激光技术的革新而得以迅速发展。迄今,啁啾脉冲放大等激光技术的日臻成熟已使得产生载波-包络相位锁定、脉宽为几个光载波周期的超短超强近红外光脉冲成为可能(如脉冲宽度已接近一个光载波周期、聚焦峰值光强已达 10^{22} W/cm^2),光学也随之从传统非线性光学-微扰非线性光学机制阶段而进入了非微扰非线性光学-极端非线性光学机制阶段。在此深层次光学领域,光场相位(phase)成为影响甚至决定光与物质相互作用物理过程走向和结果的重要参数,诸多新颖的甚至在传统非线性光学机制下不可能发生的物理效应和物理现象,如具备结构反演对称特性的材料中的倍频效应与惰性气体中的高阶谐波产生效应(此效应能够产生脉宽在阿秒量级的单极紫外电磁脉冲或脉冲群)等,将成为该领域司空见惯的研究对象。可以预见,极端非线性光学将是一个崭新的、广阔的光学新天地!

原著《Extreme Nonlinear Optics》内容丰富,论述言简意赅,在内容编排及相关原理阐述方面遵循循序渐进的科学规律,以非线性光学学科自身发展的连续性为主线,采用"内容与研究方法并重"的原则,使读者在清楚把握已有学科发展脉络的同时,能够明晰传统非线性光学到极端非线性光学,以及极端非线性光学自身的发展过程中,其每个阶段之间在科学理念及精髓上的传承及超越,以消除读者在阅读此书时所可能出现的突兀感,从而最终从整体上把握极端非线性光学领域当前研究发展水平。正因此,原著具有极高的参考价值。

更为重要的是,随着人类对自然界尤其是微观世界探究的深入,多学科交叉及学科融合的局面将呈现出更为丰富多样、令人叹为观止的新现象,同时也孕育着改变甚至递进人类认识深度的生机。我国国内在对此相关研究的认知方面必定有着迫切的需求,无论是了解层次,还是探究层次。正是在这种需求的驱动下,王超博士发起并负责翻译了这本《极端非线性光学》。

王超博士有良好的物理学基础,为我所重点培养的青年科技人员。他于2008 年 10 月至 2010 年 10 月在美国堪萨斯州立大学物理系留学访问,参与了强光物质相互作用高阶谐波产生极紫外阿秒光脉冲相关理论及实验研究,在该领域积累了一定的研究基础。他本人有志于翻译《极端非线性光学》以飨读者,我深感欣慰。本书译文语言精炼,其力图保持原著特色的严谨态度已流露于字里行间。译者及华中科技大学出版社通力合作出版这样一本书,实属难能可贵,惟愿此书能成为国内从事强场物理光学、光与物质相互作用等相关方面研究人员的有益参考。

是为序。

瞬态光学与光子技术国家重点实验室主任
中国科学院西安光学精密机械研究所所长

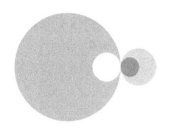

译者序

2008 年 10 月至 2010 年 10 月，我在美国堪萨斯州大学物理系留学访问，参与的课题是高阶谐波（high-harmonic generation，HHG）产生极紫外阿秒光脉冲相关理论及实验研究。期间，为全面了解此研究的前沿及相关并行领域的全景式发展脉络，我研读了大量的文献，并有幸得到了相关国际知名学者的指点，《Extreme Nonlinear Optics》正是他们向我推荐的一本书。时至今日，此书已研读 5 遍之多，每次都有新的、让人激动的收获。随着理解的深入，我才知晓：极端非线性光学是一个广阔的光学新天地！被誉为将在 21 世纪引领科技界"阿秒革命"的阿秒脉冲，其有效产生途径——高阶谐波产生过程，亦仅仅是强场极端非线性光学这个鸿篇巨制中的一页而已。

2011 年，我发表了两篇有关阿秒光脉冲产生方面的中文期刊文章，有幸得到了国内相关研究者的关注，彼此之间亦进行了密切的交流，这其中我亦受益匪浅。但更触动我的是，原来国内在对此相关研究的认知方面亦有着迫切的需求。于是我利用闲暇时间搜索了强场光学方面的中文书籍，但收获甚少，仅有一些讲义层次的介绍资料。因此我便产生了将该书翻译成中文的想法。

在施普林格亚洲有限公司北京代表处的联络下，华中科技大学出版社同意购买外文版权并资助出版中译本，这使得我构思的书籍翻译工作迈出了坚实的一步，直至如今成文付梓。期间，华中科技大学出版社的徐晓琦编辑就本书的出版定位花费了相当的心思，这使得本书从一开始就颇具经典教科书般的厚重品质；参与本书翻译工作的王超、康轶凡和任兆玉同志，无疑付出了大量的精力和宝贵的时间，这一切皆自然流露于本书的字里行间，以至于我在通译和校译的过程中常常叹服他们对原著所述物理本质及相关专业术语的准确把握；中国科学院西安光学精密机械研究所所长赵卫能在百忙之中过目此书并欣然答应为中译本作序，着实让我受宠若惊；我的亲人给我以榜样的力量，知晓我"立志不坚，终不济事"的道理，这使我在期间遇到困难时总能坦然面对、勇往直前。现在，我想说的是，非常感谢您们！虽然一句感谢远不能表达此刻我内心的感受，哪怕是十分之一，但是恳请您们姑且接受这样的谢意。

由于译者水平有限，书中难免有不足和错误之处，恳请广大读者不吝赐教，给予批评指正。

王 超

中国科学院西安光学精密机械研究所

2013 年 2 月 于西安

原文序

　　2001 年，我有幸被邀请为 2003 年在意大利西西里岛埃里切市举行的夏季学习班作系列讲座，讲座的主题即是我们长期以来的研究工作——半导体中的强场激发。一接到这个邀请我便立即开始积极准备，不久便形成了这次系列讲座的蓝图：系列讲座与我们的研究工作相关，但主题内容要更为宽泛一些。当重新阅读、整理我们已出版的论著原文时，其材料内容之丰富、涉及研究领域之广泛，真的使我感到非常惊讶：这其中包括固态物理、原子物理、相对论物理、粒子物理以及物理计量学。此刻我意识到，一个全新的非线性光学领域正呈现在我面前。纵观这些研究层面及其内容，尽管彼此之间存在着因领域不同而导致的如术语等方面的重大差异，但它们在物理本质上的某些相似性则是不难发现的，尤其是在极端非线性光学这个物理机制下。这些有着深刻物理意义甚至相当新颖的物理效应和现象，在现有的教科书中则未曾涉及。此即为本书的成因。

　　本书在兼顾相关物理理论的基础上，以一个实验物理学家的视角展示了此新兴研究领域的概貌。其中第 1 章至第 6 章为基础部分，传统非线性光学中的相关关键结论在必要的时候亦给予了扼要复述。作为此六章正文内容的有益补充，本书还针对相关关键内容相应给出了二十多个问题（供练习、思考）及较多实例，并在书后给出了相应的问题解答。第 7 章及第 8 章则从整体上评述了极端非线性光学，以期引导读者掌握本领域最新的研究进展及成果。

　　因此，本书可作为物理学或电子工程专业学生在非线性光学、量子光学或量子电子学课程学习及研讨方面的教材,也能对刚介入极端非线性光学领域的年轻学者给予一定的指导。同时,本书所涉及的各学科领域的纵深发展及彼此之间在物理学机制方面的横向联系,足以使之成为各分支学科专家学者的良师益友。

Martin Wegener

2004 年 6 月于卡尔斯鲁厄

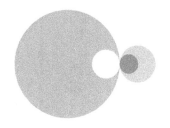

目录

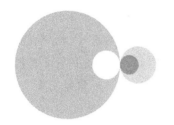

第 1 章
引　言

　　总的说来,随着激光技术在 20 世纪 60 年代的发明[1,2]*,尤其是红宝石激光器的成功研制(1960 年由梅曼完成)[3],光学学科也迅速于 1961 年开创性地进入了非线性光学阶段[4]。在这种新的物理学机制下,材料的光学特性已非过去几百年里一直认为的那样——与光的强度无关,而是随着光强度的变化呈现出相应的差异,这种光强依赖性直接导致了光与物质相互作用过程中许多新现象、新效应及相关新应用的出现。时至今日,非线性光学已经在多个层面进入了我们的日常生活并直接导致了光谱学和激光领域诸多新技术、新产品的出现。的确,自非线性光学诞生之日起,激光物理学和非线性光学已因激光这个纽带而彼此紧密联系。

1.1　从传统非线性光学到极端非线性光学

　　在传统非线性光学范畴,物质在与之作用光场的一个光周期内的光学性质的绝对变化量非常微小。这一物理事实构成了传统非线性光学领域诸多物理概念及物理近似的物理基础,这一点从当今许多优秀的教科书中即可看

---

　　* 附录 B,文献[1]、文献[2]。

出[5-10]。然而,激光技术经过多年的发展已经在多个方面实现了巨大进展,尤其是在最大峰值光强和最小光脉冲宽度方面。在距离激光技术发明之日五十余年的今天,可实现的最短光脉冲的时间宽度仅为 1.5 个光周期(参见图 1.1),这已经非常逼近光脉冲宽度的极限——单个光周期。由于锁模激光技术[11]尤其是自锁模全固态激光技术[12]的成熟,如此超短光脉冲即可由激光谐振腔直接产生,而且通过啁啾脉冲放大技术(chirped pulse amplification, CPA)[16,17],一些实验室已经能够产生聚焦峰值光强在 10^{22} W/cm^2 数量级范围的放大光脉冲[18](参见图 1.2)。预计在未来的十年间,这个数值还可能再增大几个数量级。因此可以说,现今光场强度已足以导致此类现象的出现:在光场光波周期数量级的作用时间内,光场足以引起物质光学性质实质性的甚至是极端的变化。从本书的后续论述中我们将会看到,上述对此类现象定性的甚至是有些含糊的描述可做如下确切的说明。

当外界光场能量(与光强度有关)可以和与之作用的物质或系统的特征能量相比拟甚至相对更高时,传统非线性光学中的相关规律将不再适用,基于不同物理机制的新现象将会发生!

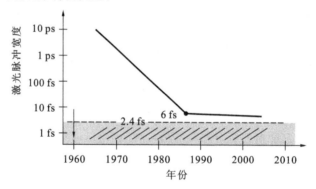

图 1.1 激光脉冲宽度 t_{FWHM} 向更短方向发展的演变历史(示意图)

注:1960 年红宝石激光器研制成功(箭头所示),仅仅五年之后就产生了 10 ps 光脉冲。之后二十年间,脉冲宽度几乎以直线下降方式减小,直至 1987 年 Shank 等人利用燃料激光器及燃料放大技术创纪录地研制成功了 6 fs 激光脉冲[13]。在此之后,在缩短脉冲宽度方面一直没有太大进展。然而,随后的固态革命[14,15]则导致激光器在稳定性方面产生了巨大的进步。同时,图中也示出了理论上可以实现的最短脉冲宽度 2.4 fs(这相当于中心光子能量为 2.25 eV 光场周期的 1.3 倍,见问题 2.2)。本图中,我们并不打算考虑在高阶谐波产生过程中出现的亚飞秒级紫外脉冲(见实例 1.3)。

此类物理机制被称作极端非线性光学或载波非线性光学。后者对此类物理机制本质的描述更为准确,但前者因对此类机制的描述更为感性而获得更多的

使用。针对研究对象(物理问题或物理系统)的不同,与光强 I 相关的能量可有如下五种形式:

- 拉比能 $\hbar\Omega_R \propto \sqrt{I}$;
- 质动能 $\langle E_{kin} \rangle \propto I$;
- 布洛赫能 $\hbar\Omega_B \propto \sqrt{I}$;
- 回旋能 $\hbar\omega_c \propto \sqrt{I}$;
- 隧穿能 $\hbar\Omega_{tun} \propto \sqrt{I}$。

与此相对应,系统的特征能量也有如下三种形式:

- 光场载波光子能 $\hbar\omega_0$(或者跃迁能 $\hbar\Omega$);
- 束缚能 E_b;
- 静止能 $m_0 c_0^2$。

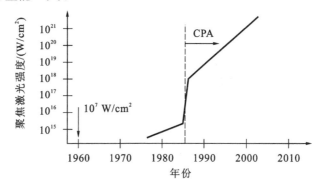

图 1.2　聚焦激光强度向更高方向发展的演变历史(示意图)

注:1960 年红宝石激光器的聚焦激光强度约 10^7 W/cm² (如箭头所示);1985 年啁啾脉冲放大技术出现,此后的近二十年间激光强度近似以直线上升形式提高。当然,激光强度可望在未来得到进一步的提升。

表 1.1 给出了相应特征能量的概览,其中空白项则意味着所及两参量为不相关物理量。能量关系满足 $\langle E_{kin} \rangle$ 略大于 $\hbar\omega_0$ 的情形将在本书后面 4.2 节和 7.3 节予以讨论。

表 1.1　系统特征能量概览

	$\hbar\Omega_R$	$\langle E_{kin} \rangle$	$\hbar\Omega_B$	$\hbar\omega_c$	$\hbar\Omega_{tun}$
$\hbar\omega_0$	3, 7.1, 7.2	4.2, 7.3	4.3	4.4, 4.5, 8.2	5.2, 5.3, 5.4, 8.1
E_b		5.2, 5.3, 5.4, 8.1			
$m_0 c_0^2$		4.4, 4.5, 8.2		4.5	

如果极端非线性光学及其相关规律可由传统非线性光学在细枝末节方面的微小修正而得到,那么本书无疑将不具备任何研究或参考价值。但事实上,截至目前的极端非线性光学领域已经呈现出诸多新的物理现象乃至物理效应。下面我们将给出几个简单的物理效应实例以使读者在窥见本书所及内容之一斑的基础上,能够对本书内容的价值有一个初步的总体把握。

◆ 实例 1.1

当今常用的泵浦用绿光激光器,其绿光实质上并非直接由激光器谐振腔产生,而是由近红外激光通过二阶谐波产生(Second-Harmonic Generation,SHG)晶体以实现倍频转换过程而得。在传统非线性光学机制下,此类倍频效应只有在不具备反演对称性的材料介质中才可实现。比如,在具备各向同性之属性的玻璃介质中则不可能发生此类效应。而在极端非线性光学机制下,区分倍频过程与二阶谐波产生过程将变得非常困难:每当两种效应相互干涉影响时,彼此之间将是相关的甚至是密不可分的,因为两者均可在具备反演对称属性的介质中发生。

倍频过程指的是光谱图中在二倍于基频光载波频率处产生的光谱峰。比如,通过外现为二阶谐波的三阶谐波产生过程,半导体材料在疏周期强脉冲光场的作用下即可产生倍频过程。根据相关实验结果可知,此类物理效应能达到与传统的由二阶谐波产生过程所致倍频效应几乎相等的信号强度。另一种相关的机制是载波拉比振荡(Carrier-Wave Rabi Flopping),此时激光载波频率的边频带在光谱图上可以与基频光的二阶谐波成分相重合。

二阶谐波产生过程无疑将导致倍频效应,但前者相比后者有较为严格的发生条件——所产生二阶谐波辐射场的载波频率必须是基频激光场载波频率的二倍。对具备反演对称性的绝缘体或者气体而言,其中的圆锥形二阶谐波产生过程将导致真正意义上的二阶谐波辐射场,辐射场呈圆锥形发射轮廓。同样在具有反演对称性的介质中,能够导致真正二阶谐波产生过程的另一种物理机制将在实例 1.4 中予以介绍。

实例 1.2

大部分激光脉冲均可由一慢变时间包络和一载波振荡很好地描述,两者之间的相位即所谓的载波包络偏置相位。在传统非线性光学机制下,此相位与各种物理效应之间实质上是不相关的。这是为什么呢?正如我们已在前面所讨论指出的那样:在传统非线性光学机制下,物质光学性质在光场光波周期量级作用时间内的非线性变化很小,以至于在描述光与物质的相互作用过程中,可以忽略脉冲光场载波振荡在时间上的变化而仅考虑光场包络的影响。从这个角度考虑,脉冲光场载波包络相位概念在此显然已失去实际应用意义。由于脉冲光场瞬时强度正比于光场包络的平方模,因而在传统非线性光学领域内可采用光场强度这个参量来描述相关物理机制及规律。然而此类处理方法在极端非线性光学机制下将不再成立,因为在此机制下是载波光场而非光场强度实质决定着此非线性光学作用的整个过程。也正是从这个意义上讲,光场载波包络相位已成为此机制下影响甚至决定各类物理过程的一个基本且重要的物理参量。比如,它将作为区分纯粹倍频过程与真正二阶谐波产生过程(参阅实例 1.1)的重要依据;再或者,我们亦可据此拓展开来,利用非线性光学信号与载波包络相位的依赖关系来重新界定极端非线性光学的实质。

在本书后面的分析论述中我们也将看到,相邻脉冲之间载波包络相位的变化正比于载波包络偏置频率,此规律性变化正是构建光钟技术的关键。以此为基础的光钟的精度非常高(相对精度大约在 10^{-15}),以致它可作为时间标尺以准确度量物理基本常量的瞬时变化(或许称之为"准常量"更合适一些,"常量"定义的使用仅仅是因为这些物理量变化的时间间隔非常短且变化量非常小)。有关此类技术的讨论始于 1937 年狄拉克的相关论述[19],相信随着载波包络相位调制技术的日臻成熟,此类技术将获得更为广泛的实际应用。例如,在实验室而非宇宙学时间尺度内[20,21],研究人员便能以此为基础在实验室内测量原子精细结构常量的实时变化(通过对氢原子光谱的研究)。

实例 1.3

正如在本章前面已论及的那样,脉宽小于其载波光周期的光脉冲通常是不可能实现的。比如,对于光子能量为 2 eV 的红光,其光场周期大约为 2 fs。如果想在物理上产生甚至更短的光脉冲,那么其光场载波频率应更高,这意味着更短光辐射脉冲的产生只能在紫外甚至是极紫外电磁波段。但遗憾的是,位于此波段的激光谐振器(除自由电子激光器外)当前尚不存在。而在极端非线性光学领域,气体中的高阶谐波形成过程被认为是导致此类更短光辐射脉冲的有效机制之一。这里所谓的"高阶"指的是基频光场频率的较高阶数,如第 101 阶甚至更高的第 247 阶谐波。在合适的物理条件下(如谐波相位匹配等),此高阶谐波形成过程将导致单阿秒脉冲或阿秒脉冲序列的出现。让人振奋且已得到现有实验证明的是,此高阶谐波形成过程相关实验装置亦属常规实验室尺寸量级,这使得由此产生的超短阿秒光脉冲可直接应用于超快光谱学相关研究,并甚至有可能延伸到与未来计算机芯片制造密切关联的极紫外光刻技术。

实例 1.4

在传统非线性光学机制下,真空中光波与电子的相互作用并不会导致任何非线性响应。然而在极端非线性光学领域,与光场相关的电子回旋能已经达到可以与光场载波光子能量相比拟的量级,这使得洛伦兹力中的磁力部分的作用已相当重要而不能再予以忽略,此时将出现显著的相对论效应。比如,即便是具有反演对称性的真空电子系统,此时仍可出现真正的二阶谐波过程(参阅实例 1.1)。

实例 1.5

在传统非线性光学领域,非线性光学介质中的光场之间不遵守光波叠加原理,而在真空中与麦克斯韦方程相关的叠加原理依然成立。然而此类论述在极端非线性光学机制下将不再正确。在极端非线性光学领域,正负电子对的光生过程将引起显著的光子之间相互作用,并因此导致三阶谐波过程甚至是拉比振荡效应的出现,也即出现"狄拉克之海"的短暂反转。

光强度量级概述 为了能够对极端非线性光学领域相关激光强度有初步的认识,这里我们先大致浏览一下表 1.1 所示的光场强度量级跨度——从非常暗弱直至极其亮强,其中光场强度跨越了 50 多个量级:从 $I=10^{-23}$ W/cm² 直至 $I=10^{+30}$ W/cm²。由表 1.2 可以看出:室温条件下黑体辐射的可见光部分的强度为此强度量级的下限,其强度与暗室的状态有关,而在地球表面处的太阳光辐射强度与之相比较而言则要高出 22 个数量级。功率为 10 W、光束直径为 1 mm 的连续激光的强度为 10^3 W/cm²,这个强度足以损伤人的手指(不信你试试看!)。光强再高 9 个数量级,也即约 10^{12} W/cm² 时,固体中的极端非线性光学效应将出现;当光强达到约 10^{14} W/cm² 时,原子系统中的极端非线性效应将出现;而 10^{17} W/cm² 量级的光强则足以引起真空中电子的相对论效应;如果此时光强继续增加至约 10^{22} W/cm² 量级,则真空中的非线性光学效应将出现,甚至光强在 10^{27} W/cm² 量级时将产生 Unruh 辐射,这种辐射已经非常类似于源于黑洞边缘的霍金辐射;而当光强为 Schwinger 强度,也即 10^{30} W/cm² 时,激光电场在电子康普顿波长范围的势能降将可以与电子静止能量相比拟。

表 1.2　光强概览　　　　　　　　　　单位:W/cm²

10^{+30}	→真空中产生正负电子对
10^{+28}	→在可与黑洞边缘光强度相比拟的光场作用下的电子加速
10^{+26}	→
10^{+24}	→真空非线性光学
10^{+22}	→
10^{+20}	→光致核裂变——光分裂原子核
10^{+18}	→真空电子的相对论非线性光学
10^{+16}	→
10^{+14}	→原子中电子的静电隧穿
10^{+12}	→半导体中的拉比振荡变得可见
10^{+10}	→

续表

10^{+8}	→
10^{+6}	→1961 年第一个非线性光学实验所用的激光强度
10^{+4}	→
10^{+2}	→此强度下的连续激光可伤人
1	→地球表面太阳光的全部强度
10^{-2}	→人体热辐射的强度
10^{-4}	→
10^{-6}	→
10^{-8}	→
10^{-10}	→宇宙中 2.8 K 背景辐射的全部强度
10^{-12}	→
10^{-14}	→
10^{-16}	→
10^{-18}	→
10^{-20}	→
10^{-22}	→300 K 暗室中的可见光强度$(10^{-23}$ W/cm$^2)$

 问题 1.1

计算室温下暗室中的光辐射强度$(T=300$ K$)$。

1.2 如何研读本书

本书中我们从最基本的概念入手,采取"关键结论的重复性重点阐述"这个准则,以循序渐进的方式展开对上述实例及其他各类物理效应的论述,因而即使是对传统非线性光学毫无概念基础的读者,也会在阅读本书时有水到渠成之感,从而得以顺利理解本书全部内容。

关于本书的学习,读者无疑可以采取最直接亦最常用的方式——从本书第 1 章开始直至最后一章结束。当然亦有其他或许更好的阅读方式。比如,本书中为了从最基本层面上描述物质的线性光学性质,我们常常采用洛伦兹谐振子模型和德鲁德自由电子模型,如第 3 章的洛伦兹谐振子模型及相关扩展、第 4 章的德鲁德自由电子模型及相关扩展。倘若一些读者对这两个模型较为熟悉,那么可以选择以此为切入点进行本书内容的阅读学习。第 3 章重点阐述电子束缚态之间的跃迁,而第 4 章则是关于电子非束缚态(也即自由态)之间的跃迁,这两章均独立成文,以循序渐进的教学法引导读者最终理解极端非线性光学的相关物理机制。同时,其中涉及的相关数学推导亦相当明了易懂。而接下来的第 5 章——从洛伦兹谐振子模型到德鲁德自由电子模型——则重点讨论了束缚态与非束缚态之间的跃迁,其中提供的大量实例和问题解答亦非常有助于读者更好地理解其中概念和相关常量的物理含义。根据读者的知识背景,第 2 章——疏周期激光脉冲和非线性光学的若干方面——则介绍了疏周期光脉冲的基本性质及其相关应用。而对另外一些学术积淀程度较高的读者而言,他们可能已非常熟悉这些非线性光学中的基础概念,因而更想亦完全可能直接跳到本书余下的章节:第 6 章,传播效应;第 7 章,半导体及绝缘体中的极端非线性光学;以及第 8 章,原子和电子的极端非线性光学。这三章给出了多种系统中的极端非线性光学实验,从固态物质系统中的束缚电子、原子系统中的束缚电子直至真空中的自由电子。

这里特别提醒并值得推荐的是,希望读者在阅读本书内容的过程中亦能够同时考虑相关问题(习题),这将有助于加深对文中相关关键内容的理解。毫无疑问,这些问题是本书整个内容的有机组成部分。针对不同的关键内容,相关问题也呈现出不同的特点:有些容易,而有些则相对较复杂;有些仅仅需要一个定性的解答,而另一些则可能需要多至几页的数学推导过程。为便于读者学习和自测,书中所有问题的解答及相关基本物理常数均附于书后。

为便于读者查阅,相关数学符号亦列于书后。同时为描述清晰起见,本书已尽可能避免同一数学符号被赋予不同物理含义的情况。也正因此,一些物理量的表述符号与当前专业领域内常用的习惯将不甚相同。

第 2 章
疏周期激光脉冲和非线性光学的若干方面

激光器的基本构造很简单:它包括一个谐振腔(如图 2.1)和一个光放大器——增益介质。对于本书所述内容而言,光场的量子光学特性效应并不那么重要,因而仅考虑电动力学中麦克斯韦方程就足够了[22]。

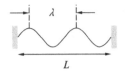

图 2.1　激光谐振腔原理图

注:由两个相距 L 的镜子组成。图中给出了波长为 λ 的单模场($N=4$)在某一瞬间的电场分布。

2.1　麦克斯韦方程组

在国际单位制中,麦克斯韦方程组一般表达式为

$$\nabla \cdot \boldsymbol{D} = \rho \tag{2.1}$$

$$\nabla \times \boldsymbol{E} = -\frac{\partial \boldsymbol{B}}{\partial t} \tag{2.2}$$

$$\nabla \cdot \boldsymbol{B} = 0 \tag{2.3}$$

$$\nabla \times \boldsymbol{H} = +\frac{\partial \boldsymbol{D}}{\partial t} + \boldsymbol{j} \tag{2.4}$$

式中，ρ 是电荷密度，$\boldsymbol{j}$ 是电流密度。在介质中，电场强度 $\boldsymbol{E}$ 和电位移矢量 $\boldsymbol{D}$ 之间的约束关系为[①]

$$\boldsymbol{E} = \frac{1}{\varepsilon_0}(\boldsymbol{D} - \boldsymbol{P}) \tag{2.5}$$

$\boldsymbol{P}$ 为宏观电极化强度。磁感应强度 $\boldsymbol{B}$ 和磁场强度 $\boldsymbol{H}$ 之间存在如下关系

$$\boldsymbol{B} = \mu_0(\boldsymbol{H} + \boldsymbol{M}) \tag{2.6}$$

$\boldsymbol{M}$ 为磁化强度。对于本书中的相关材料有 $\boldsymbol{M} = 0$，因而式(2.6)简化为

$$\boldsymbol{B} = \mu_0 \boldsymbol{H} \tag{2.7}$$

在线性光学中，有

$$\boldsymbol{P} = \varepsilon_0 \chi \boldsymbol{E} \tag{2.8}$$

χ 为线性光极化率。由此，式(2.5)简化为

$$\boldsymbol{D} = \varepsilon_0 \varepsilon \boldsymbol{E} \tag{2.9}$$

相对介电函数 $\varepsilon = 1 + \chi$。对电场强度参量 $\boldsymbol{E}$ 而言，麦克斯韦方程可重写成如下波动方程的形式[②]

$$\Delta \boldsymbol{E} - \frac{1}{c_0^2}\frac{\partial^2 \boldsymbol{E}}{\partial t^2} = +\mu_0 \frac{\partial^2 \boldsymbol{P}}{\partial t^2} \tag{2.10}$$

或者，利用式(2.8)可进一步简化为

$$\Delta \boldsymbol{E} - \frac{1}{c^2}\frac{\partial^2 \boldsymbol{E}}{\partial t^2} = 0 \tag{2.11}$$

式中 $c = c_0/n$ 为介质中的光速，其较真空中光速 $c_0 = 1/\sqrt{\varepsilon_0 \mu_0} = 2.998 \times 10^8$ m/s 要小，二者相对因子即为介质折射率 n(通常为复数)

$$n = \sqrt{\varepsilon} \tag{2.12}$$

2.2 光强度

人眼和多数探测器对电场本身不敏感，但是对单位时间内击中探测器的

[①] $\varepsilon_0 = 8.8542 \times 10^{12}$ AsV^{-1}m^{-1}，$\mu_0 = 4\pi \times 10^{-7}$ VsA^{-1}m^{-1}。

[②] 来自于卡尔斯鲁厄。我们只是要提醒你，正是在卡尔斯鲁厄，H.赫兹于 1887 年首次通过实验证实了电磁波的存在。

光子数的响应却较为灵敏。从经典物理学的角度讲,这意味着它们对坡印亭矢量 $S = E \times H$ 模的周期平均是灵敏的。对于真空中的平面波,有 $|B| = |E|/c_0$ 或者等价为 $|E| = |H|\sqrt{\mu_0/\varepsilon_0}$,真空阻抗

$$\sqrt{\frac{\mu_0}{\varepsilon_0}} = 376.7301 \ \Omega \tag{2.13}$$

因此有

$$S = |S| = \sqrt{\frac{\varepsilon_0}{\mu_0}} |E|^2 \tag{2.14}$$

它通常是随时间变化的。对于一定的电场,如

$$|E(t)|^2 = \widetilde{E}_2^0 \cos^2(\omega_0 t + \phi) \tag{2.15}$$

光强 I 定义为坡印亭矢量模的周期平均[①],即是[②]

$$I = \langle S \rangle = \frac{1}{2}\sqrt{\frac{\varepsilon_0}{\mu_0}} \widetilde{E}_0^2 \tag{2.16}$$

请注意光强 I 不依赖于 ϕ。

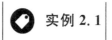 实例 2.1

真空中量值 $\widetilde{E}_0 = 4 \times 10^9$ V/m 的电场对应的光强为 $I = 2.1 \times 10^{12}$ W/cm^2。此光强量值的形象对比为:这强度就好比在很短时间内将一千个单发电站功率 2 GW 的总功率集中到指尖这样小的区域。对于此电场,相应磁感应强度 B 的包络峰值 $\widetilde{B}_0 = \mu_0 \sqrt{\varepsilon_0/\mu_0}\widetilde{E}_0 = \widetilde{E}/c_0 = 13.3$ T。

 问题 2.1

一个包络峰值 $\widetilde{E}_0 = 4 \times 10^9$ V/m 的光场从空气中传播到 $\varepsilon = 10.9$ 的电介质中,假定通过在界面镀以理想增透膜以完全抑制界面反射,那么电介质中的 $\widetilde{E}_0$ 是多少?

---

① 请记住,$\langle\cos^2(\omega_0 t + \phi)\rangle = 1/2$。
② 对于电介质,这个关系中须用 $\varepsilon_0\varepsilon$ 取代 ε_0。

2.3 激光谐振腔中的电场

波动方程式(2.11)的平面波解为

$$E(r,t)=E_0\cos(K\cdot r-\omega t-\phi)=\frac{E_0}{2}\exp[\mathrm{i}(K\cdot r-\omega t-\phi)]+c.c.$$

(2.17)

它要遵循光的色散关系

$$\frac{\omega}{|K|}=c=\frac{c_0}{n(\omega)}$$

(2.18)

式中,ω 为频率,K 为波矢。

对于图 2.1 所示的谐振腔,其中左行和右行光波将发生干涉现象而形成驻波,使得电场在两端腔镜处形成节点 $E(z=0,t)=E(z=L,t)=0$。因此,谐振腔长度 L 必须是光波半波长的整数倍。若设这个整数为 N,则有如下关系

$$L=N\frac{\lambda}{2}$$

(2.19)

联立色散关系式(2.18)和 $|K|=2\pi/\lambda$,上式可重写为

$$\omega_N=N\Delta\omega$$

(2.20)

模间距为

$$\Delta\omega=c\frac{\pi}{L}$$

(2.21)

 **实例 2.2**

考虑腔长 $L=1.5$ m 的谐振腔,假定 $c=c_0$,据上述分析可以得到 $\Delta\omega=2\pi\times100$ MHz,这位于射频电磁波波段。

由叠加原理可知,这些本征解的任意线性组合仍然是谐振腔问题的一个解,因而可以得到谐振腔中驻波的通解为

$$E(r,t)=\sum_{N=1}^{\infty}2E_0^N\sin(K_N\cdot z)\sin(\omega_N t+\varphi_N)$$

(2.22)

驻波解具体形式依赖于振幅 E_0^N、模相位 φ_N,其中 $N=1\sim\infty$;同时还与式(2.18)所述色散关系有关,此式给出了参数 K_N 和 ω_N 的制约关系。这里我们考虑三种情况,如图 2.2(a)～(c)所示,且仅研究谐振腔中某一固定点处电场

矢量的一个分量 $E(t)=E_{x,y}(r=常数,t)$。为了使问题简化,我们假设模振幅为常数或 0(这也与增益介质的有限带宽特性相对应),即,对于 $[\omega_0-\delta_\omega/2,\omega_0+\delta_\omega/2]$ 内的所有频率都有 $E_0^N=E_0$,而在此范围之外有 $E_0^N=0$。我们选择 $\delta_\omega/\omega_0=0.6$。

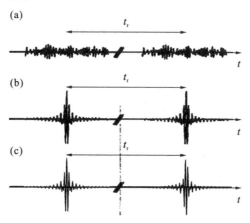

图 2.2 由式(2.22)求得的谐振腔中间位置处电场随时间的变化关系

注:图(a)随机相位 φ_N,c 为常数;图(b)对所有 N 都有 $\varphi_N=0$,c 为常数;图(c)对所有 N 都有 $\varphi_N=0$,$c=c(\omega_N)\neq$常数。注意,相比于图(a),图(b)和图(c)在纵轴方向上缩小了 10^6 倍。

在图 2.2(a)中,我们考虑 N 个随机相位为 φ_N 的模,c 为常数,这导致电场就像具有一定平均强度的噪声(图 2.2(a)),这种情况对应的应该是多模连续激光器(CW 激光器)——不甚理想的连续激光器。我们可以得出这样的结论:一台性能优良的连续激光器应该工作于单模状态。

在图 2.2(b)中,所有模相位 φ_N 是相等的,也即它们被锁定,此时我们可令 $\varphi_N=0$,其中 c 为常数。如此我们就能得到一周期性脉冲序列(图 2.2(b))。每个脉冲的持续时间与频率间隔宽度 δ_ω 成反比。那么如何在实验上实现模式锁定呢?我们可通过对谐振腔振荡特性进行频率为 $\Delta\omega$ 的主动或被动调制来完成此目的,这就是锁模。调制的结果为:对频率为 ω_N 的纵模而言,此调制作用将导致同时出现两个分别位于 $\omega_N+\Delta\omega=\omega_{N+1}$ 和 $\omega_N-\Delta\omega=\omega_{N-1}$ 的边带,这使得频率为 ω_{N-1}、ω_N 和 ω_{N+1} 的振荡纵模出现了相位同步现象。由于此结果对所有的 N 都是如此,因而依此类推,此调制作用便使得所有可以起振的纵模之间发生耦合作用而具有相同的相位,从而达到了完美的相位锁定,且所有纵模之间在频率空间是等间距的。

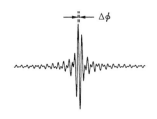

图 2.3　图 2.2(c)曲线右侧部分的放大图

注:灰色区域对应电场包络。此处载波-包络偏移相位 $\phi=+\pi/2$,这对应于图 2.2(c)中相邻脉冲之间的相位偏移 $\Delta\phi=+\pi/2$。

在图 2.2(c)中,我们不再不切实际地假定谐振腔内光速 c 为恒定常量,但是各纵模之间仍然是等频率间隔的。式(2.22)相对应的时域特性如图 2.2(c)和图 2.3 所示,显然此条件下脉冲序列中各个脉冲之间并不完全相同——相邻脉冲的载波包络偏移相位是不同的。光场在谐振腔中每次往返后会出现相应的相位变化,这起源于频率 ω_0 处光场的群速度 v_{group} 和相速度 v_{phase} 之间的差异。群速度(即光场包络的速度)为

$$v_{\mathrm{group}} = \frac{\mathrm{d}\omega}{\mathrm{d}K} \tag{2.23}$$

相速度(即载波的速度)为

$$v_{\mathrm{phase}} = c = \frac{\omega}{K} \tag{2.24}$$

其中 $K=|\boldsymbol{K}|$。据此,我们可定义一个不同于重复频率 $f_{\mathrm{r}}=1/t_{\mathrm{r}}=\Delta\omega/(2\pi)$ 的载波包络偏移频率 f_ϕ。从图 2.2(c)可以看出式(2.22)可以换一种表达形式[①],即

$$E(t) = \sum_{N=-\infty}^{+\infty} \widetilde{E}(t - Nt_{\mathrm{r}})\cos(\omega_0(t - Nt_{\mathrm{r}}) + N\Delta\phi + \phi) \tag{2.25}$$

其中余弦项是频率为 ω_0 的载波振荡,前面因子 $\widetilde{E}$ 是脉冲包络(图 2.2 中的灰色区域),t_{r} 是光场在谐振腔中的往返时间,$\Delta\phi$ 是相邻脉冲之间的相移,ϕ 是一个整体相位。$N\Delta\phi+\phi$ 可以理解为模为 2π 的数,即对于任意 N,这一项都在 $[0,2\pi]$ 区间内。稍后我们将只考虑式(2.25)描述的脉冲序列中的单个脉冲的情况,比如令 $N=0$ 即可。此时电场为

---

① 请注意,载波频率 ω_0 的选择可以说是任意的,尤其是在啁啾脉冲的情形。通常情况下,选取 ω_0 为激光脉冲频谱质心频率。

$$E(t) = \tilde{E}(t)\cos(\omega_0 t + \phi) \qquad (2.26)$$

ϕ 就是所谓的载波-包络偏移(CEO)相位[①]。单个脉冲的载波-包络偏移相位要和两束光或两个脉冲之间的相对相位加以区别,比如来自迈克尔逊干涉仪两臂中的两个光脉冲。

那么上述特征在频域中的对应表现形式是什么呢？ 为此我们计算了电场的傅立叶变换

$$E(\omega) = \frac{1}{\sqrt{2\pi}} \int_{-\infty}^{+\infty} E(t)\, e^{+i\omega t}\, dt$$

$$= \frac{1}{\sqrt{2\pi}} \int_{-\infty}^{+\infty} \sum_{N=-\infty}^{+\infty} \tilde{E}(t - Nt_r)\cos[\omega_0(t - Nt_r) + N\Delta\phi + \phi]e^{+i\omega t}\, dt \qquad (2.27)$$

余弦项可以写成

$$\cos(\omega_0 t + \cdots) = \frac{1}{2}(e^{+i(\omega_0 t + \cdots)} + e^{-i(\omega_0 t + \cdots)}) \qquad (2.28)$$

负指数项将导致 $E(\omega)$ 正频率部分出现峰值,而正指数项则导致负频率部分的峰值。在下面分析过程中我们将省略后者(其适用范围在实例 2.4 中讨论),进而可得：

$$E(\omega) = \frac{1}{\sqrt{2\pi}} \int_{-\infty}^{+\infty} \sum_{N=-\infty}^{+\infty} \tilde{E}(t - Nt_r)\frac{1}{2}e^{-i[\omega_0(t - Nt_r) + N\Delta\phi + \phi]}e^{+i\omega t}\, dt$$

$$= \frac{1}{2}\left[\sum_{N=-\infty}^{+\infty} e^{-i[N(\Delta\phi - \omega_0 t) + \phi]}\left(\frac{1}{\sqrt{2\pi}}\int_{-\infty}^{+\infty}\tilde{E}(t - Nt_r)e^{+i(\omega - \omega_0)t}\, dt\right)\right]$$

$$= \frac{1}{2}\left(\sum_{N=-\infty}^{+\infty} e^{-i[N(\Delta\phi - \omega_0 t) + \phi]}e^{+iN(\omega - \omega_0)t_r}\right) \times \underbrace{\left(\frac{1}{\sqrt{2\pi}}\int_{-\infty}^{+\infty}\tilde{E}(t')e^{+i(\omega - \omega_0)t'}\, dt'\right)}_{= \tilde{E}_{\omega_0}(\omega - \omega_0)}$$

$$= \frac{e^{-i\phi}}{2}\left(\sum_{N=-\infty}^{+\infty} e^{-iN(\Delta\phi - \omega t_r)}\right)\tilde{E}_{\omega_0}(\omega - \omega_0) \qquad (2.29)$$

其中,从第二行到第三行的推导过程中,我们做了参数替换 $t' = (t - Nt_r)$。 $\tilde{E}_{\omega_0}(\omega - \omega_0)$ 为光频谱包络[②]。通过光谱仪[③]我们通常可测得光场强度谱,它正比于 $|\tilde{E}_{\omega_0}(\omega - \omega_0)|^2$(既不依赖于 ϕ,也不依赖于 $\Delta\phi$)。由式(2.29)最后一行

---

① 载波-包络偏移(CEO)相位有时也被称为绝对相位。

② 本书中,为了将载波频率 ω_0 处的频谱包络与其他的包络参数区别开来,特引入了下标 ω_0。

③ 光场强度谱的半峰值全宽(FWHM)δ_ω 与光场时域强度轮廓的半峰值全宽 δ_t 的乘积,即为时宽带宽积 $\delta_\omega \delta_t$。对于高斯型脉冲,如 $\exp(-t^2)$ 型,此量值满足 $\delta_\omega \delta_t \geqslant 2\pi \times 0.4413$; 对于 $\mathrm{sinc}^2(t) = (\sin(t)/t)^2$ 型脉冲, $\delta_\omega \delta_t \geqslant 2\pi \times 0.8859$;对于 $\mathrm{sech}^2(t) = 1/\cosh^2(t)$ 型脉冲, $\delta_\omega \delta_t \geqslant 2\pi \times 0.3148$;对于单边指型脉冲 $\Theta(t)(\exp)(-t)$, $\delta_\omega \delta_t \geqslant 2\pi \times 0.1103^{[23]}$。最后一种情况在所有类型的脉冲中具有最小的 $\delta_\omega \delta_t$。对于所有这些类型,取等号时对应于零啁啾的情况。

可知,此频谱被指数求和项进行了调制。求和项中重要的频率量值是那些可使得相邻项(比如 N 和 $N+1$ 两项相叠加的频率值,也即满足条件 $\omega t_r - \Delta\phi = 2\pi M$,$M$ 取整数。这使得相关角频率 ω_M 形成了如下等间隔阶梯状分布:

$$\omega_M = M\frac{2\pi}{t_r} + \frac{\Delta\phi}{t_r} \tag{2.30}$$

最后,通过 $\omega_M = 2\pi f_M$ 可将角频率转化为如下频率表示:

$$f_M = Mf_r + f_\phi \tag{2.31}$$

$f_r = 1/t_r = \Delta\omega/(2\pi)$ 为重复频率(参见式(2.21))

$$f_r = \frac{c}{2L} \tag{2.32}$$

f_ϕ 为载波包络偏移频率

$$f_\phi = f_r\frac{\Delta\phi}{2\pi} \leqslant f_r \tag{2.33}$$

如果 $f_\phi \neq 0$,频率梳就会有一定的偏移频率[24-28]。但另一方面,如果可满足条件 $f_\phi = 0$,则本征频率将形成一个从零频率 $M=0$ 处开始的等间隔阶梯状分布。上述讨论结果总括示于图 2.4 中。

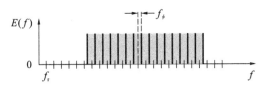

图 2.4　图 2.2(c)所示时域电场 $E(t)$ 相对应的频域特性 $E(f)$

注:频谱在 $f_M = Mf_r + f_\phi$ 处存在峰值,M 取整数,也即等间距的频率梳存在着量值为载波-包络偏移频率 f_ϕ 的频率转换现象。在对应光谱范围内(灰色区域部分),与图 2.2(c)相应的 $E(f)$ 实际上包含超过 10^6 个密集分布的谱峰。

 **实例 2.3**

让我们计算一下由下述参数决定的载波-包络偏移频率 f_ϕ:$L=1.5$ m,$v_{group} = 99.9999\% \ c_0$,$v_{phase} = c_0$,$\hbar\omega_0 = 1.5$ eV $\Leftrightarrow 2\pi/\omega_0 = 2.8$ fs,因而光场往返一周后的群延时与相位延迟时间之差 $\Delta t = 2L/v_{group} - 2L/v_{phase}$,根据 $x \ll 1$ 时近似成立的关系式 $1/(1-x) \approx (1+x)$,我们可以得到 $\Delta t \approx 2L/c_0 \times [(1+10^{-6})-1] = 10$ ns $\times 10^{-6} = 10$ fs,进而可得 $\Delta\phi = (10 \text{ fs}/(2.8 \text{ fs}) \times 2\pi) \bmod 2\pi = (3.57 \times 2\pi) \bmod 2\pi = 0.57 \times 2\pi$。通过式(2.33)和实例 2.2 中的结果 $f_r = 100$ MHz,即可得到 $f_\phi = 57$ MHz。

国际单位制时间标准中 1 秒所对应的频率为 9192631770 Hz≈9 GHz,这一频率可以很容易地以谐振腔重复频率 f_r 进行锁定,后者一般为 100 MHz 左右(参见实例2.2)。如果相邻脉冲的相移可被稳定在 $\Delta\phi=0$ 处(见 2.6 节),则频率梳将从零频开始极像一把频率标尺,一如在长度标尺中我们通过点数毫米标记的个数来测量长度一样。这使得我们可将 GHz 量级的 1 秒时标与几百 THz 的光频率联系起来。而在此以前,这需要一个相当复杂的实现步骤(相关内容可参阅附录 B 文献[26,28])。与此相关的计量学方面的重要应用(也即,飞秒激光用做频标)已在新近的评论文章中做了详细的论述[26-28]。一些研究者甚至推测,由此引起的时间测量精度方面的提高或许可使相关极端实验的实施成为可能,借此可在实验室时间尺度上观测基本物理常数随时间的变化[29-31]。例如,如果能够在更高的频率精度上测量原子里德伯常数(相对精度 10^{-15} 或者更高量级),那么就可以此为基础重新界定与之相关的精细结构常数的量值。由于上述提及的基本物理常数随时间的变化关系,因此即使是同一个实验,在不同时间实施时所得结果亦会有所不同,比如当下与一年或几年以后相比较,亦是如此。看起来有些奇怪的事实是:在超慢或超高精度研究领域,超快技术的作用愈发显著。相对精度被预测可高达 10^{-18} 量级[32]。

　　最后我们应注意的是,式(2.26)中电场包络 $\tilde{E}(t)$ 的选择一定要非常谨慎,因为在实际实验中,光谱中并没有零频(直流)成分。根据麦克斯韦方程,实验中并不产生零频光谱成分,低频成分的产生效率亦非常低。同时,由于它所对应的波长量值较大,强烈的衍射作用也使得它不可能传至远场。零频直流成分相当于电场的时间平均为零,也即,对任意的载波-包络偏移相位 ϕ 都有

$$\int_{-\infty}^{+\infty} E(t)\mathrm{d}t = 0 \qquad (2.34)$$

对上述已经讨论过的包络 $\tilde{E}(t)\propto\mathrm{sinc}(t)$ 的脉冲(例如图 2.4),以及下面论述中我们经常用到的光脉冲,ϕ 取任意值时上述条件都成立。然而理论上,对某些光电场包络(在时域内有明显的局限特征或者有陡峭的上升/下降沿)和载波包络偏移相位值 ϕ,其光谱中通常会出现指向零频的明显拖尾现象。在此类情况下,电场包络绝对不能假定为与 ϕ 无关。如果假定一个固定的包络,则光与物质相互作用将失去它的规范不变性[33],一些非物理结果将发生。

实例 2.4

对怎样的脉冲宽度(以脉冲载波光场周期为单位),将光场分解为光场包络和载波振荡时会导致一些非物理结果的出现?考虑一高斯脉冲,$E(t)=\widetilde{E}(t)\cos(\omega_0 t+\phi)$,$\widetilde{E}(t)=\widetilde{E}_0\exp(-(t/t_0)^2)$,其时域强度轮廓的半高全宽为 $\delta t=t_0 2\sqrt{\ln\sqrt{2}}\approx 1.177\times t_0$。利用已知的数学恒等式

$$\int_{-\infty}^{+\infty}\mathrm{e}^{-ax^2+bx+c}\mathrm{d}x=\sqrt{\frac{\pi}{a}}\exp\left(\frac{b^2}{4a}+c\right) \tag{2.35}$$

即可求得电场的傅立叶变换

$$\begin{aligned}
E(\omega) &= \frac{1}{\sqrt{2\pi}}\int_{-\infty}^{+\infty}E(t)\mathrm{e}^{+i\omega t}\mathrm{d}t\\
&= \frac{\widetilde{E}_0 t_0}{2\sqrt{2}}\left(\mathrm{e}^{-\frac{1}{4}t_0^2(\omega-\omega_0)^2}\mathrm{e}^{-i\phi}+\mathrm{e}^{-\frac{1}{4}t_0^2(\omega+\omega_0)^2}\mathrm{e}^{+i\phi}\right)\\
&= E_+(\omega)+E_-(\omega) \tag{2.36}
\end{aligned}$$

为后续使用方便起见,我们定义 $E_+(\omega)$ 和 $E_-(\omega)$ 分别为正负频率 ω 光谱部分的峰值。$\phi=\pi/2$ 时,频谱中严格没有零频直流成分,即 $E(\omega=0)=0$;而 $\phi=0$ 时,频谱中则确实含有非物理的零频直流成分。如果脉冲仅包含单个光周期(见图 3.1.),即如果 $\delta_t=2\pi/\omega_0$,则 $\omega_0 t_0\approx 0.85\times 2\pi$,零频直流成分仅为频谱峰值的 1.6×10^{-3},因而其影响是可以忽略的。但另一方面,对于仅包含半个光周期的脉冲,$\delta_t=\pi/\omega_0$,此时零频成分是峰值的三分之一,这是完全不可能的。

上述半周期脉冲情形中出现的一个伪像是,据式(2.36)求得的 $|E(\omega)|^2$ 正频率部分的光谱中心不再是 ω_0,而是发生了高达 20% 的频移,且频移量与载波包络偏移相位 ϕ 有关。此频移的出现是源于频率 $\omega=-\omega_0$ 处光谱峰值的高频拖尾,拖尾一直延伸至正频率区域。对于单周期脉冲,其对应相移可以忽略,因而对正频率 $\omega>0$ 我们可得 $E(\omega)\approx E_+(\omega)$。在本书后续讨论中我们将利用此近似关系。

在此方面,除高斯型以外的其他脉冲包络的影响相对较小一些。但即便如此,当光脉冲宽度小于一个载波光场周期时,其相关应用通常也应谨慎对待。一般说来,单周期光脉冲在其光场包络界定方面是很容易实现的。

理论上,可获得的最短光脉冲的脉宽是多少?

2.4 唯象非线性光学浅谈

为了在 2.6 节进一步测量载波包络偏移频率 f_ϕ,我们需要一些关于非线性光学的数学知识。有些读者可能想要跳过这一部分。然而,我们的确可以借此机会准确地阐释我们先前或者以后所讨论的内容,比如二阶谐波产生过程。

在许多教科书中我们都可以找到这个描述式

$$P(t) = \varepsilon_0 \left(\chi^{(1)} E(t) + \chi^{(2)} E^2(t) + \chi^{(3)} E^3(t) + \cdots \right) \tag{2.37}$$

这是式(2.8)所述线性光极化强度在强电场情况下的通式[5, 22],它仅是极化强度 P 关于光电场 E 的泰勒展开式。下面我们将深入分析展开式各项所代表的具体物理过程。$\chi^{(N \neq 1)}$ 是 N 阶非线性极化率,$\chi^{(1)} = \chi$ 是线性极化率。为简单起见,此处没有考虑矢量形式。在矢量形式下,极化率将变为 N 阶张量,因而式(2.37)的适用范围是有限制的。很明显,式中已假定 $P(t)$ 是 $E(t)$ 的瞬时响应函数,这就相当于说极化率 $\chi^{(N)}$ 不存在频率依赖性或者可以忽略。此假定只有在远离材料的共振区才是合理的。而且,也只有在各高阶展开项随着 N 的增加而迅速减小的条件下,也即电场不是很强而使得此过程满足微扰理论时(见问题 3.6),式(2.37)才是真正有意义的。

式(2.37)中极化强度的二次时间求导项即是波动方程式(2.10)右边的源项。通过波动方程来考虑二阶非线性效应,可知其对电场 $E^{(2)}(t)$ 有二阶非线性贡献。忽略传播效应,可得

$$E^{(2)}(t) \propto \chi^{(2)} \frac{\partial^2}{\partial t^2} E^2(t)$$

$$= \chi^{(2)} \frac{\partial^2}{\partial t^2} \left(\tilde{E}^2(t) \cos^2(\omega_0 t + \phi) \right)$$

$$= \chi^{(2)} \frac{\partial^2}{\partial t^2} \left(\tilde{E}^2(t) \frac{1}{2} [1 + \cos(2\omega_0 t + 2\phi)] \right) \tag{2.38}$$

其中最后一行中的"1"所反映的即是所谓的光整流或光生伏打效应。由于此项的二阶时间导数将不再是时间的函数,因而本部分不是我们所感兴趣而要讨论的内容。换句话说,直流成分不会产生传播电磁波。而另外一项则含有载波频率 $2\omega_0$ 和相位 2ϕ,我们称之为二阶谐波产生(SHG)。

类似的,三阶极化率将导致如下三阶非线性效应

$$E^{(3)}(t) \propto \chi^{(3)} \frac{\partial^2}{\partial t^2} E^3(t)$$

$$= \chi^{(3)} \frac{\partial^2}{\partial t^2} \left[\widetilde{E}^3(t) \cos^3(\omega_0 t + \phi) \right]$$

$$= \chi^{(3)} \frac{\partial^2}{\partial t^2} \left(\widetilde{E}^3(t) \frac{1}{4} \left[3\cos(\omega_0 t + \phi) + \cos(3\omega_0 t + 3\phi) \right] \right) \tag{2.39}$$

其中包含了载波频率和相位分别为 ω_0 和 ϕ 的项,以及 $3\omega_0$ 和 3ϕ 的项,后者被称为三阶谐波产生过程(THG),而前者在完全忽略光场包络时间变化的条件下即是自相位调制过程(SPM)。然而,对于疏周期短脉冲情形,光场包络时间导数在量值上变得可与载波相比拟。当仅考虑光场包络时间导数项中的某一项时,相对式(2.39)将出现附加项($\propto \widetilde{E}^2(t) \partial \widetilde{E} / \partial t$),其所代表的物理效应即是自陡化效应。

注意,SPM 与 $\widetilde{E}^3(t)$ 成比例。例如,假设电场包络是高斯型的 $\widetilde{E}(t) = \widetilde{E}_0 \exp(-(t/t_0)^2)$,那么其三次方 $\widetilde{E}^3(t)$ 依然是高斯型,唯一的不同便是出现了时间窄化因子 $\sqrt{3}$:

$$\widetilde{E}^3(t) = \left(\widetilde{E}_0 e^{-(\frac{t}{t_0})^2} \right)^3 = \widetilde{E}_0^3 e^{-3(\frac{t}{t_0})^2} = \widetilde{E}_0^3 e^{-(\frac{t}{t_0/\sqrt{3}})^2} \tag{2.40}$$

时间上的窄化过程相应地将使得其谱宽宽化,宽化因子为 $\sqrt{3}$,这意味着 SPM 展宽了光谱。对于高斯脉冲,我们很容易总结出这样的结果:对于不同的极化过程,谱宽要根据因子 $\sqrt{N}$ 相应展宽。对于其他形式的脉冲,此因子亦是不同的,但上述定性变化规律依然成立(参见问题 2.3)。

最后,对于四阶极化率 $\chi^{(4)}$ 有

$$E^{(4)}(t) \propto \chi^{(4)} \frac{\partial^2}{\partial t^2} E^4(t)$$

$$= \chi^{(4)} \frac{\partial^2}{\partial t^2} \left(\widetilde{E}^4(t) \cos^4(\omega_0 t + \phi) \right)$$

$$= \chi^{(4)} \frac{\partial^2}{\partial t^2} \left(\widetilde{E}^4(t) \frac{1}{8} \left[3 + 4\cos(2\omega_0 t + 2\phi) + \cos(4\omega_0 t + 4\phi) \right] \right) \tag{2.41}$$

这里我们再一次得到了光整流效应和二阶谐波产生过程。载波频率和相位分别为 $4\omega_0$ 和 4ϕ 的项代表的是四阶谐波产生过程。

这里请注意的是,我们对 N 阶谐波的定义仅仅是基于载波频率和相位,其界定并不参考谐波分量在光谱中的位置,同时其强度也并不一定是入射光的 N 次方(例如,可比较分别源于 $\chi^{(2)}$ 和 $\chi^{(4)}$ 的 SHG)。尽管载频既不唯一确定,也不可直接测量,但 N 阶谐波的相位可通过干涉实验得出。这部分内容将在 3.4 节中进一步讨论。如果有共振存在的话,以三阶谐波产生过程为例,其相位会由 3ϕ 变成 $3\phi+\delta$。但是相位前面的因子"3"仍然界定了三阶谐波产生过程。以上即是在 2.6 节中继续讨论载波包络偏移频率前我们所要预先了解的所有内容。

通常,非线性光学相关讨论是基于非线性折射率和双光子吸收系数进行的。这两个参数都与非线性极化率有关。基于非线性折射率,在波动方程式(2.10)的右边代入由式(2.37)所得三阶非线性极化所致的自相位调制项,然后将其移项到方程左边以合并为有效折射率 n,可得 $n=n_0+n_2 I$。这里我们已引入由式(2.16)描述的光强 I,并将折射率进行了泰勒展开。n_0 是线性折射率,n_2 是非线性折射率,后者与三阶非线性极化率的关联关系为 $\chi^{(3)}=4/3c_0 n_0^2 \varepsilon_0 n_2$。基于双光子吸收系数,线性吸收系数 α 与复线性折射率的虚部成正比。因此比照非线性折射率可以得到吸收系数与光强的依赖关系为 $\alpha=\alpha_0+\alpha_2 I$。然而,为了以更加系统的分析得到此依赖关系,我们需要引入一个较式(2.37)更通用的复数非线性极化率表达形式,而在式(2.37)中非线性极化率为实数。这使得所述电场与相对应非线性极化之间可以出现相移。如此一来,双光子吸收系数将与复三阶非线性极化率的虚部成正比。对传统非线性光学中这方面相关细节感兴趣的读者,可以参考一些经典的教科书[5,6]。

❓ 问题 2.3

考虑疏周期光脉冲作用下通过 N 阶非线性极化过程产生 N 阶谐波的情形。假定 $N \gg 1$。请证明:对任意形状规则的入射脉冲,其 N 阶谐波近似为高斯型,且其宽度正比于 $\sqrt{N}$。

2.5 偶数阶谐波的产生和反演对称性

这里我们将暂且不急于深入讨论上述问题,而要分析二阶甚至普遍意义上的偶数阶谐波产生过程与相关介质或材料反演对称性之间的联系,此类分析将有助于读者避免在本书后续章节的学习中可能出现不解之处。实际上,在这一点上常出现概念理解上的偏差。

考虑空间反演特性,也即做参数替换 $r \rightarrow -r$。那么也要相应地改变式 (2.37) 中参数 $E(t) \rightarrow -E(t)$、$P(t) \rightarrow -P(t)$。因为有如下这些关系式成立,即 $(-E(t))^2 = E^2(t)$、$(-E(t))^4 = E^4(t)$……,所以偶数阶非线性极化率必须为 0,即 $\chi^{(2)} = \chi^{(4)} = \cdots = 0$,但奇数阶极化率 $\chi^{(1)}$、$\chi^{(3)}$……则可以不为零。在 2.4 节中我们已经知道,二阶谐波产生过程的发生要求 $\chi^{(N)}$ 不为零(N 为偶数)。因此可得结论:二阶谐波过程只可能在没有反演对称性的介质中产生。

我们真的已经证明了这一论点吗?不,还没有!式 (2.37) 给出的非线性光极化强度 P 仅仅是由电场决定而与磁场无关,这难道不令人感到奇怪吗?通常情况下我们会不会认为 P 是由电场和磁场同时决定呢?因为毕竟光场既有电场成分又有磁场成分,且两者之间还存在一定的比例关系。在激光场中,带电粒子将受如下洛伦兹力作用

$$\boldsymbol{F} = q(\boldsymbol{E} + \boldsymbol{v} \times \boldsymbol{B}) \tag{2.42}$$

其中,q 是粒子的电荷数,$\boldsymbol{v}$ 是运动速度。此作用力将导致带相反电荷的带电粒子之间出现相对位移,也即产生极化现象。此现象显然是由光的电场和磁场成分共同决定的。有关此现象的详细讨论将在 4.4 节给出[①]。但很显然,$\boldsymbol{v}$ 与 $\boldsymbol{E}$ 之间仅存在着较低阶的比例关系,因此洛伦兹力、粒子位移及极化矢量的方向将平行于矢量积 $\boldsymbol{E} \times \boldsymbol{B}$。对一个自由的非相对论性电荷,其 $\boldsymbol{v}$ 和 $\boldsymbol{E}$ 在时域内相位相差 $90°$。考虑到所有这些因素,那么我们将很有必要对非线性光极化作重新表述。为简单起见,这里考虑具有恒定光强的平面波的激发情形,设 $E = E_0 \cos(\omega_0 t + \phi)$ 和 $B = B_0 \cos(\omega_0 t + \phi)$,与此相应,$v = v_0 \sin(\omega_0 t + \phi)$。在这些条件下,可得如下光极化强度的通用表达式[②]:

---

① 在 4.4 节,我们将会看到非线性极化强度的表达式中还包括另外一项,即 $\boldsymbol{P} = \cdots + \chi_L^{(0)} (\boldsymbol{E}_0 \times \boldsymbol{B}_0) t$。对于恒定光强,这一项随时间线性增大,称为"光子牵引"电流。

② 这里应用了 $\sin(\omega_0 t + \phi) \cos(\omega_0 t + \phi) = 1/2 \sin(2\omega_0 t + 2\phi)$。

$$
\begin{aligned}
P(t) = \varepsilon_0 \big[& \chi^{(1)} E_0 \cos(\omega_0 t + \phi) \\
& + \chi^{(2)} E_0^2 \cos^2(\omega_0 t + \phi) + \chi^{(3)} E_0^3 \cos^3(\omega_0 t + \phi) + \cdots \\
& + \chi_L^2 E_0 \times B_0 \sin(2\omega_0 t + 2\phi) + \cdots \big]
\end{aligned}
\tag{2.43}
$$

相比式(2.37),式(2.43)多出了求和、最后正比于 $E_0 \times B_0$ 的项。此时参数之间存在关系 $E \perp P \perp B$。当光波矢量 K 满足 $E \perp K \perp B$ 时,有 $P \parallel K$,也即将出现纵向极化。这与 $P \perp K$ 时的横向极化形成了鲜明对比。根据上面的讨论可知,正比于 $E_0 \times B_0 \sin(2\omega_0 t + 2\phi)$ 的项对应于二阶谐波产生过程,因为它的载波频率和相位分别为 $2\omega_0$ 和 $2\phi \pm \pi/2$。此项的正负号由 $\chi_L^{(2)}$ 的正负决定。那么此时我们的问题是,在反演对称介质中 $\chi_L^{(2)}$ 是否可以非零呢?

此时考虑空间反演特性,我们依然要做替换 $r \to -r$,$E \to -E$ 及 $P \to -P$。但是要特别注意的是,因为磁场矢量是轴向矢量,所以 $B \to +B$。进一步,亦有 $E \times B \to -E \times B$。因此,在反演对称介质中 $\chi_L^{(2)}$ 可以为非零值,即二阶谐波产生过程可以在反演对称介质中出现[1]。

即使偶数阶非线性极化率满足 $\chi^{(2)} = \chi^{(4)} = \cdots = \chi_L^{(2)} = \cdots = 0$,我们也不能贸然断定倍频效应只能存在于不具备空间反演对称的介质中。这里,我们对倍频现象的界定是通过光谱上频率 $\omega = 2\omega_0$ 处出现峰值或者较强的光谱突起确定的。在 3.4 节中我们将会看到,在极端非线性光学机制下简单的二能级系统也能产生倍频过程。同时也会发现,对此机制下的二能级系统,峰值频率 $\omega/\omega_0 = N(N$ 为偶数)处出现的光谱峰值并非特例而是一般规律。

2.6 测量载波-包络频率的原理

在 2.3 节中,我们已经看到载波-包络偏移相位 ϕ 和载波包络偏频 f_ϕ 是锁模激光振荡器中的重要参数。如果想要锁定或者控制 f_ϕ,那么无疑首先要能够测量 f_ϕ,这相当于测定相邻脉冲之间载波-包络偏移(CEO)相位的变化 $\Delta\phi$。如何测量一个由式(2.26)所述激光脉冲 $E(t)$ 的 ϕ 值呢?当测量光场强度时,其中没有与相位 ϕ 相关的任何信息,此相位并不影响其光谱信息,因而亦不能通过后者以试图了解前者。另外,在一般的强度自相关或场自相关测量中,也不能得到相位 ϕ 的任何一点信息。但按照通常的做法,为达到观测标定此相

---

① 光致磁极化强度 M 也会导致中心对称材料中的 SHG,见附录 B 文献[34].

位的目的,就需要找到一个"参考"相位作为比照。

上述方法的物理思想是:如果可以找到另一个光场,其相位为 2ϕ 而非电场本身的 1ϕ,则此两场之间的干涉将以彼此相位差进行振荡,也即相位为 $(2-1)\times\phi=\phi$。这一过程叫做自参考,由 Hänsch 及其合作者首次提出[35]。

这种"参考"可以通过将一束激光场 $E(t)=E_{\omega_0}(t)=\widetilde{E}(t)\cos(\omega_0 t+\phi)$ 入射到合适的非线性光学介质中产生,例如倍频晶体。下面我们将在频域空间分析基波与其二阶谐波干涉作用的结果,二阶谐波场 $E_{2\omega_0}(t)\propto\widetilde{E}^2(t)\cos(2\omega_0 t+2\phi)$。两个电场余弦项的傅立叶变换在正频率和负频率均有最大值。正如在 2.3 节中那样,我们将着眼于可测量的正频率成分(对应于指数中符号为负的项)。对于脉冲群的情形,其干涉作用光强可以表达为:

$$I_{\omega_0,2\omega_0}(\omega)\propto\left|e^{-i\phi}\widetilde{E}_{\omega_0}(\omega)+e^{-i2\phi}\widetilde{E}_{2\omega_0}(\omega)\right|^2$$
$$=\left|\widetilde{E}_{\omega_0}(\omega)\right|^2+\left|\widetilde{E}_{2\omega_0}(\omega)\right|^2$$
$$+2\left|\widetilde{E}_{\omega_0}(\omega)\widetilde{E}_{2\omega_0}(\omega)\right|\times\cos\phi \tag{2.44}$$

$\cos\phi$ 项显示了我们所期望的对 ϕ 的依赖性。为了在实验中实际观察到这一影响,至少要满足下面两个条件:

(1)两干涉光场幅度的绝对值 $\widetilde{E}_{\omega_0}(\omega)$ 和 $\widetilde{E}_{2\omega_0}(\omega)$ 要可比拟,否则式(2.44)中与 ϕ 无关的两个常数项将决定最终测得的干涉光强 $I_{\omega_0,2\omega_0}$。通常情况下,当频率 ω 为区间 $[\omega_0,2\omega_0]$ 内的某些值时,此条件可被满足。

(2)式(2.44)中的乘积项应具备足够的强度,以使所期望的对 ϕ 的依赖性不至于被实验噪声所淹没。

事实上,第二个条件在实验上比第一个条件更难满足(见图 2.5)。从 2.3 节内容易知,式(2.45)所述调制作用将使得射频频谱中频率 f_ϕ 处出现一个峰值[26,28,35-37]

$$I_{\omega_0,2\omega_0}=\cdots+\cdots\cos\phi \tag{2.45}$$

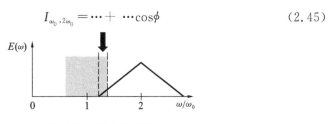

图 2.5 $E(\omega)$ 关系图

注:灰色区域是一个 $\mathrm{sinc}^2(t)$ 脉冲,覆盖一个倍频程多点($\Leftrightarrow\delta_\omega/\omega_0=2/3$,见问题 2.2),三角形是它的二阶谐波(未按比例),箭头所指的重叠区域就是这两个贡献相互作用区域,依赖于载波-包络相移 ϕ。

类似地,相位为 3ϕ 的三阶谐波与相位为 ϕ 的相应基波的干涉作用将产生如下调制作用

$$I_{\omega_0,3\omega_0} = \cdots + \cdots\cos(2\phi) \tag{2.46}$$

这相当于射频谱中频率 $2f_\phi$ 处出现的峰值。当频率为 $[\omega_0,3\omega_0]$ 区间内的某些值时,此峰值将相当显著。我们将在后面 3.4 节和 7.2 节中重新讨论这两种类型的干涉作用。

当进行相关的实验时,我们经常需要测一下射频功率谱(就如在 7.1.3 节或 7.2 节中那样)。这里我们将快速浏览一下相关细节。拍频信号 $I(\phi)$,即来自式(2.45)的 $I(\phi)=I_{\omega_0,2\omega_0}(\phi)$ 或者式(2.46)的 $I(\phi)=I_{\omega_0,3\omega_0}(\phi)$,再或者是类似更复杂的形式,均可用光电倍增管探测而得到一个电压信号 $U(t)$。为简化起见,此处假定重复频率与光场载波-包络偏移频率之比为整数,即 $f_r/f_\phi=r$,r 为整数,则此电压信号(见图 2.6)即为:

$$U(t) = U_0 \sum_{N_\phi=-\infty}^{+\infty} \sum_{N_r=0}^{r-1} I_{N_r}\delta[t-(N_\phi t_\phi + N_r t_r)] \tag{2.47}$$

其中 N_ϕ 和 N_r 为整数,U_0 为前因子,载波-包络偏移周期 $t_\phi=1/f_\phi$,简写形式 I_{N_r} 为

$$I_{N_r} = I(\phi = N_r \frac{2\pi}{r}) \tag{2.48}$$

这里我们将光电倍增管的实际时间响应近似为一个 δ 函数。如果将此电压信号送入射频谱分析仪中,那么我们便可测得射频功率谱 $S_{RF}(f)$ 与射频频率 f 之间的变化图谱。$S_{RF}(f)$ 的定义如下

$$S_{RF}(f) = \left| \frac{1}{\sqrt{2\pi}} \int_{-\infty}^{+\infty} e^{i2\pi ft} U(t)\,dt \right|^2 \tag{2.49}$$

将式(2.47)代入式(2.49),式(2.47)中 δ 函数将仅保留 $t=[N_\phi t_\phi + N_r t_r]$ 时的量值,则进而可得

$$\begin{aligned} S_{RF}(f) &= \frac{U_0^2}{2\pi} \left| \sum_{N_\phi=-\infty}^{+\infty} \sum_{N_r=0}^{r-1} I_{N_r} e^{i2\pi ft[N_\phi t_\phi + N_r t_r]} \right|^2 \\ &= \frac{U_0^2}{2\pi} \left| \sum_{N_r=0}^{r-1} I_{N_r} e^{i2\pi f N_r t_r} \right|^2 \times \left| \sum_{N_\phi=-\infty}^{+\infty} e^{i2\pi f N_\phi t_\phi} \right|^2 \end{aligned} \tag{2.50}$$

对式(2.50)最后的求和项,其中非零项所在的频率要满足这样的条件:在此频率处,相邻项比如 N_ϕ 和 $N_\phi+1$ 是相叠加的,也即 $2\pi f N_\phi t_\phi = 2\pi M$,$M$ 为整数。

因此,频率满足的关系式为

$$f = M/t_\phi = M f_\phi \tag{2.51}$$

这意味着射频功率谱将包含一系列 δ 函数型峰,峰的位置在载波-包络相移频率 f_ϕ 的整数倍处,峰的高度由式(2.50)第二行中第一项的值决定,即

$$\left| \sum_{N_r=0}^{r-1} I_{N_r} \mathrm{e}^{\mathrm{i}2\pi f N_r t_r} \right|^2 = \left| \sum_{N_r=0}^{r-1} I_{N_r} \mathrm{e}^{\mathrm{i}2\pi M f_\phi N_r t_r} \right|^2 = \left| \sum_{N_r=0}^{r-1} I_{N_r} \mathrm{e}^{\mathrm{i}2\pi M N_r/r} \right|^2 \tag{2.52}$$

但通常情况下,某些峰因为高度为 0 而并没有在射频功率谱上出现。由式(2.52)易知,若在其右边项中用 $M+r$ 替换 M,则其值并不改变,也即频率 f_ϕ 处峰的高度与 f_r+f_ϕ 处相同。换句话说,射频功率谱的所有相关信息都包含在 $[0, f_r]$ 频率区间内。以此类推,用 $r-M$ 替换 M 则可得频率 f_ϕ 与 f_r-f_ϕ 处的峰的高度也是一样的。从本质上说,混频项 f_r-f_ϕ、f_r-2f_ϕ 或者 f_r+f_ϕ 等的出现均源自这样一个物理事实:在射频光谱分析仪中,是光强而非电场本身发生了傅立叶变换过程。电场本身的傅立叶变换已在式(2.29)中作了详细讨论。

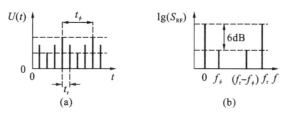

图 2.6　具体例子

注:图(a)是光电倍增管探测到的电压信号,重复频率和载波-包络偏频之比 $f_r/f_\phi = r = 4$;图(b)是相应的射频功率谱 S_{RF} 取对数。

给定一个拍频信号 $I(\phi)$,我们便可以通过式(2.51)和式(2.52)来计算其射频功率谱。图 2.6 给出了具体的例子。但在实际的实验中,光电倍增管绝不会是 δ 响应。那么在这种情况下,实际的输出电压信号即是式(2.47)与光电倍增管响应函数的卷积。在频域内,卷积运算即转化为上述理想情况下的结果与光电倍增管功率谱的乘积,也即整体结果存在着向高射频频率 f 方向的衰变。最后一点,实际激光系统总是存在着噪声,其在射频功率谱中就如同一个基底信号。一般说来,这些噪声也并非白噪声(在频率空间是常数),而是近似与 $1/f$ 成正比。这将导致以下实验结果的出现:某些频率区间,比如 $[2f_r, 3f_r]$,相对 $[0, f_r]$ 有时其信号将更强一些,虽然它们在理论上是相等的。

问题 2.4

假设有一个超短脉冲源,它的 CEO 相位是波动变化的,你能设计一个光学方案使其输出长脉冲的 CEO 相位是稳定的吗?

 问题 2.5

假定给你一个 CEO 相位 $\phi=0$ 的单脉冲的电场 $E(t)$,它不容易分解为包络 $\tilde{E}(t)$ 和载波振荡 $\cos(\omega_0 t+\phi)$,这在实际的实验中是经常遇到的。那么你仍然能计算 $\phi\neq0$ 条件下的光场包络 $E(t)$ 吗?

 问题 2.6

一个脉冲从真空中撞击到一个电介质半空间上($v_{\text{phase}}\neq v_{\text{group}}\geqslant0$),那么电介质中的峰值电场和强度与其真空中相对应的参数值之间有什么关系?计算中可忽略电磁能量界面反射(参见问题 2.1)和吸收效应。

第 3 章
洛伦兹振荡模型及相关扩展

本章主要讲述二能级系统的极端非线性光学。3.3 至 3.6 节给出了基于精确数值解的相关论述,其中引入了两个简单的近似模型——"静电场近似"和"方波近似",以得到解析解,这将有助于理解更深层次的物理意义。

熟悉二能级系统的读者通常都想直接阅读 3.3 节。然而从物理教学特点这个层面考虑,本章我们将仍然从经典的洛伦兹模型出发,说明其线性光学性质与量子力学中的二能级系统是一致的,在此基础上引导并激发读者深入学习二能级系统相关内容,以消除读者在理解此内容时可能产生的突兀感。同时,也将简要说明传统非线性光学机制下二能级系统的特点。

3.1 线性光学:回顾洛伦兹模型

考虑一维谐振子情形,谐振子相对于固定位置正电荷的位移为 x。它的组成为,比如说质量为 m_e、电荷为 $-e$ 的电子受到一个胡克弹簧的作用,弹簧弹性常数为 $\mathcal{D}$。同时,电子亦受到激光场 $E(t)$ 的激励作用。在这些条件下,电子运动方程可据牛顿第二定律求得

$$m_e \ddot{x}(t) + \mathcal{D}x(t) = -eE(t) \tag{3.1}$$

位移参量上的点表示对时间 t 的导数。光极化强度 P 由单位体积 V 内的振子数量 N_{osc} 与单个偶极子动量 $-ex$ 的乘积给出,即 $P=-e(N_{osc}/V)x$。方程式(3.1)的求解可通过傅立叶变换而实现,所得光极化强度 P 相对于光谱频率 ω 的关系式为

$$P(\omega)=\varepsilon_0\chi(\omega)E(\omega) \tag{3.2}$$

线性光极化率 $\chi(\omega)$ 为

$$\chi(\omega)=\frac{e^2}{\varepsilon_0}\frac{N_{osc}}{V\,m_e}\frac{1}{\Omega^2-\omega^2}$$

$$=\frac{e^2}{\varepsilon_0}\frac{N_{osc}}{V\,m_e}\frac{1}{2\Omega}\left(\frac{1}{\Omega-\omega}+\frac{1}{\Omega+\omega}\right) \tag{3.3}$$

其中 $\Omega=\sqrt{D/m_e}$ 为谐振子的本征频率或跃迁频率。很明显,极化率在 $\omega=+\Omega$ 和 $\omega=-\Omega$ 频率处有两个极点(见图3.1)。人们通常认为负频率在实验上是不切实际的,且实际上的确只有正频率部分才能被光谱仪测量到。因此,负频率极点部分在线性光学中是不重要的。然而我们将看到,来自负频率部分 $\omega<0$ 的极化现象亦可能是介质中异常非线性效应的起源。二能级系统中的多光子吸收和载波拉比振荡就是这样的两个例子(见问题3.4)。

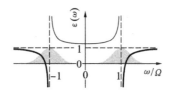

图3.1　二能级系统中的多光子吸收和载波拉比振荡

注:根据式(3.3),跃迁频率为 Ω,光谱频率为 ω 的线性介电方程 $\varepsilon(\omega)=1+\chi(\omega)$。灰色区域表示 $|E(\omega)|$(见实例2.4),即它是一个包络为 $\widetilde{E}(t)=\widetilde{E}_0\exp(-(t/t_0)^2)$、载波频率为 $\omega_0=\Omega$(共振激发情形)的单周期高斯激光脉冲 $E(t)=E(t)\cos(\omega_0 t+\phi)$ 的傅立叶变换的模[265]。

　　为了得到对二能级系统的数学描述式,有必要略微改写谐振子方程式(3.1)的表述形式。这里,我们定义引入了无量纲归一化位移 u

$$u=x/x_0 \tag{3.4}$$

其中 x_0 为问题中某一特征长度。如此一来,运动方程可被进一步改写为

$$\ddot{u}+\Omega^2 u=2\Omega\Omega_R(t) \tag{3.5}$$

其中我们已引入了参量 $\Omega_R(t)$

$$\hbar\Omega_R(t)=dE(t) \tag{3.6}$$

$\Omega_{R}(t)$ 显然具有频率的量纲,我们称之为拉比频率;d 具有偶极子的量纲,其值为 $d=-e\hbar/(2m_{e}x_{0}\Omega)$。随后我们将看到,$d$ 是二能级系统中偶极矩阵元的经典对应。注意,拉比能 $\hbar\Omega_{R}$ 可以被解释为激光场中偶极动量为 d 的静电偶极子的静电能。

 **问题 3.1**

求解斯托克斯阻尼系数为 γ 的洛伦兹振荡模型的群速度 $v_{\mathrm{group}}(\omega)$。请问此群速度是超光速参量也即满足关系式 $v_{\mathrm{group}}(\omega)>c_{0}$ 吗? 怎样判定介质中传输的光脉冲是长脉冲还是短脉冲?你能从关于群速度的研究中总结出什么结论性的判据吗?

3.2 二能级系统和拉比能

二能级系统是最简单但却意义重大的描述光与物质相互作用的量子力学模型[7]。对于一个单能级系统,它将永远存在于它的本征态,因而不会有任何相关现象的发生。同时由于没有光偶极子动量的存在,因而也就没有光场耦合作用的出现。

而对二能级系统,其在上述第二个方面将变得不同。例如,考虑位于有着无限势垒壁①、宽度为 L 的方形区域中的电子的两个最低能态,势垒左右壁分别位于 $x=0$ 和 $x=L$。此时,相应含时薛定谔方程的两个最低能态的解为如下波函数(归一化):

$$\psi_{1}(x,t)=\sqrt{\frac{2}{L}}\sin\left(\frac{1\pi}{L}x\right)\mathrm{e}^{-\mathrm{i}\hbar^{-1}E_{1}t}=\psi_{1}(x)\mathrm{e}^{-\mathrm{i}\hbar^{-1}E_{1}t} \tag{3.7}$$

$$\psi_{2}(x,t)=\sqrt{\frac{2}{L}}\sin\left(\frac{2\pi}{L}x\right)\mathrm{e}^{-\mathrm{i}\hbar^{-1}E_{2}t}=\psi_{2}(x)\mathrm{e}^{-\mathrm{i}\hbar^{-1}E_{2}t} \tag{3.8}$$

$E_{1}=\hbar^{2}(1\pi/L)^{2}/(2m_{e})$ 和 $E_{2}=\hbar^{2}(2\pi/L)^{2}/(2m_{e})$ 是相应的本征能,$\psi_{1}(x)$ 和 $\psi_{2}(x)$ 是相应静态薛定谔方程的两个本征波函数。这里要注意的是,能态 1 对应的电荷密度与 $-e\,|\psi_{1}(x,t)|^{2}$ 成比例且不随时间变化,因而其既不产生也

---

① 尽管在这一点上势阱也仅仅是一个玩具模型,但实际上它却相当好地描述了半导体量子阱中的带间跃迁[40]。

不吸收光辐射。能态 2 同样如此。只有在叠加态，比如具有如下归一化波函数的能态

$$\psi(x,t) = \frac{1}{\sqrt{2}}(\psi_1(x,t) + \psi_2(x,t)) \tag{3.9}$$

其电荷密度 ρ 才是随时间振荡变化的。电荷密度如下：

$$\rho(x,t) = -e\,|\psi(x,t)|^2 = -e\,\frac{1}{2}\,|\psi_1(x,t) + \psi_2(x,t)|^2 \tag{3.10}$$

图 3.2 给出了此变化关系，由此可得一沿 x 方向、跃迁频率 Ω 如下的简谐振动

$$\hbar\Omega = E_2 - E_1 \tag{3.11}$$

这与前一节讨论的经典谐振子模型的相似性是显而易见的。

现在的问题是，全面描述二能级系统的动力学过程最少需要几个变量？显然我们需要知道能态 1 和能态 2 的占有率，分别称之为 f_1 和 f_2。由于两能级总共的电子占有率为 1，也即 $f_1 + f_2 = 1$，因而我们可引入占有率反转数 $w = f_2 - f_1$。如果知道 w 的量值，则 f_1 和 f_2 即刻便得。而且，我们已知道振荡偶极子与叠加态紧密相关。因而倘若要形成从能态 1 至能态 2 的光跃迁过程，则首先应使叠加态被激发——前提条件当然是此叠加态与光场之间存在耦合作用。因此我们推测此数学描述不仅必须包括反转数 w，而且还要能描述叠加态。由于我们可在式(3.10)的 ψ_2 前面增加复数因子，因而我们还需要两个附加的实数量，以描述叠加态的振幅和相位信息。总之，我们可认为此二能级系统的数学描述能产生三个实数量，这些量构成了布洛赫矢量。

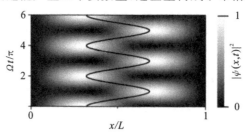

图 3.2　灰度图

注：根据式(3.9)，一个二能级系统中的电子在 x 轴相对于时间 t 的坐标下的概率密度 $|\psi_1(x,t)|^2$ 灰度图。黑色实线说明电子在 $\langle x\rangle/L = 1/2 - 16/(9\pi^2)\cos(\Omega t)$ 下的位移的期望值 $\langle x\rangle$（问题 3.2）。跃迁频率 Ω 由 $\hbar\Omega = E_2 - E_1$ 给出[268]。

下面我们将分析得出布洛赫矢量运动方程。激光与物质的相互耦合作用常通过所谓的偶极近似给予详细描述。此近似中利用的物理事实是，光波长

通常要远远大于偶极子的尺寸或者固体中的晶格常数。这意味着光波频率可被视为很小，因而此时相应静电场理论成立。在静电学中，偶极矩为 d 的偶极子在静电场 E 作用下的作用能为 $-dE$。在量子力学中，d 即为偶极矩阵元，即

$$d = \int_{-\infty}^{+\infty} \psi_2^*(x)(-ex)\psi_1(x)\mathrm{d}x \tag{3.12}$$

$\psi_1(x)$ 和 $\psi_2(x)$ 为静态薛定谔方程的解（归一化）。在之后的讨论中，我们假设 d 为实数。除了相互作用能参量之外，我们还要考虑此二能级系统本身的能量，即能态 1 与能态 2 各自占有率与其能量的乘积的和。

在"二次量子化"理论中，这对应于模型哈密顿量

$$\mathcal{H} = E_1 c_1^\dagger c_1 + E_2 c_2^\dagger c_2 - d\, E(r,\ t)(c_1^\dagger c_2 + c_2^\dagger c_1) \tag{3.13}$$

产生算符 $c^\dagger$ 和湮灭算符 c 分别在能态 1 或 2 上产生和湮灭电子。$c_1^\dagger c_1$ 与 $c_2^\dagger c_2$ 分别为能级 1 与 2 上的占有率。期望值 $\langle c_1^\dagger c_1 \rangle = f_1$ 和 $\langle c_2^\dagger c_2 \rangle = f_2$ 分别为能级 1 和 2 的占有数。$c_2^\dagger c_1$ 在能级 1 上湮灭一个电子同时在能级 2 上产生一个电子，$c_1^\dagger c_2$ 则将能级 2 上的电子提升至能级 1。这显然与光跃迁过程有关，因此也与光极化效应相关。这里，我们定义如下布洛赫矢量 $(u,\ v,\ w)^{\mathrm{T}}$

$$\begin{bmatrix} u \\ v \\ w \end{bmatrix} = \begin{bmatrix} \langle c_1^\dagger c_2 \rangle + \langle c_2^\dagger c_1 \rangle \\ -\mathrm{i}(\langle c_1^\dagger c_2 \rangle - \langle c_2^\dagger c_1 \rangle) \\ \langle c_2^\dagger c_2 \rangle - \langle c_1^\dagger c_1 \rangle \end{bmatrix} \tag{3.14}$$

利用海森堡运动方程，通过求解相关算符的期望值可直接计算出布洛赫矢量的运动方程。对于任意算符 $\mathcal{O}$，有

$$-\mathrm{i}\hbar \frac{\partial}{\partial t}\mathcal{O} = [\mathcal{H}, \mathcal{O}] \tag{3.15}$$

利用常用的费米子反对易关系，即

$$[c_1, c_1^\dagger]_+ = 1,\quad [c_2,\ c_2^\dagger]_+ = 1 \tag{3.16}$$

且所有其他对易关系都为 0，我们可以得到著名的以矩阵形式表述的布洛赫方程[51, 52]

$$\begin{bmatrix} \dot{u} \\ \dot{v} \\ \dot{w} \end{bmatrix} = \begin{bmatrix} 0 & +\Omega & 0 \\ -\Omega & 0 & -2\Omega_{\mathrm{R}}(t) \\ 0 & +2\Omega_{\mathrm{R}}(t) & 0 \end{bmatrix} \begin{bmatrix} u \\ v \\ w \end{bmatrix} \tag{3.17}$$

这里我们已引入了拉比频率 $\Omega_{\mathrm{R}}(t)$

$$\hbar\,\Omega_{\mathrm{R}}(t) = dE(t) \tag{3.18}$$

其中激光光场为

$$E(t) = \tilde{E}(t)\cos(\omega_0 t + \phi) \tag{3.19}$$

注意,式(3.18)中拉比能的定义与经典洛伦兹谐振子情形下的式(3.6)是基本一致的,唯一不同之处在于后者对 d 采用的是经典表述形式。最后,由于已知二能级系统单位体积 V 中的粒子数为 N_{2LS},则光极化强度可以写为

$$P(r,t) = \frac{N_{2LS}}{V}du \tag{3.20}$$

布洛赫矢量与 r 是参量相关的(但为明确起见,我们特意降低其依赖关系)。布洛赫矢量运动方程式(3.17)中的 3×3 矩阵仅导致旋转效应:布洛赫矢量以跃迁频率 Ω 在 uv 平面内转动,同时以跃迁频率 $2\Omega_R(t)$ 在 vw 平面内转动。这看上去很简单。然而应引起注意的是,拉比频率 $\Omega_R(t)$ 本身也以光载波频率 ω_0 振动而周期性地改变符号。正是这方面特点使得此运动形态相当多样。连同频率 ω,在此问题的描述中我们已经有如下四个重要的频率参数:

(1)光谱频率 ω;

(2)跃迁频率 Ω;

(3)峰值为 Ω_R 的拉比频率 $\Omega_R(t)$;

(4)光载波频率 ω_0。

这里我们将简要回顾一下线性光学极限。对其界定的标准是,仅有数量可忽略的电子从能级 1 被激发升至能级 2。这意味着我们可近似认为反转数 $w=-1$。将 $w=-1$ 代入式(3.17)第一行并利用其时间导数关系式 $\dot{w}=0$,在所得关系式中引入由式(3.17)第二行求得的 $\dot{v}$ 的表达式,则我们便可重新得到式(3.5)。至此我们可以得出这样的结论:布洛赫矢量的分量 u 可被理解为是与洛伦兹谐振子归一化位移相对应的参量。的确,由于 u 与光极化强度 P 成比例,所以可以说 u 包含了物质光学特性的所有信息。

 问题 3.2

考虑具有无限长势垒壁的区域中的单电子情形,计算其能态 1 和能态 2 之间光跃迁过程的偶极矩阵元 d。

问题 3.3

考虑不相干极限下二能级系统的共振激发。具体来说，根据布洛赫矢量 $(u, v, w)^\mathrm{T}$ 的光学布洛赫方程式(3.17)计算二能级系统的稳态反转数 w。其中，根据 $\dot{u} = \cdots - u/T_2$、$\dot{v} = \cdots - v/T_2$ 计算失相效应，T_2 为失相时间或横向弛豫时间。后者概念起源于核磁共振（NMR）[51,52]，在此领域中布洛赫矢量的 u 与 v 分量分别对应于磁化强度在实空间的 x 与 y 分量，而 x 与 y 则垂直于常设置为沿 z 方向的静态磁场。

3.3 载波拉比振荡

下面我们将以这样的方式直接进入到非线性光学相关讨论中：首先，我们讨论最简单情况——在拉比频率接近于载波频率条件下，也即 $\Omega_\mathrm{R}/\omega_0 \approx 1$ 时二能级系统的共振激发情形（$\Omega/\omega_0 = 1$）。在此过程中我们会讨论一些传统非线性光学中的经典实例，最终将落脚在载波拉比振荡效应上。对于非共振激发情形，比如 $\Omega/\omega_0 = 2$，其特性相比共振时将有较大的差异。作为实例，我们将讨论"外现为二阶谐波的三阶谐波产生过程"。只有在极限条件 $\Omega/\omega_0 \gg 1$ 时，我们才能得到依据唯象非线性光学(2.4 节)所预期的结果。对于较大的拉比能，如 $\Omega_\mathrm{R}/\omega_0 > 1$ 甚至 $\Omega_\mathrm{R}/\omega_0 \gg 1$，高阶谐波产生过程将会出现。同时我们也将看到，位于载波频率偶数倍处的光谱峰值通常与三个相关频率 ω_0、Ω 及 Ω_R 的等量点相关联。

如果一个二能级系统被共振光场激发（$\Omega/\omega_0 = 1$），电子吸收激励场光子而从基态跃迁到激发态（见图 3.3）。我们或许听到过这样的论断——二能级系统不能通过光泵浦作用而实现粒子数反转，然而这个论断也仅在不相干稳态情况下才成立。在此情形下，我们通过光泵浦最多可达到光透明状态，也即基态和激发态分别占有电子总数的 50%，换句话说此时反转数 $w = 0$。与此相对比，如果一个系统在量子力学意义上是完全相干的，正如在 3.2 节所讨论的那样，那么就可以实现完全的粒子数反转。如果此时光场继续存在，则受激辐射将使电子重新回到基态。这种粒子数反转状态的振荡即是人们常说的拉比振荡[8,22,53]。这里应引起注意的是，绝对不能将图 3.3 中的点理解为电子，请记得电子位于能态 1 与能态 2 的叠加态上。但是，可将图中的点分别理解为能级 1 和能级 2 电子占有率的形象度量。

图 3.3 二能级系统拉比振荡随时间 t 变化的原理图

（下方水平线表示基态,上方为激发态,点表示电子占有数[268]）

图 3.4(a)给出了传统非线性光学机制中一个布洛赫方程的真实解,布洛赫矢量的演化过程如图 3.4 中左上图幅所示。反转数对时间的依赖关系整体呈现出慢振荡形态,同时还有附加的极快但却非常弱的振荡形态。后者常被称为布洛赫-西哥特振荡[55]。在诺贝尔奖获得者 I. I. 拉比①最初始的方法中,他采用了所谓的旋转波近似,其中仅考虑了来自共振激发的贡献(撇开了在本书 2.3 节中讨论的负频率部分)。这忽略了其中的微小波动部分从而得到了简单的闭式反转数

$$w(t) = -\cos(\tilde{\Omega}_{\mathrm{R}} t) \tag{3.21}$$

其中,我们已假设系统在 $t=0$ 时刻处于基态。$\tilde{\Omega}_{\mathrm{R}}$ 为包络拉比频率,其相关关系式为

$$\hbar \tilde{\Omega}_{\mathrm{R}}(t) = d\tilde{E}(t) \tag{3.22}$$

请注意,包络拉比频率已不再具有以光场载波频率为谐振频率的振荡特性。图 3.4(a)中的脉冲被称为 2π 脉冲,其在脉冲的整个持续时间内形成了一个完整的拉比振荡过程。同样,我们也可以说(包络)脉冲面积为 2π。依此类推,$\tilde{\Theta}$ 脉冲的包络脉冲面积为

$$\tilde{\Theta} = \int_{-\infty}^{+\infty} \tilde{\Omega}_{\mathrm{R}}(t)\mathrm{d}t \tag{3.23}$$

光极化强度在时域中以拉比频率调制的过程显然对应于傅立叶频域的边带。拉比振荡周期越小,光频谱中边带彼此之间的间隔就越大。实际上,Mollow[56-59] 已证明(同拉比,采用了旋转波近似):对于恒定的光强,拉比振荡将导致出现三重态光谱结构,即 Mollow 三重态,三重态光谱频率分别为 $\omega=\Omega$、$\omega=\Omega+\tilde{\Omega}_{\mathrm{R}}$ 和 $\omega=\Omega-\tilde{\Omega}_{\mathrm{R}}$。此三重谱线结构同样也可在布洛赫方程的精确数值解中看到,如图 3.5 所示(在横轴上约 $\omega/\omega_0=1$、纵轴上 $\Omega_{\mathrm{R}}/\omega_0 \ll 1$ 的位置)。Mollow 三重态可简单视为非共振激发时自相位调制过程在共振形态下的对应现象(见 2.4

———————————

① 事实上,拉比讨论的是旋转磁场中的磁偶极子。

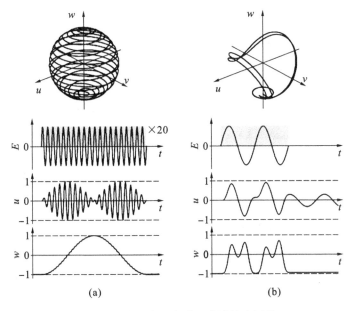

图 3.4　传统拉比振荡和载波拉比振荡

注：图 3.4(a)为传统拉比振荡，激励用方形电场脉冲 $E(t)$ 包括了 $N=20$ 个光周期，但电场较弱。由此可得峰值拉比频率 $\Omega_R/\omega_0=1/20$，进而可知 $\tilde{\Theta}=2\pi$。其结果是，反转数 w 几乎重现了由 $w(t)=-\cos(\tilde{\Omega}_R t)$ 给出的 I. I. 拉比的经典结果。然而详细观察还可发现，反转数变化曲线同时还具有附加的阶梯状结构（布洛赫-西哥特振荡），这是由相对于拉比采用的旋波近似的偏差所引起的。而在图 3.4(b)所示的载波拉比振荡情形中，这些微小结构演化变为较大且显著的性质上的改变。图 3.4(b)中我们给出了电场脉冲包含 N 为 2 个光周期但电场较强的情形，此时有 $\Omega_R/\omega_0=1、\tilde{\Theta}=4\pi$（为明确起见，对时间轴进行了拉伸）。在此情况下，反转数 $w(t)$ 和光极化强度 $P(t)\propto u(t)$ 在一个光周期的时间尺度内均存在着显著的动态变化特性。这与传统拉比振荡图 3.4(a)是不同的。例如，对光子能量 $\hbar\omega_0=1.5$ eV 的光场，其光周期为 2.8 fs，图 3.4(b)中脉冲包络（灰色区域）对应的持续时间为 5.6 fs。图片源自文献[54]（见附录 B，余同），转载得到其作者的授权。

节），两者都导致激光光谱被展宽，然而两者所导致的光谱形状却是不同的。在 3.4 节我们将看到：当改变 Ω/ω_0 的量值时，Mollow 三重态与自相位调制光谱间会发生连续的转变过程。

 **实例 3.1**

　　考虑 $\tilde{E}_0=4\times10^9$ V/m 的电场，采用 GaAs 相关参数（$d=0.5e$ nm，基本电荷数 $e=1.6021\times10^{-19}$ As），我们可得到 $\hbar\Omega_R=2$ eV。这可与 GaAs 带隙对应的光子能量 $\hbar\omega_0=1.42$ eV 相比拟（见 7.1.1 节）。

载波拉比振荡的概念由 Hughes[60,61]于 1998 年提出(也可参阅附录 B 文献[62]—[66]),它指的是拉比频率可与激光载波频率相比拟的情形。一个直观的理解可以从图 3.4 中上面的图像获得:对于传统的拉比振荡(a),布洛赫矢量以跃迁频率快速绕赤道平面旋转,同时以拉比频率缓慢地在南极北极之间旋转。当这两种频率量值变得相当时,即进入载波拉比振荡情形(b)。此时布洛赫矢量的运行轨迹变得相当复杂,其结果是光极化强度[$\propto u(t)$]不再是正弦型周期振荡[见图 3.4(b)]。这显然将导致在傅立叶频域产生谐波分量。这一点可从图 3.5(a)中看出,其中横坐标约 $\omega/\omega_0 = 3$、纵坐标 $\Omega_R/\omega_0 = 0.1$ 以上的部分出现了另一个三重态结构,我们称之为(三阶谐波)载波 Mollow 三重态。它包括了三个光谱峰值,频率分别位于 $\omega = 3\Omega$、$\omega = 3\Omega + \Omega_R$ 和 $\omega = 3\Omega - \Omega_R$ 处(在 3.6 节中我们将看到,对于相对更高的拉比频率,此三重态结构将出现变化)。对于相应于 $\Omega_R/\omega_0 = 1$ 的激光光强,基频 Mollow 三重态的高频峰值与三阶谐波载波 Mollow 三重态的低频峰值在光谱频率 $\omega/\omega_0 = 2$ 处相遇,从而在反演对称介质中出现倍频现象。按照 2.6 节有关载波-包络偏移相位测量方法的讨论,相位为 ϕ 的基频场与相位为 3ϕ 的三阶谐波场的干涉作用将产生相位为 $3\phi - \phi = 2\phi$ 的拍频。由于相位 ϕ 以载波-包络偏移频率 f_ϕ 发生着变化,因而我们可以预见这将在射频谱上频率 $2f_\phi$ 处出现信号峰值。这里,我们先回到在 7.2 节所要讨论的实验上来。

载波拉比振荡的另一个影响结果是反转数 w 的异常变化。在图 3.5(a)中,包络脉冲面积 $\tilde{\Theta} = 2\pi$ 情形下的确形成了一个完整的拉比振荡,也即在脉冲消失之后系统重新回到了基态 $w = -1$。这个结论对任意的载波-包络相位 ϕ 都是成立的,而对于图 3.5(b),结果就不一样了(可查看脉冲之后的 $w(t)$,尤其是 $u(t)$),即使按照脉冲包络面积为 $\tilde{\Theta} = 4\pi$ 这个条件来说也理应如此。至此我们可得出这样的结论:包络脉冲面积的概念在载波拉比振荡机制下失去了应用意义。依此类推,非线性光学中直接基于包络脉冲面积的所谓面积定理也已不再适用。面积定理的物理意义是:在旋转波近似和慢变包络近似的条件下,描述光脉冲沿 z 方向穿越非均匀展宽二能级系统集合时的传播情况(见6.2 节)。据此,包络脉冲面积应满足的关系式为

$$\frac{\mathrm{d}\tilde{\Theta}}{\mathrm{d}z} = -\frac{\alpha}{2}\sin(\tilde{\Theta}(z)) \qquad (3.24)$$

这意味着,对于满足包络脉冲面积 $\tilde{\Theta} = N 2\pi$(N 为整数)的光脉冲,在穿越介质

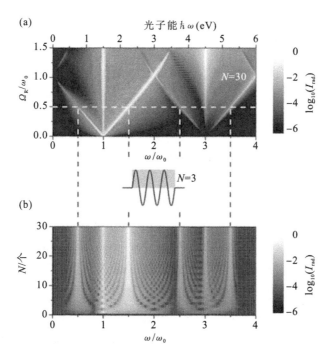

图 3.5 光辐射强度 I_{rad} 对光谱频率 ω 的灰度图

注：I_{rad} 为由布洛赫方程所得光极化强度 $P(t)$ 二阶时间导数的傅立叶变换的归一化平方模，$P(t) \propto u(t)$；(a) 图为基频及三阶谐波 Mollow 三重态位置与峰值拉比频率的关系，拉比频率以激光载波频率 ω_0 为单位，$\hbar\omega_0 = 1.5\ eV$，方形光脉冲持续时间为 $N = 30$ 个光周期（中心内插图为 $N = 3$ 情形）；(b) 图为光辐射对脉冲内光周期数 N 的依赖关系，$N = 1, 2, \cdots, 30$，其中 $\Omega_R/\omega_0 = 0.5$。请注意在疏周期脉冲时出现的附加的边带极值[269]。

后其包络脉冲面积将保持不变。但是，脉冲形状仍可能发生变化。包络脉冲面积 $\widetilde{\Theta} = N\pi$（$N$ 为奇数）时的解被证明是不稳定的。在线性光学极限内，面积定理简化为比耳定理。由于此时有 $\sin(\widetilde{\Theta}) \approx \widetilde{\Theta}$，因而后者描述了沿 z 方向的指数衰减过程，α 为强度吸收系数。

这里我们要特别提的一点是，由于此时包络面积概念已不再适用，所以激励脉冲消失之后的粒子反转数 $w(t \to \infty)$ 呈现出了对脉冲载波包络偏移相位 ϕ 的依赖关系。更进一步说，这种依赖特性决定着未来可能出现的基于二能级系统光跃迁的光探测器中的光电流，也即在不同相位量值 ϕ 时其光电流是不同的。这个问题我们将在 3.5 节予以讨论。

❓ 问题 3.4

在图 3.4 中我们已看到,共振激发下二能级系统的反转数 $w(t)$ 存在一个二倍于光载波频率的振荡(例如,可参阅图 3.4(a)中的阶梯状结构)。请基于图 3.1 给出一个直观的解释(不通过计算)。

3.4 反演对称条件下的倍频效应

现在让我们再次回到前一节的相关结论:Mollow 三重态可简单视为自相位调制过程在共振形态下的对应过程。图 3.6(c)给出了在基频附近显著的 Mollow 光谱分裂现象,位置位于水平轴约 $\omega/\omega_0 = 1$、垂直轴 $\Omega/\omega_0 = 1$ 处。当沿垂直轴向上变化,也即 Ω/ω_0 增大时,三重态中左右两侧的峰值将受到抑制,直至最后仅能观察到一些光谱分裂的痕迹,比如对 $\Omega/\omega_0 = 2$。实际上,此光谱分裂变化情况通过以线性坐标绘制的白色曲线观察将更明显一些。无疑,此频率变化将导致从共振激发向非共振激发过程的转变。此转变过程究竟在怎样的频率处出现严格意义上的实质性转变,则是由激光谱宽所决定的(激光谱在图中右边以灰色区域显示)。此外,据上一节讨论易知,在 $\omega/\omega_0 = 3$ 处也将出现相应的光谱峰值,即三阶谐波产生过程。在图 3.6(a)~(c)中,白色曲线都能够通过 2.4 节非共振微扰自相位调制和三阶谐波过程给予很好的定性解释。然而,对于相对更高的拉比频率,上述光谱变化形态也将发生改变,在频率 $\omega/\omega_0 = 2$ 处又出现一光谱峰值。在图 3.6(d)中所述 $\Omega_R/\omega_0 = 2$ 情形下,此峰值已成为光谱图中最显著的特点。这里让我们仔细观察图 3.7 中来自倍频效应的贡献,其中 $\Omega_R/\omega_0 = 0.76$。固定图 3.6(b)中跃迁频率 $\Omega/\omega_0 = 2$,便可研究光谱对载波-包络偏移相位的依赖关系。在光谱频率 $\omega/\omega_0 = 2$ 的左右两侧,可以观察到存在着相对于 ϕ 周期为 π 的调制特性。事实上,我们已经猜想此处的两个现象——频率 $\omega/\omega_0 = 2$ 处出现的光谱峰值以及光谱所具有的周期为 π 的调制特性,都源自基频场和三阶谐波场的干涉作用,这使得干涉谱相位为 2ϕ,因而拍频周期为 π(而不是 2π)。

为了进一步理解上述异常的倍频效应,我们将载波-包络偏移相位设定为如图 3.7(c)所示的 $\phi = 0$,同时将脉冲宽度 t_{FWHM} 从 5 fs 连续改变为 10 fs。在其他条件保持不变的情况下,我们发现倍频峰值在脉冲宽度约为 8 fs 时已不

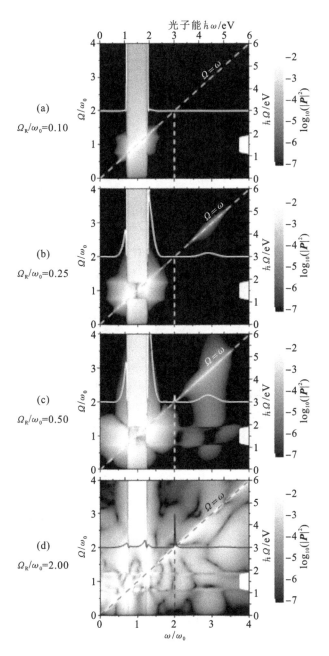

图 3.6　$|\boldsymbol{P}|^2$(归一化)关于 ω 和 Ω 的灰度图

注：频率量值均以 ω_0 为单位，$\hbar\omega_0=1.5$ eV。宽度 $t_{\text{FWHM}}=5$ fs、相位 $\phi=0$ 的 $\operatorname{sinc}^2(t)$ 型激发脉冲的峰值拉比频率 Ω_R 为变化参数。其中，图(a) $\Omega_R/\omega_0=0.10$；图(b) $\Omega_R/\omega_0=0.25$；图(c) $\Omega_R/\omega_0=0.50$；图(d) $\Omega_R/\omega_0=2.0$ [269]。

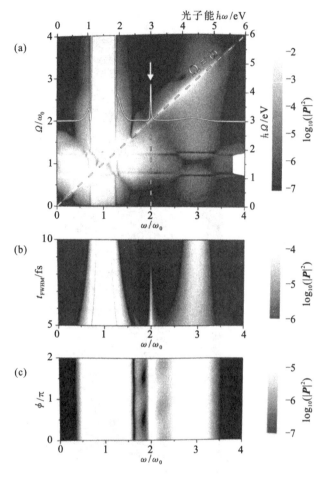

图 3.7　峰值拉比频率 $\Omega_R/\omega_0 = 0.76$ 的能量图

注：图 3.7 与图 3.6 类同，但峰值拉比频率 $\Omega_R/\omega_0 = 0.76$。其中，图(a)是 $|P(\omega)|^2$ 关于跃迁频率 Ω 的关系图，载波-包络偏移相位 $\phi = 0$，$t_{FWHM} = 5$ fs，白色曲线为 $\Omega/\omega_0 = 2$ 处数据的断面图(线性坐标)，激光脉冲谱如图中右边的灰色区域所示；图(b)是 $|P(\omega)|^2$ 关于脉冲宽度 t_{FWHM} 的变化关系图，$\Omega/\omega_0 = 2$，$\phi = 0$；图(c)是 $|P(\omega)|^2$ 关于载波-包络偏移相位 ϕ 的关系图，$\Omega/\omega_0 = 2$，$t_{FWHM} = 5$ fs。图片转载得到附录 B 文献[67]作者 T. Tritschler 等人的授权(*Phys. Rev. Lett.*，90，217404 (2003)．Copyright (2003) by the American Physical Society)。

复存在。据此可断定：此异常倍频效应的出现需要短且强的脉冲。直观地讲，倍频峰值的消失起源于中心约在三阶谐波频率处的光谱峰值极大的展宽现象，这使得三阶谐波谱在某些情况下可与 $\omega/\omega_0 = 2 = \Omega/\omega_0$ 时的共振谱出现显著的光谱交叠。实际上，这可在图 3.7(c)中相当清晰地观察到。$\omega/\omega_0 = 2 =$

Ω/ω_0 处的共振过程获得了来自三阶谐波展宽谱的贡献,同时将其进行了几个数量级的放大。短脉冲显然将具有更宽的频谱。此外,在较高的拉比频率条件下,来自更高阶谐波的贡献将逐步开始显现(也可参见图 3.8)。例如,对一个高斯型光脉冲,第 N 阶谐波的谱线宽度以 $\sqrt{N}$ 关系递增(如 2.4 节讨论)。因此,在短脉冲和高强度这两个因素的共同作用下,此效应的强度将相当可观。由于在这两个二能级系统是反演对称的,所以此倍频不可能是由二阶非线性过程 $\chi^{(2)}$ 引起的。相反,它的出现是三阶谐波产生过程的结果,尽管此过程看起来非常类似于二阶谐波过程。我们称之为"外现为二阶谐波的三阶谐波产生过程"。我们将在后面 7.2 节讨论半导体中的相关实验。

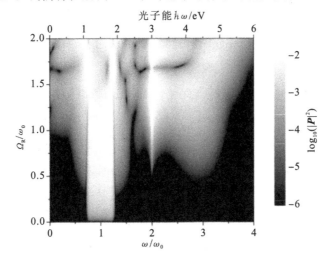

图 3.8　考察对 Ω_R 依赖关系的能量图

注:图 3.8 如同图 3.7,但考察的是对峰值拉比频率 Ω_R 的依赖关系。$\Omega/\omega_0=2$,$\phi=0$,$t_{\mathrm{FWHM}}=5$ fs。对单光子吸收而言,此为非共振激发过程[269],在纵轴上约 $\Omega_R/\omega_0\approx1.7$ 处业已完成了一个完整的拉比共振。

❓ 问题 3.5

考虑载波光子能量 $\hbar\omega_0=1.5$ eV 的 sinc^2 型光脉冲激发 $\Omega/\omega_0=2$ 处窄带二能级共振的情形。请问:在三阶非线性效应 $\chi^{(3)}$ 极限内,能够产生外现为二阶谐波的三阶谐波产生过程的最大脉冲宽度 t_{FWHM} 是多少?

❓ 问题 3.6

在微扰极限下（$\Omega_R/\Omega \ll 1$），考虑二能级系统中的远端非共振激发过程（$\Omega/\omega_0 \gg 1$）。试着得出由式（2.37）给出的光极化强度 $P(t) = \varepsilon_0(\chi^{(1)}E(t) + \chi^{(2)}E^2(t) + \chi^{(3)}E^3(t) + \cdots)$，并说出你对三阶极化率的理解。提示：可参考问题 3.3，引入横向和纵向阻尼过程。

3.5 多光子吸收的量子干涉效应

迄今为止，我们的讨论都集中在光极化强度的特性上，也即布洛赫矢量分量 u 的变化行为上。在这一节中，我们将集中讨论反转数 w 及其对载波包络相位 ϕ 的依赖性。反转数在光载波周期时间尺度内的时间变化特性是观测不到的，至少按目前的观测标准是如此。然而，我们可以测量的是光脉冲消失之后依然存在的反转数，即 $w(t \to \infty)$。这可以通过此方法来实现：用光探测器静电场清除位于上能级的电子数并探测其相应导致的光电流，或者可在激发脉冲消失后即刻用附加的光探测脉冲以清除上能级电子。依据 $w(t \to \infty)$ 的量值，此弱探测脉冲将经历受抑吸收乃至受激辐射过程。这里值得注意的是，在包络脉冲面积概念有效的范围内（传统非线性光学），严格说来 $w(t \to \infty)$ 对载波包络相位 ϕ 根本不存在依赖关系，其仅依赖于包络脉冲面积 Θ。

通过 2.6 节及 3.4 节中相关讨论我们已经知道，光谱对相位 ϕ 的依赖性起源于不同路径光谱成分之间的干涉作用。在量子光学相关术语及理论层面上来说，导致二能级系统从基态到激发态转变的两种实际途径分别为单光子吸收和双光子吸收效应。单光子吸收效应对应过程的相位为 ϕ，而双光子吸收效应过程由于可视为一三阶非线性 $\chi^{(3)}$ 过程而具有相位 3ϕ。因此，此两个过程的干涉作用将导致所致光谱对载波-包络偏移相位 ϕ 的依赖周期为 π。此结论的成立往往对应于单个超强的疏周期光脉冲的情形，正如图 3.9 和图 3.10 所示。这里粗略地讲，单光子吸收效应吸收的是激光光谱高能端的光子，而双光子吸收效应则对应于激光光谱高能端的光子，上述干涉效应正是来自于这两类效应。同时我们也应注意到，对 ϕ 的依赖性会因 Ω/ω_0 的不同而发生变化。例如,当 $\Omega/\omega_0 = 2.0$ 时,光谱在 $\phi = \pi/2$ 处具有最大值而在 ϕ 为 0 和 π 时具有最小值,而当 $\Omega/\omega_0 = 1.7$ 时情况则正好相反。如此,在某一跃迁频率 Ω/ω_0 范围内的积分效应(例如对半导体光学探测器中带间跃迁过程,其中 $E_g \leqslant \hbar\Omega \leqslant E_{max}$,$E_g$ 为带隙能量,E_{max} 为有效截止能量)将减弱光谱对 ϕ 的调制度。

为理解并深入讨论图 3.9 中复杂的变化特性,我们需要两个能以解析方法处理的简单且直观的实例:双色场激发和方形脉冲。

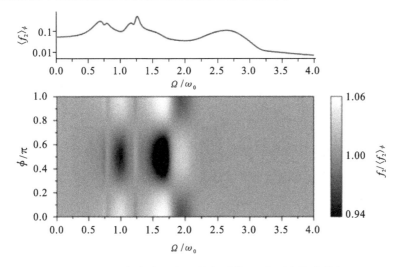

图 3.9 跃迁频率为 Ω 的二能级系统 sinc^2 型光脉冲激发

注:载波光子能量 $\hbar\omega_0 = 1.5$ eV,脉冲宽度 $t_{FWHM} = 5$ fs,载波-包络偏移相位为 ϕ。峰值拉比频率为 $\Omega_R/\omega_0 = 1$,失相 $T_2 = 50$ fs,$T_1 = \infty$。光脉冲消失之后上能态的电子占有率为 $f_2 = f_2(t \rightarrow \infty) = (w(t \rightarrow \infty) + 1)/2$,其关于 f_2 对 ϕ 的平均值的归一化量为 $\langle f_2 \rangle_\phi$,这里给出的即是此参数关于 Ω/ω_0 和 ϕ 的灰度图。上面图幅中 $\langle f_2 \rangle_\phi$ 以对数坐标表示,$f_2/\langle f_2 \rangle_\phi$ 的最大相对调制度在百分之几数量级上。然而,若将峰值拉比频率从 $\Omega_R/\omega_0 = 1$ 减小至 $\Omega_R/\omega_0 = 0.5$,其结果从定性的角度考虑将非常相似,但其最大相对调制度将急剧减小到 $\pm 10^{-4}$。可将此结果与图 3.4 相比较以获得更全面的认识[270]。

3.5.1 双色场激发

假设入射光场为两个单色光的叠加,即

$$E(t) = \tilde{E}_1 \cos(\omega_1 t + \phi) + \tilde{E}_2 \cos(\omega_2 t + \phi) \tag{3.25}$$

式中,ϕ 为相位。注意,ϕ 不仅使两光场振荡相位相对 $t = 0$ 时间轴出现时移,而且在 $\omega_1 \neq \omega_2$、振幅 $\tilde{E}_1$ 和 $\tilde{E}_2$ 非零的条件下也导致两电场量值互不相等。粗

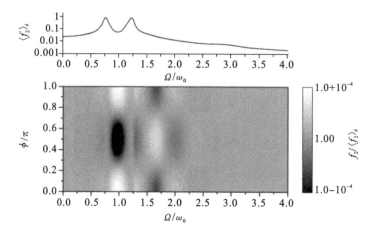

图 3.10　光脉冲激发

注:相关参数同图 3.9,但 $\Omega_R/\omega_0 = 0.5$[270]。

略地讲,频率 ω_1 和 ω_2 可视为短脉冲宽光谱中的两个分量[①]。或者,我们可以考虑特殊情况 $\widetilde{E}_1 = \widetilde{E}_2 = \widetilde{E}_0$。利用数学恒等式 $\cos a + \cos b = 2\cos[(a+b)/2]\cos[(a-b)/2]$,式(3.25)给出的电场形式可被改写为

$$E(t) = \widetilde{E}_0 \cos(\omega_1 t + \phi) + \widetilde{E}_0 \cos(\omega_2 t + \phi)$$

$$= \widetilde{E}(t)\cos(\omega_0 t + \phi) \tag{3.26}$$

其中我们已引入了参数有效脉冲包络 $\widetilde{E}(t) = 2\widetilde{E}_0 \cos[(\omega_1 - \omega_2)t/2]$(差频振荡,脉冲群形式)和有效载频 $\omega_0 = (\omega_1 + \omega_2)/2$(和频振荡)。中心位于 $t=0$ 时刻的有效脉冲的载波-包络相位 ϕ 为

$$\phi = \varphi \tag{3.27}$$

按照入射电场对二能级系统基态的作用顺序,用微扰方法求解系统布洛赫方程式(3.17),可得零阶时其反转数 $w(t) = -1$。布洛赫矢量的 u 和 v 两分量的一阶量显然包含频率成分 ω_1 和 ω_2,由于它们直接由 $-2\Omega_R(t)\,w(t) \approx$

---

① 有关半导体受到形式为 $E(t) = \widetilde{E}_1 \cos(\omega_1 t + \phi_1) + \widetilde{E}_2 \cos(\omega_2 t + \phi_2)$(其中,$\omega_2 = 2\omega_1$)场的激发情形,已有最近一系列理论和实验方面的文章给予了阐述,其中显然探讨了半导体介质反演对称性缺失的情况。研究结果表明,通过改变差相 $\phi_2 - 2\phi_1$ 及光场相对于晶轴的偏振方向,即可独立控制光感生电流[68-70]和自选电流[71-73]。其所涉及的物理思想与本节所述有关但又有所区别(注意,我们此处讨论的是 $\phi_2 = \phi_1 = \phi$ 的情况)。也可参阅附录 B 文献[74]中其在载波-包络偏移频率测量方面的应用。

$+2\Omega_R(t)$ 关联(见式(3.17));反转数 $w(t)$ 重要的最低阶项为其二阶项(单光子吸收),由于 w 与乘积项 $2\Omega_R(t)\,v(t)$ 相关联。此二阶项包括频率成分 $\omega_1\pm\omega_2$、$2\omega_1$、$2\omega_2$、$\omega_1-\omega_1$ 和 $\omega_2-\omega_2$,其中只有后面两项有非零的周期平均值 $\langle\cdots\rangle$。在假定系统横向阻尼为有限量值的条件下(否则 $[\Omega_R(t)v(t)]\propto[\cos(\omega_{1,2}t)\sin(\omega_{1,2}t)]=0$),只有此周期平均非零项将导致上能态电子集居数 $f_2=(w+1)/2$ 的增加,而所有其他项的贡献仅产生一个振荡效果(见图 3.4(a)中的 $w(t)$)。对于四阶量,w 包括了 $4\omega_1$、$4\omega_2$、$2\omega_1+\omega_1-\omega_1=2\omega_1$、$2\omega_2+\omega_2-\omega_2=2\omega_2$、$2\omega_1-2\omega_1$、$2\omega_2-2\omega_2$、$2\omega_1-\omega_1\pm\omega_2=\omega_1\pm\omega_2$、$3\omega_1\pm\omega_2$ 和 $3\omega_2\pm$s。频率成分 $2\omega_1-2\omega_1$ 和 $2\omega_2-2\omega_2$ 同样为非零值,但由于其相位 $2\phi-2\phi=0$ 从而并不能体现对相位 ϕ 的依赖性。这两项分别与 $\tilde{E}_1^4$ 和 $\tilde{E}_2^4$ 成比例,因而它们分别与光束 1 与光束 2 强度的平方成比例,它们对应于双光子吸收过程①。与此相对比,频率成分 $3\omega_1-\omega_2$ 的振荡相位为 $3\phi-\phi=2\phi$,在 $\omega_2/\omega_1=3$ 条件下其周期平均为非零值(从光谱带宽方面讲,此对应于脉冲持续时间小于一个光载波周期的情形,这至今仍然没有实现,详见问题 2.2)。此项对反转数四阶量的贡献正比于 $\tilde{E}_1^3\tilde{E}_2$,其所致反转数振荡随相位 ϕ 的变化周期为 π。它可视为单光子效应 (ω_2) 和双光子效应 (ω_1) 的干涉作用。与此类似,对于任意 $N\geqslant4$ 的偶数阶作用,反转数 w 均有频率 $(N/2+1)\omega_1-(N/2-1)\omega_2$ 的贡献项,其在满足下述条件时将成为直流项

$$\frac{\omega_2}{\omega_1}=\frac{N+2}{N-2}\to1,\ N\to\infty \qquad (3.28)$$

相位为 $(N/2+1)\phi-(N/2-1)\phi=2\phi$。例如对 $N=6$,此贡献项出现在 $\omega_2/\omega_1=2$ 处(光谱具有一倍频程),此过程可被解释为双光子与三光子吸收效应的干涉作用。从式(3.28)可以看到,对于较高的阶数 N,频率成分 ω_1 和 ω_2 的间隔将较小。换句话说,我们可以给出这样的结论:较短/较长的激光脉冲只有在较低/较高强度下才能观察到对相位 ϕ 的依赖变化关系。同时,在驱动场频率 ω_1 和 ω_2 满足关系式 $\omega_2/\omega_1=(N+2M)/(N-2M)$ 时,N 阶贡献项 $(N/2+M)\omega_1-(N/2-M)\omega_2$ 也将存在,其相位为 $(N/2+M)\phi-(N/2-M)\phi=2M\phi$,$M<N/2$。此项将导致反转数 w 中干涉成分随 ϕ 的变化周期为 π/M 而非 π。

---

① 这种双光子吸收过程与大多数课本中所讲的不同。在别的课本中,通常只考虑偶极矩阵元 d 为 0 的跃迁过程,也即不存在单光子吸收的情形。同时,此类跃迁过程与 E^2 相关联,因而双光子共振效应发生在 $\Omega=2\omega_0$ 时而非本书这里所讨论的 $\Omega=3\omega_0$ 条件。

比如，$N=6$、$M=2$ 情形可以被解释为单光子和三光子吸收效应的干涉过程。

这里我们应当清楚，不同贡献项的振幅与系统共振条件密切相关，即与 Ω/ω_1 和 Ω/ω_2 有关（也可从图 3.9 和图 3.10 中进一步考察与 Ω/ω_0 的依赖关系）。

这个推论表明：对于疏周期激光脉冲作激励场的情况，系统相关物理过程，如不同多光子效应之间的干涉作用以及脉冲消失之后反转数 w 对载波-包络相位 ϕ 的依赖性，只有在入射电场的高阶微扰理论下才会出现。对于覆盖一个倍频程的脉冲光谱，我们有 $N\geqslant6$。对图 3.9 和图 3.10 中的参数，其激光谱所能支持的最大频率比率为 $\omega_2/\omega_1\approx1.65$。由于 $(10+2)/(10-2)=1.5<1.65$，根据式(3.28)知，这意味着上述参数调制现象可在 $N\geqslant10$ 的高阶微扰理论中出现。只有在这些高阶量的强度可与低阶量相比拟的条件下，才能获得量值上可观的干涉图样对比度，因此我们可总结出这样的结论：为获得可观的干涉效应，相关条件须达到 $\Omega_R/\omega_0\approx1$ 情形下的非微扰作用机制。这与数值计算结果是一致的。实际上，当将峰值拉比频率从 $\Omega_R/\omega_0=1$（图 3.9）降低为 $\Omega_R/\omega_0=0.5$（图 3.10）时，其相对调制深度则减小为原来的几百分之一。

3.5.2　方形脉冲

但是，反转数对载波包络相位的依赖性同样也强烈地依赖于脉冲包络形状。包括整数个光周期的方形包络（例如见图 3.4，$\phi=0$）是一个独特的且似乎有些不切实际的情况，但它并非一般物理情形（直流部分严格为 0），而且实际上它具有相当的启发性。这里我们考虑一个始于 $t=0$ 的单周期脉冲，即当 t 在区间 $[0,2\pi/\omega_0]$ 内变化时，其值满足式 $\Omega_R(t)=\Omega_R\sin(\omega_0 t+\phi)$，而对其他时间点，其值为 0。对于量值较小的拉比频率 Ω_R，我们可将光场视为对系统的微扰，求解始于基态的布洛赫方程式(3.17)直至入射场中的二阶作用量，这等价于单光子吸收过程。此求解过程的数学步骤如双色场激发情形，其中忽略了横向及纵向阻尼。通过直接计算可求得脉冲消失后上能态集居数 $f_2=f_2(t\rightarrow\infty)=f_2(2\pi/\omega_0)=(w(2\pi/\omega_0)+1)/2$ 的值

$$f_2=\frac{4\Omega_R^2\Omega^2}{(\Omega^2-\omega_0^2)^2}\sin^2\left(\pi\frac{\Omega}{\omega_0}\right)\left[1+\frac{\omega_0^2-\Omega^2}{\Omega^2}\sin^2\left(\pi\frac{\Omega}{\omega_0}+\phi\right)\right] \tag{3.29}$$

同样，f_2 对载波-包络偏移相位 ϕ 的周期为 π。注意，尽管 f_2 本身显然与光强度成比例，但相对调制深度却不依赖于拉比频率。调制深度取决于跃迁频率

Ω 并且在 Ω 穿过载波频率 ω_0 时改变符号。对于包含了整数 N 个光周期的方波脉冲,式(3.29)中每一个 π 都要被 $N\pi$ 所替换。让我们感到惊讶的是,这种对载波-包络相位的依赖关系对任意 $N=1,2,3,\cdots$ 都成立。因此,在方波光脉冲情形,即使对于很弱的包含许多周期($N\to\infty$)的光脉冲($\Omega_R/\omega_0\to0$)而言,上述对于载波-包络相位的依赖性总是存在的。

这个看起来不可思议的结果是入射光场 $E(t)$ 对所有的相位 ϕ 时所具有的不连续变化的结果,这里相位应除去 $\phi=0,\pi,2\pi,\cdots$。在傅立叶频域中,这导致出现了宽的激光光谱翼,且频率 $\omega=\omega_0$ 处的光谱峰值与 $\omega=-\omega_0$ 处发生了干涉作用。其结果是,甚至这些脉冲的激光光谱 $|E(\omega)|$ 本身都强烈地依赖于载波-包络相位(也可见实例 2.4)。因此,载波-包络相位可仅仅通过光谱仪而获得。二能级系统仅仅充当了频谱滤波器的角色,从而可筛选某一范围的频率。但如果缓和上述光场在时间上的不连续变化,则将减弱相对调制深度,并逐步回到此前讨论的脉冲包络情形下所具有的更贴近实际且更有意义的变化行为,那里激光光谱不依赖于 ϕ。

3.6　二能级系统的高阶谐波产生

现在我们将考虑更高拉比频率的情形,此时系统的响应趋于更为复杂。最简单的情形是包络拉比频率为常数或者 0 时,如图 3.5 所示。我们将首先讨论方形光脉冲(如图 3.4(a)),其脉宽包含了 N 等于 30 个光载波周期(例如,对 $\hbar\omega_0=1.5$ eV,这大约相当于 90 fs 的长脉冲)。此时,其中的阻尼现象可认为是不相关的,除非是阻尼率可与跃迁频率相比拟的情况(此时根本不存在共振效应)。在我们的数值计算中,横向弛豫时间 T_2 被设定为满足关系式 $\hbar\omega_0 T_2=1.5$(eV)$\times$ 50(fs),忽略纵向阻尼($T_1\to\infty$)。为了能从总体上了解其响应变化关系,我们可以固定 Ω/ω_0 从而给出光辐射强度对 Ω_R/ω_0 和 ω/ω_0 的依赖关系(图 3.11),或者固定 Ω_R/ω_0 从而给出对 Ω/ω_0 和 ω/ω_0 的依赖关系(图 3.12)。

对图 3.11(a)中纵轴上 $\Omega_R/\omega_0\ll1$ 的部分,由于此时系统处于 $\Omega/\omega_0=1$ 的共振激发状态,因而出现了传统的拉比共振[53],且在横轴上 $\omega/\omega_0=1$ 处亦可观察到著名的 Mollow 三重线谱结构[56]。在 Ω_R/ω_0 接近于 1 的更高拉比频率时,系统中产生了载波拉比共振,同时在 ω/ω_0 为奇数的频率附近出现了载波Mollow 三重线谱。在纵轴上 $\Omega_R/\omega_0=1$ 以上的部分,Mollow 边带受到邻近Mollow 三重线谱中心谱峰的排斥而在 ω/ω_0 为偶数的频率附近振荡,最终稳

定于 $\Omega_{\mathrm{R}}/\omega_0 \gg 1$ 时的频率值。在此变化过程中,Mollow 边带在 ω/ω_0 为偶数处出现周期性的穿越,其相对 $\Omega_{\mathrm{R}}/\omega_0$ 的周期为 $\pi/2$(但第一次穿越则发生在 $\Omega_{\mathrm{R}}/\omega_0 \approx 1$ 处)。对于非共振激发,比如图 3.11(b) 中 $\Omega/\omega_0 = 5$ 时的情形,其光谱变化在 $\Omega_{\mathrm{R}}/\omega_0 < 1$ 及 $\Omega_{\mathrm{R}}/\omega_0 \approx 1$ 时与图 3.11(a) 不同,但是当 $\Omega_{\mathrm{R}}/\omega_0 \gg 1$ 时两者则相似。

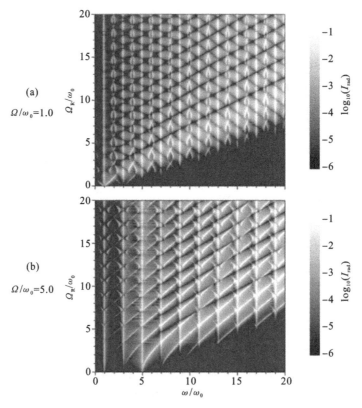

图 3.11　由二能级系统布洛赫方程(3.17)的精确数值解给出
的辐射强度 $I_{\mathrm{rad}} \propto |\omega^2 u(\omega)|^2$ 灰度图(一)

注:图中给出的是两个固定跃迁频率 Ω 的情形,自变参数为峰值拉比频率 Ω_{R} 和光谱频率 ω,且相关频率参数均以激光载波频率 ω_0 为单位。方型激发光脉冲与图 3.4(a)相仿,脉冲持续时间为 $N=30$ 载波周期。图(a),$\Omega/\omega_0 = 1$;图(b),$\Omega/\omega_0 = 5$。此结果可与图 3.5 相比较以获得更全面的认识。图片转载得到附录 B 文献[79]的作者 T. Tritschler 等人的授权(*Phys. Rev. A*, 68, 033404 (2003). Copyright (2003) by the American Physical Society)。

　　另一种观察参数空间变化的方法是固定拉比频率 $\Omega_{\mathrm{R}}/\omega_0$。对于图 3.12 中跃迁频率量值 Ω/ω_0 较大但峰值拉比频率 $\Omega_{\mathrm{R}}/\omega_0$ 不太大的情形,辐射强度图中可观察到很好地分开的高阶谐波谱,这根据 2.4 节有关基于唯象非线性光学的讨论即可推知。在图中对角线对应的频率条件下,也即 $\omega = \Omega$ 时,则出现了非常强的共振增强效应。同时,频率为 $\omega = \Omega \pm 2M\omega_0$($M$ 为整数)的临近谐波也出现了此类共振增强效应,这使得在图 3.12 的对角线附近出现了增强带。这里要特别注意的是,正如针对图 3.11 所做的讨论那样,在偶数阶谐波频率处可出现显著的增强效应,且在 Ω/ω_0 偶数倍频率处此类效应尤为突出[67]。

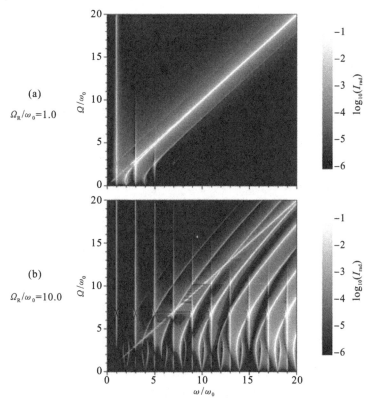

图 3.12　灰度图(二)

注:图 3.12 与图 3.11 相类似,但此时其中给出的是两个固定峰值拉比频率 Ω_R 的情形,自变参数为跃迁频率 Ω 和光谱频率 ω。图(a),$\Omega_R/\omega_0 = 1$;图(b),$\Omega_R/\omega_0 = 10$。此结果可与图 3.7 和图 3.6 相比较以获得更全面的认识。图片转载得到附录 B 文献[79]的作者 T. Tritschler 等人的授权(*Phys. Rev. A*,**68**,033404 (2003)[79]. Copyright (2003) by the American Physical Society)。

对于更接近实际应用的平滑方波光脉冲,上述辐射变化情况总体上保持不变。例如,如果电场包络由上升或下降时间在几个光场周期量级的费米函数来控制开或关,则与图 3.12 中方形光脉冲情形相比,此时的辐射强度变化情况仅出现轻微的模糊,且在量值 Ω/ω_0 较大时的频率 $\omega = \Omega \pm 2M\omega_0$ 处的增强效应有较大的衰减速度。

对于其他类型的脉冲包络,在脉冲持续时间内包络拉比频率不是常数,而是沿图 3.11 纵轴的平均值。此结果在图 3.13 中得到了进一步的阐明,其中采用的是高斯型光脉冲,电场包络 $\tilde{E}(t) = \tilde{E}_0 \exp(-(t/t_0)^2)$。此时强度轮廓的时域半峰值全宽 $t_{\mathrm{FWHM}} = t_0 2\sqrt{\ln\sqrt{2}}$,对应光周期为 $N = t_{\mathrm{FWHM}}/(2\pi/\omega_0)$,如图 3.13 所示。对图 3.13(a)中 $N=30$、$\phi=0$ 的情形,预期的平均效应清晰可见,这使得 ω/ω_0 奇数倍处的贡献几乎被偶数倍处的贡献所取代。这与我们凭直观所期望的结果正好相反。对于 $N=30$、$\phi=\pi/2$ 的情形(图中没有给出),除细节外其变化情况与 $\phi=0$ 时相类似。对于疏周期光脉冲(图 3.13(b)),不同频率处的贡献出现了极大的光谱展宽,此时相关频率分量之间的干涉作用导致了"散乱的"光谱,也即失去了图 3.11 中所示的完美的光谱细节。很显然,这种干涉作用将引入对载波包络相位 ϕ 的依赖关系,正如之前在 7.1 和 7.2 节详细讨论的那样。

或许有人会提出这样的推理:量值 Ω_R/ω_0 较大时光谱中 ω/ω_0 偶数倍位置处出现的峰值,是因为包括二能级系统和光场在内的整个系统在强电场下作用下已不再具有反演对称性。然而,这个推理与布洛赫方程是不相符的。空间反演意味着我们要做 $r \to -r$ 的替换。其结果是,偶极矩阵元相应变化为 $d \to -d$,电场 $E(t) \to -E(t)$。据此我们可得 $\hbar^{-1}dE(t) = \Omega_R(t) \to +\Omega_R(t)$,也即布洛赫方程式(3.17)在空间反演下严格保持不变,进而可知相应的布洛赫矢量解 $(u(t), v(t), w(t))^{\mathrm{T}}$ 也将不变。因而宏观光极化强度 $P(t) = N_{2\mathrm{LS}}/Vdu(t)$ 相应的变化为 $P(t) \to -P(t)$。这就是说,即使对极大电场情形,光极化强度对电场的有限次展开式中仍将严格不存在偶数阶项。因此,我们特意避免将光谱中 ω/ω_0 偶数倍位置处出现的峰值称为偶数阶谐波,比如在 $\omega/\omega_0 = 2$ 处的峰值并不称为二阶谐波(SHG)。因为正如前面 2.5 节所讨论的那样,二阶谐波严格的定义是必须基于其载波频率或者相位(分别为 $2\omega_0$ 和 2ϕ),而二能级系统中 $\omega/\omega_0 = 2$ 处的光谱峰值不满足这样的定义。因此,我们采用"外观为二阶谐波的三阶谐波产生过程"的概念来描述这种不寻常的物理效应。对于其他的 ω/ω_0 偶数倍位置处的光谱峰值,有关在非线性光学框架中它们不能被称为偶数阶谐波的类似论述同样成立。然而,在载波-包络相位 ϕ 的重要性得到重视之前的许多文献中,此类光谱峰值却被称为偶数阶谐波。

如本章之前的讨论,实际上通过当前常用的计算机和软件,可非常容易地得到二能级系统布洛赫方程式(3.17)准确的数值解。因而在实际的分析计算中,没有必要采用简化数值模型,下面采用的相关近似乃是为了探究其中的物理本质或给出更简便的解析表达式。

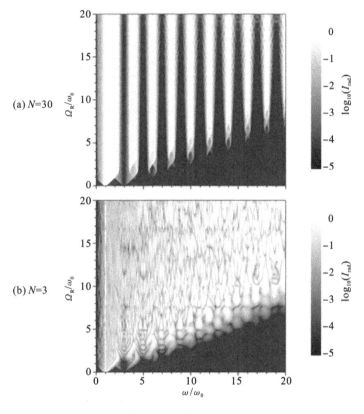

图 3.13　灰度图(三)

注:图 3.13 类似于图 3.11(a),但采用了 CEO 相位 $\phi = 0$ 的高斯脉冲,脉冲半高全宽 $t_{FWHM} = N2\pi/\omega_0$。(a)$N = 30$;(b)$N = 3$。图片转载得到附录 B 文献[79]的作者 T. Tritschler 等人的授权 (*Phys. Rev. A*, 68, 033404 (2003). Copyright (2003) by the American Physical Society)。

3.6.1　"静场近似"

现在还有什么问题是通过人工而非计算机来计算的呢?对于远小于光周期 $2\pi/\omega_0$ 的时间量,我们可以采用"静场近似"的方法,即可忽略拉比频率时间变化特性 $\Omega_R(t) = \Omega_R$。在此极限条件下,光跃迁过程显然可被理解为源自电子从基态至激发态的静电隧穿效应,反之亦然。后面我们将会看到,这个近似极限对于场振幅或拉比频率将是有意义的。在此极限下,可以直接得到布洛赫方程式(3.17)的解析解[22](也可见问题3.7)。如此,布洛赫矢量为

$$\begin{bmatrix} u(t) \\ v(t) \\ w(t) \end{bmatrix} = \boldsymbol{M}(t) \begin{bmatrix} u(0) \\ v(0) \\ w(0) \end{bmatrix} \tag{3.30}$$

其中 $\boldsymbol{M}(t)$ 为如下 (3×3) 阶旋转矩阵

$$\boldsymbol{M}(t) = \begin{bmatrix} \dfrac{4\Omega_R + \Omega^2 \cos(\Omega_{eff}t)}{\Omega_{eff}^2} & \dfrac{\Omega}{\Omega_{eff}}\sin(\Omega_{eff}t) & \dfrac{2\Omega\Omega_R}{\Omega_{eff}^2}(\cos(\Omega_{eff}t)-1) \\[3mm] -\dfrac{\Omega}{\Omega_{eff}}\sin(\Omega_{eff}t) & \cos(\Omega_{eff}t) & -\dfrac{2\Omega_R}{\Omega_{eff}}\sin(\Omega_{eff}t) \\[3mm] \dfrac{2\Omega\Omega_R}{\Omega_{eff}^2}(\cos(\Omega_{eff}t)-1) & \dfrac{2\Omega_R}{\Omega_{eff}}\sin(\Omega_{eff}t) & \dfrac{\Omega^2 + 4\Omega_R^2\cos(\Omega_{eff}t)}{\Omega_{eff}^2} \end{bmatrix}$$

$$\tag{3.31}$$

显然,光极化强度 $P(t) \propto u(t)$ 和布洛赫矢量的其他两个分量均将以有效频率 Ω_{eff} 振动。其中

$$\Omega_{eff} = \sqrt{4\Omega_R^2 + \Omega^2} \tag{3.32}$$

考虑到此静场近似成立的条件 $t \ll 2\pi/\omega_0$,因而确切地说此近似等价于 $\Omega_{eff} \gg \omega_0$。它可以被看作旋转波近似的相反情况(见3.3节)。在旋转波近似下,在光波周期这样的时间尺度内几乎不发生任何物理过程;然而在这里所讨论的静场近似下,所有显著的动力学过程都将在一个光周期时间内出现。对于 $\Omega_R \gg \Omega$,我们有 $\Omega_{eff} = 2\Omega_R$。这意味着动力学过程出现的最大频率将是峰值拉比频率的二倍。因此,所产生的最高阶谐波的阶数,也即截止阶数为

$$N_{cutoff} = 2\frac{\Omega_R}{\omega_0} \tag{3.33}$$

(此处可对比图3.11(a)和(b)中右下角的黑色区域。)

从基态开始考虑,也即 $t=0$ 时布洛赫矢量为 $(0, 0, -1)^T$,那么由式(3.30)和式(3.31)可知系统反转数为

$$w(t) = -\frac{\Omega^2 + 4\Omega_R^2\cos(\Omega_{eff}t)}{\Omega_{eff}^2} \tag{3.34}$$

因此,在光场强度较大以至于其拉比频率近似满足条件 $\Omega_R = \Omega$ 时,二能级系统甚至在远离共振条件即 $\Omega \gg \omega_0$ 情形下亦可出现拉比振荡。利用式(3.32),

刚才所述条件等价于 $\Omega_{\text{eff}} = \sqrt{5}\Omega_{\text{R}}$。因此有

$$w(t) = -\frac{1}{5} - \frac{4}{5}\cos(\sqrt{5}\Omega_{\text{R}}t) \tag{3.35}$$

最大反转数为 $w = +3/5$，这相应于激发态占有率为 $f_2 = 80\%$。在光场的量子光学描述中，这种行为可被解释为源于多光子吸收过程的载波拉比振荡。对于相比更大的光强度，即满足条件 $\Omega_{\text{R}} \gg \Omega$ 时，式（3.34）可简化为

$$w(t) = -\cos(2\Omega_{\text{R}}t) \tag{3.36}$$

此时最大反转数甚至可为 100%。式（3.36）显然与拉比在旋波近似下得到的结果很类似，即将式（3.21）中的包络拉比频率 $\tilde{\Omega}_{\text{R}}$ 替换为 $2\Omega_{\text{R}}$。

上述静场近似下的拉比振荡在后面 4.5 节对真空中电子空穴对产生过程的讨论中还将再次提到。另外，在后续讨论中我们会多次遇到静场近似或高强度近似，例如，在 5.2 和 5.3 节对 Keldysh 参数和原子场电离或者 7.3 节对动态 Franz-Keldysh 效应的论述中。

❓ 问题 3.7

说明在静场近似下式（3.20）、（3.21）及式（3.22）成立。为此，首先要将 $\Omega_{\text{R}}(t) = \Omega_{\text{R}} = $ 常量条件下的布洛赫方程式（3.17）表述为光学极化率 u 和反转数 w 的两个耦合谐振方程。

3.6.2 "方波近似"

布洛赫方程式（3.17）描述了布洛赫矢量在布洛赫球面上的旋转情况。在极端非线性光学机制下，其中的旋转频率 $2\Omega_{\text{R}}(t)$ 本身也以光场载频进行振荡并周期性地改变符号，这使得布洛赫矢量的旋转情况变得极其复杂。$2\Omega_{\text{R}}(t)$ 的振荡变化是正弦函数型的，然而或许有人会对其变化特性的重要性产生疑问。回想在 3.6.1 节中我们对静场近似的讨论，因而可直接将相关结论分别延伸至分段常值电场 $E(t)$ 或拉比频率 $\Omega_{\text{R}}(t)$[79]。这使得我们可进一步探究方波近似，其中包络为常量的拉比频率为

$$\Omega_{\text{R}}(t) = \Omega_{\text{R}}\cos(\omega_0 t + \varphi) \rightarrow \frac{2}{\pi}\Omega_{\text{R}}\,\text{sgn}(\cos(\omega_0 t + \varphi)) \tag{3.37}$$

这里引入的符号函数为：当 $x > 0$ 时 $\text{sgn}(x) = +1$；$x < 0$ 时 $\text{sgn}(x) = -1$；$x = 0$ 时 $\text{sgn}(x) = 0$。同时也引入了前因子 $2/\pi$，这是为了保证对实际问题及其相应

方波近似而言,其半光周期内的平均拉比频率保持不变。在拉比频率为正(或负)的半个光周期内,布洛赫矢量的旋转由矩阵 $\boldsymbol{M}_+$($\boldsymbol{M}_-$)来描述。这里 $\boldsymbol{M}_\pm$ 可通过在式(3.31)和式(3.32)中做替换 $\Omega_R \to \pm(2/\pi)\Omega_R$ 所得。在大于半个光周期的时间内,布洛赫矢量的动态变化可作如下描述

$$
\begin{bmatrix} u(t) \\ v(t) \\ w(t) \end{bmatrix} = \boldsymbol{M}_{tot}(t) \begin{bmatrix} u(0) \\ v(0) \\ w(0) \end{bmatrix} \tag{3.38}
$$

这里,$\boldsymbol{M}_{tot}$ 为(3×3)阶旋转矩阵的派生项;对于在包含整数 N 个周期的光脉冲消失之后的时刻 t,有 $\Omega_R(t)=0$,因而我们有

$$
\boldsymbol{M}_{tot}(t) = \boldsymbol{M}_0\left(t - N\frac{2\pi}{\omega_0}\right)\left(\boldsymbol{M}_-\left(\frac{\pi}{\omega_0}\right)\boldsymbol{M}_+\left(\frac{\pi}{\omega_0}\right)\right)^N \tag{3.39}
$$

这里 $\boldsymbol{M}_0$ 可通过在式(3.31)和式(3.32)中做替换 $\Omega_R \to 0$ 而得。$\boldsymbol{M}_0$ 描述了 uv 平面内频率为跃迁频率 Ω 的旋转过程,其值可被简化为

$$
\boldsymbol{M}_0(t) = \begin{bmatrix} \cos(\Omega t) & +\sin(\Omega t) & 0 \\ -\sin(\Omega t) & \cos(\Omega t) & 0 \\ 0 & 0 & 1 \end{bmatrix} \tag{3.40}
$$

在光脉冲持续时间内,对 $\Omega_R(t)>0$ 我们可得

$$
\boldsymbol{M}_{tot}(t) = \boldsymbol{M}_+\left(t - N_t\frac{2\pi}{\omega_0}\right)\left(\boldsymbol{M}_-\left(\frac{\pi}{\omega_0}\right)\boldsymbol{M}_+\left(\frac{\pi}{\omega_0}\right)\right)^{N_t} \tag{3.41}
$$

而对 $\Omega_R(t)<0$ 有

$$
\boldsymbol{M}_{tot}(t) = \boldsymbol{M}_-\left(t - \left[N_t + \frac{1}{2}\right]\frac{2\pi}{\omega_0}\right)\boldsymbol{M}_+\left(\frac{\pi}{\omega_0}\right)\left(\boldsymbol{M}_-\left(\frac{\pi}{\omega_0}\right)\boldsymbol{M}_+\left(\frac{\pi}{\omega_0}\right)\right)^{N_t}
$$
$$
\tag{3.42}
$$

这里我们引入了描述整数周期个数的参数

$$
N_t = \mathrm{int}\left(\frac{\omega_0 t}{2\pi}\right) \tag{3.43}
$$

取整函数 $\mathrm{int}(x)$ 的值为不大于 x 的最大整数值。

下面我们将考察方波近似的正确性,基于方波近似的二能级系统的解析解在图3.14中示出。相关参数与图3.11中所示精确数值解情形相同,这使得人们可直接进行结果的对比。总体而言,其计算结果在定性角度上具有极高的一致性,尤其对于图3.14(a)所表示的部分。其中 $\Omega/\omega_0=1$(即共振激发情形),这正是拉比振荡和 Mollow 三重线谱发生的普遍条件。例如,ω/ω_0 偶数倍频率处

排斥性 Mollow 边带对 Ω_R/ω_0 的周期为 $\pi/2$ 的周期性收缩效应(见 3.6 节讨论),在图中得到很好的再现。而对于图 3.14(b)中的非共振激发情形($\Omega/\omega_0 = 5$),方波近似的结果则缺乏说服力,这可通过直观的推理得到理解。对于共振激发($\Omega/\omega_0 = 1$),跃迁频率共振增强了方波中频率为 ω_0 的频率成分。因此相对而言,频率为 $3\omega_0$、$5\omega_0$ 等人为的方波的高阶谐波则得到抑制。很显然,方波近似没有很好地涵盖线性光学的条件,即在线性光学机制下 $u(t)$ 不是正弦函数型的(正如它应该体现的特性),这等价于傅立叶频域中将出现载频 ω_0 的高阶谐波。因此,图 3.14(a)、(b)(而在图 3.11(a)和(b)中是黑色区域)中的右下角显然是方波近似所导致的伪像。但因为我们关注的是极端非线性光学机制,因而这种伪像并不重要。

在方波近似下频率 ω_0、Ω 及 Ω_R 最简单的等量点为

$$\Omega_{\text{eff}} \frac{\pi}{\omega_0} = 2\pi M \qquad (3.44)$$

其中 M 为整数,我们有

$$\boldsymbol{\mathcal{M}}_+ \left(\frac{\pi}{\omega_0}\right) = \boldsymbol{\mathcal{M}}_- \left(\frac{\pi}{\omega_0}\right) = \begin{pmatrix} 1 & 0 & 0 \\ 0 & 1 & 0 \\ 0 & 0 & 1 \end{pmatrix} \qquad (3.45)$$

在这些条件下,半个光周期 π/ω_0 内可以完成整数个拉比振荡。将式(3.46)

$$\Omega_{\text{eff}} = \sqrt{4\left(\frac{2}{\pi}\Omega_R\right)^2 + \Omega^2} \qquad (3.46)$$

代入式(3.44),可知对于由式(3.47)给定的特定拉比频率,其可公度性等量点是存在的。

$$\frac{\Omega_R}{\omega_0} = \frac{\pi}{2}\sqrt{M^2 - \frac{1}{4}\left(\frac{\Omega}{\omega_0}\right)^2} \qquad (3.47)$$

其中 $M = 1, 2, 3, \cdots$。对这些拉比频率而言,除了那些在传统非线性光学中也将出现的、但我们此处不太感兴趣的、于 ω/ω_0 奇数倍频率处出现的峰值外,此时在光谱图上于式(3.48)所示 ω/ω_0 偶数倍频率处也出现了光谱峰值。

$$\frac{\omega}{\omega_0} = \frac{\Omega_{\text{eff}}}{\omega_0} = \sqrt{\frac{16}{\pi^2}\left(\frac{\Omega_R}{\omega_0}\right)^2 + \left(\frac{\Omega}{\omega_0}\right)^2} = 2M \qquad (3.48)$$

后者构成了图 3.14 中的亮带,然而其他 ω/ω_0 偶数倍频率处的光谱峰值在此光谱中则缺失了。这些亮带在方程精确数值解情形中也能观察到(见图 3.11)。此情形与方波近似不同的是,瞬时拉比频率 $\Omega_R(t)$ 在半个光周期内是

变化的(这有些类似于啁啾光脉冲),正是这种变化导致了其他 ω/ω_0 偶数倍频率处的光谱峰值。这表明,图 3.11 中由交叉 Mollow 三重线谱形成的收缩亮带可以被解释为光载波频率 ω_0、跃迁频率 Ω 和峰值拉比频率 Ω_R 的可公度性等量点。这里每半个光周期内将完成整数个拉比振荡,因此光谱中 ω/ω_0 偶数

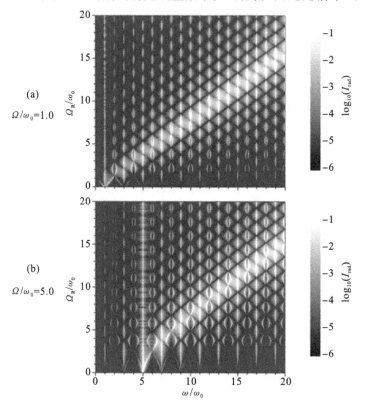

图 3.14　基于方波近似的二能级系统布洛赫方程的解析解图

注:图 3.14 类似于图 3.11,但它是基于方波近似的二能级系统布洛赫方程的解析解图。图(a)$\Omega/\omega_0=1$,图(b)$\Omega/\omega_0=5$。图片转载得到附录 B 文献[79]的作者 T. Tritschler 等人的授权($Phys.$ $Rev.\ A$,68,033404(2003).Copyright(2003) by the American Physical Society)。

倍频率处将出现光谱峰值。例如,对于式(3.47)$M=1$、$\Omega/\omega_0=1$ 的情形,我们可以得到 $\Omega_R/\omega_0=\sqrt{3}\pi/4\approx1.36$(见图 3.14),这与精确数值计算的结果 $\Omega_R/\omega_0\approx1$ 大致相同(见图 3.11)。对于 $M\gg\Omega/\omega_0$,我们可以得到 $\Omega_R/\omega_0=M\pi/2$。这个 $\pi/2$ 周期现象在精确数值解中也可被严格地观察到(见图 3.11)。对于较大的拉比频率值,其可公度性等量点很容易达到。因而即使是对于具备反演对称特性

的二能级系统,这些偶数阶谐波的出现已成为惯常规律,并非是在某些特殊条件下才出现的偶然现象。在这些可公度性等量点之间,光辐射需要几个光周期的时间才能再次到达初始态。在傅立叶频域中,这对应于那些整偶数倍的 ω/ω_0 附件出现的边带(见图 3.11 和图 3.14)。

3.6.3 缀饰二能级系统:Floquet 态

对任何一个与时间相关并具有严格时间周期性的哈密顿函数,利用 Floquet 定理[80] 通常都能够被等效转换为由无穷矩阵表述的且与时间无关的哈密顿函数[81]。如此一来,与静态哈密顿函数相关的所有大家熟知的近似算法都将是适用的。

下面我们将推导二能级系统中相应的与时间无关的矩阵。首先,我们给出态函数的表达形式:

$$\psi(t) = a_1(t)\,\psi_1 + a_2(t)\,\psi_2 \tag{3.49}$$

其中 ψ_1 和 ψ_2 分别是二能级系统的基态和激发态(见 3.2 节)。利用此表达式,薛定谔方程 $i\hbar\dot{\psi}(t) = \mathcal{H}\psi(t)$ 可表示为 2×2 阶矩阵形式:

$$i\hbar\frac{\partial}{\partial t}\begin{bmatrix} a_1 \\ a_2 \end{bmatrix} = \begin{bmatrix} E_1 & -\hbar\Omega_R(t) \\ -\hbar\Omega_R(t) & E_2 \end{bmatrix}\begin{bmatrix} a_1 \\ a_2 \end{bmatrix} = \mathcal{H}\begin{bmatrix} a_1 \\ a_2 \end{bmatrix} \tag{3.50}$$

其中,时间相关拉比频率(见式(3.18)和式(3.19))依然为

$$\Omega_R(t) = \Omega_R\cos(\omega_0 t + \phi) = \frac{\Omega_R}{2}(e^{+i(\omega_0 t+\phi)} + e^{-i(\omega_0 t+\phi)}) \tag{3.51}$$

对于连续波激发的情形,Ω_R 是时间上的常数。根据在 3.6 节中的讨论,我们可以认为系数 $a_n(t)$ 中包含激光载波频率 ω_0 的谐波成分。这使得我们可将 $a_n(t)$ 表示为

$$a_n(t) = e^{-i\omega t}\sum_{N=-\infty}^{+\infty} a_{n,N}e^{-iN(\omega_0 t+\phi)} \tag{3.52}$$

对二能级系统而言,$n=1,2$。将式(3.52)代入式(3.50)中,根据指数重排所得各项后便可得到与时间无关的系数 $a_{n,N}$ 的无限组耦合方程。将这些系数排列为如下向量

$$\boldsymbol{\psi}' = (\cdots, a_{1,-1}, a_{2,-1}, a_{1,0}, a_{2,0}, a_{1,1}, a_{2,1}, a_{1,2}, a_{2,2}, \cdots)^T \tag{3.53}$$

将式(3.53)代入式(3.11)的跃迁能量 $\hbar\Omega = (E_2 - E_1)$,同时在不失一般性条件下设定 $E_1 = 0$,由此可得如下本征值问题:

$$\mathcal{H}'\boldsymbol{\psi}' = \hbar\omega\boldsymbol{\psi}' \tag{3.54}$$

$\mathcal{H}'$ 为静态无穷 Floquet 矩阵

$$\mathcal{H}' = \hbar \begin{bmatrix} \cdots & \cdots & \cdots & \cdots & \cdots & \cdots & \cdots & \cdots & \cdots & \cdots \\ \cdots & +\omega_0 & 0 & 0 & -\dfrac{\Omega_R}{2} & 0 & 0 & 0 & 0 & \cdots \\ \cdots & 0 & \Omega+\omega_0 & -\dfrac{\Omega_R}{2} & 0 & 0 & 0 & 0 & 0 & \cdots \\ \cdots & 0 & -\dfrac{\Omega_R}{2} & \mathbf{0} & 0 & 0 & -\dfrac{\Omega_R}{2} & 0 & 0 & \cdots \\ \cdots & -\dfrac{\Omega_R}{2} & 0 & 0 & \Omega & -\dfrac{\Omega_R}{2} & 0 & 0 & 0 & \cdots \\ \cdots & 0 & 0 & 0 & -\dfrac{\Omega_R}{2} & -\omega_0 & 0 & 0 & -\dfrac{\Omega_R}{2} & \cdots \\ \cdots & 0 & 0 & -\dfrac{\Omega_R}{2} & 0 & 0 & \Omega-\omega_0 & -\dfrac{\Omega_R}{2} & 0 & \cdots \\ \cdots & 0 & 0 & 0 & 0 & 0 & -\dfrac{\Omega_R}{2} & -2\omega_0 & 0 & \cdots \\ \cdots & 0 & 0 & 0 & 0 & -\dfrac{\Omega_R}{2} & 0 & 0 & \Omega-2\omega_0 & \cdots \\ \cdots & \cdots & \cdots & \cdots & \cdots & \cdots & \cdots & \cdots & \cdots & \cdots \end{bmatrix}$$

$$(3.55)$$

其中第四行第四列以加粗字体显示的 $\mathbf{0}$ 对应着 $n=1$ 且 $N=0$ 的情形。对于拉比频率 Ω_R 较小的情况,也即在微扰机制下,本征频率 ω 近似为这个矩阵在对角线上的矩阵元,也就是 $\mathbf{0}, \pm\omega_0, \pm2\omega_0, \pm3\omega_0, \cdots, \Omega, \Omega\pm\omega_0, \Omega\pm2\omega_0$ 等。这些频率值我们在图 3.12(a) 中已经遇到过了。而当拉比频率值较大时,那些非对角矩阵元导致耦合现象出现,因而相应本征频率也就出现了变化。这尤其导致了各种光谱无效交叉现象的出现[55,82],这一点我们也已在图 3.11 和图 3.12(b) 中观察到了,同时图 3.15 也以不同的方式给予了图示说明。静态矩阵 (3.55) 的本征向量通常被称为 Floquet 态——光"缀饰"的二能级系统的本征态。有时根据这些 Floquet 态进行的展开表述是很有用的。

在以单量化模式进行的光场量子光学描述中,与我们经典力学所用方法相对应的是 Jaynes-Cummings 模型[8,83]。在此模型中,不存在二能级系统光子间的相互作用,也即,能量为 $\hbar\Omega+2\hbar\omega_0$ 的态可以被理解为"一个处于激发态的电子外加两个光子"。在考虑相互作用时,显然又将得到混合态。

问题 3.8

给出 $\Omega=3\omega_0$ 条件下的图 3.15 所示的能级图。

❓ **问题 3.9**

将二能级系统薛定谔方程式 (3.50) 化为已知的 Riccati 非线性微分方程形式

$$\frac{\mathrm{d}\mathcal{R}}{\mathrm{d}t} = A_0(t) + A_1(t)\mathcal{R} + A_2(t)\mathcal{R}^2 \tag{3.56}$$

其中 $\mathcal{R}(t)$ 为复函数。在这种形式下,运动方程通常仍然不能以解析形式求解,但是 Riccati 方程却有一些相当有趣的数学特点可被利用。

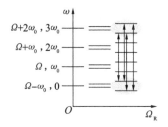

图 3.15 共振激发 $\Omega = \omega_0$ 条件下哈密顿矩阵式 (3.55) 的本征频率

注:对于图右边从能量最低的双重线谱跃迁到能量最高双重线谱的四个跃迁(见箭头和灰色椭圆区域),其中两个是简并的,这最终导致了三阶谐波 Mollow 三重线谱的出现。有关此方面的内容我们已在 3.3 节做了讨论,相关结果也在图 3.5 和图 3.11(a) 中分别示出。

第 4 章
德鲁德自由电子
模型及相关扩展

4.1 线性光学:德鲁德模型

一个质量为 m_e、带电荷 $-e$ 的自由电子在激光电场 $E(t)$ 的作用下,其运动方程由如下牛顿第二定律描述:

$$m_e \ddot{x}(t) = -eE(t) \tag{4.1}$$

式中,$x(x)$ 仍定义为电子相对于某一固定不动正电荷的位移。比较式(4.1)和式(3.1)不难看出,式(4.1)即是式(3.1)在没有回复力时的结果,即 $\mathcal{D}=0$(比较图 3.1 和图 4.1)。因此,将 $\mathcal{D}=\Omega=0$ 代入式(3.3)便可直接得到线性光学极化率。假设单位体积 V 内的自由电子个数为 N_e(替换 N_{OSC}),可得

$$\chi(\omega) = -\frac{e^2 N_e}{\varepsilon_0 V m_e} \frac{1}{\omega^2} = -\frac{\omega_{\mathrm{pl}}^2}{\omega^2} \tag{4.2}$$

这里,我们已引入了等离子体频率

$$\omega_{\mathrm{pl}} = \sqrt{\frac{e^2 N_e}{\varepsilon_0 V m_e}} \tag{4.3}$$

注意,式(4.3)中等离子体频率与电子数密度 N_e/V 的平方根成正比。在电介质材料中,需将 ε_0 替换为 $\varepsilon\varepsilon_0$,ε 为相对介电常数。

如果考虑的对象并非均匀电子气而是一个单独的电荷,那么电荷的振动加速会导致汤姆森散射,它类似于电偶极子中的瑞利散射,后者是天空呈现蓝色的原因。需要注意的是,线性汤姆森散射为弹性散射,其散射光的频率与入射光相同。众所周知,线性汤姆森散射的辐射模式如后文 4.4.1 节的图 4.5 (a)所示。

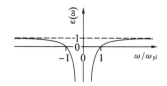

图 4.1 线性介电函数 $\varepsilon(\omega)$ 与频率 ω 的关系图

注:由德鲁德模型关系式(4.2)求得线性介电函数 $\varepsilon(\omega)=1+\chi(\omega)$ 与频率 ω 的关系图。ω_{pl} 为等离子体频率[268]。

现在我们的问题是,是否可以将一个相关能量参数与驱动电子的光场的强度联系起来? 如果可以,那么此能量参数将类似于二能级系统中的拉比能。设光电场 $E(t)$ 具有恒定的包络 $\widetilde{E}_0$,且沿 x 方向偏振,即

$$E(t)=\widetilde{E}_0\cos(\omega_0 t+\phi) \tag{4.4}$$

将式(4.4)代入牛顿定律式(4.1),并考虑初始条件 $v(0)=0$,根据 $v(t)=\mathrm{d}x(t)/\mathrm{d}t$ 可得电子的速度为:

$$v(t)=-\frac{e\widetilde{E}_0}{m_e\omega_0}\sin(\omega_0 t+\phi) \tag{4.5}$$

将电子动能 $E_{kin}(t)=m_e v^2(t)/2$ 在一个光场周期 $2\pi/\omega_0$ 内求平均值,利用关系式 $\langle\sin^2(\omega_0 t+\phi)\rangle=1/2$,我们可以得到质动能(也称为摇摆能量或颤动能量)为:

$$\langle E_{kin}\rangle=\frac{1}{4}\frac{e^2\widetilde{E}_0^2}{m_e\omega_0^2} \tag{4.6}$$

显然,质动能与入射光强 I 成正比($I\propto\widetilde{E}_0^2$,见式(2.16)),峰值动能是质动能的两倍。

 **实例 4.1**

考虑 $\widetilde{E}_0=4\times10^9\,\mathrm{V/m}$、相关参数为 GaAs 参数的情形:$m_e=0.07$

$\times m_0$，m_0 为自由电子质量，$m_0 = 9.1091 \times 10^{-31}$ kg，$\hbar\omega_0 = E_g^{\text{GaAs}} = 1.42$ eV。据此可得质动能 $\langle E_{\text{kin}} \rangle = 2.16$ eV。当 $\tilde{E}_0 = 6 \times 10^9$ V/m 且采用 ZnO 参数时：$m_e = 0.24 \times m_0$，$\hbar\omega_0 = 1.5$ eV，可以得到其质动能 $\langle E_{\text{kin}} \rangle = 1.27$ eV。

顺便提一下，当 $\tilde{E}_0 = 4 \times 10^9$ V/m 时，对于 GaAs 参数而言，晶体电子的峰值加速度 a_e^0 为：$|a_e^0| = e/m_0 \, \tilde{E}_0 = 1.0 \times 10^{22}$ m/s² $= 10^{21} \cdot \times g$，其中 $g = 9.81$ m/s² 为地球表面的重力加速度。相对而言，F-1 赛车的峰值加速度 $10^1 \times g$ 实在是可以忽略不计的。

❓ 问题 4.1

当 $\tilde{E}_0 = 4 \times 10^9$ V/m 时，典型半导体中的电荷分别在拉比振荡和自由运动情形下的峰值（经典）位移 x_0 是多少？这两种情况下，x_0 与 $\tilde{E}_0$ 的比例关系分别如何？

4.2 光驱动下的电子波包

从量子力学角度考虑，激光电场中电子运动（随时间振荡）的问题类似于锁模激光谐振腔中载波频率为 ω_0 的光场的谐振问题（见 2.3 节）。在谐振腔中，电磁波包（激光脉冲）在激光腔镜之间周期性地来回振荡（往返频率为 f_r），这导致了 ω_0 边带频率梳的形成。由于电磁波包在相邻两次振荡往返过程中存在着相移 $\Delta\phi$，这使得这些边带频率严格以载波-包络偏移频率 f_ϕ 为增量出现上移。相移的定量描述由式(2.33)给出。

4.2.1 半经典处理

从与此相类似的半经典理论角度考虑，处于周期性激光场中的电子波包在一个光周期内将获得一量子相位差 $\Delta\phi_e$，此相位差是周期平均量值[1]：

$$\Delta\phi_e = \left\langle 2\pi \frac{\left(v_{\text{phase}} - v_{\text{group}}\right) \frac{2\pi}{\omega_0}}{\lambda_e} \right\rangle \tag{4.7}$$

---

[1] 注意参量 λ_e、v_{phase} 和 v_{group} 通过约束关系 $k_x = k_x(t)$ 而随时间变化。

式中，$\lambda_e = 2\pi/k_x$ 为电子的德布罗意波长，$2\pi/\omega_0$ 为光场周期。利用有效质量近似下真空电子或固态中晶体电子的色散关系

$$E_e(k_x) = \hbar\omega_e(k_x) = \frac{\hbar^2 k_x^2}{2m_e} \tag{4.8}$$

以及 $v_{phase} = \omega_e/k_x$ 和 $v_{group} = \mathrm{d}\omega_e/\mathrm{d}k_x$，我们可以得到相邻两个光场周期内振荡电子波包的相位差为：

$$\Delta\phi_e = \left\langle 2\pi \frac{\left(\frac{\hbar k_x}{2m_e} - 2\frac{\hbar k_x}{2m_e}\right)\frac{2\pi}{\omega_0}}{2\pi/k_x} \right\rangle$$

$$= -2\pi \frac{\left\langle \frac{\hbar^2 k_x^2(t)}{2m_e} \right\rangle}{\hbar\omega_0}$$

$$= -2\pi \frac{\langle E_{kin} \rangle}{\hbar\omega_0} \tag{4.9}$$

需要注意的是，式(4.9)中出现的负号是因为电子的群速度大于其相速度，而对光子情况通常相反，也即其群速度小于其相速度。

根据式(4.9)知，当质动能接近于载波光子能量时，即

$$\frac{\langle E_{kin} \rangle}{\hbar\omega_0} \approx 1 \tag{4.10}$$

相移在量值上变得相当可观。我们可注意到，这个比值与 $1/\omega_0^3$ 成正比。进一步来说，与激光腔中的光场相类似，我们可认为电子和光场复合系统的态密度在 $\pm N\hbar\omega_0$ 电子态密度（N 为整数）处将呈现光子边带。与式(2.33)相类似，此光子边带应具有如下的能量上移量[86-88]

$$\hbar\omega_0 \frac{|\Delta\phi_e|}{2\pi} = \langle E_{kin} \rangle \tag{4.11}$$

也即，能量上移量为质动能 $\langle E_{kin} \rangle$。因此，电子的质动能参量 $\langle E_{kin} \rangle$ 与光子的载波-包络偏移频率 f_ϕ 是相类似的。

4.2.2 量子力学处理：缀饰电子

在4.2.1节的研究中，我们设定了一个有限的群速色散并预测了任意空间局域波包的时间展宽。这种研究方法简洁明了，但是却忽略了问题中重要的一个方面，即电子的群速度是随频率变化的。为了考虑这个问题，我们不得不求解电子的一维含时（非相对论性）薛定谔方程

$$\mathrm{i}\hbar\frac{\partial}{\partial t}\psi(x,t)=\frac{1}{2m_e}(p_x+eA_x)^2\psi(x,t)+V(x,t)\psi(x,t) \qquad (4.12)$$

其中,动量算符

$$p_x=-\mathrm{i}\hbar\frac{\partial}{\partial x} \qquad (4.13)$$

根据基本电动力学知识可知,激光电场 $E(x,t)$ 与矢势 $A(x,t)$ 和静电势 $\phi(x,t)(V(x,t)=-e\phi(x,t))$ 的关系为

$$E(x,t)=-\frac{\partial A(x,t)}{\partial t}-\frac{\partial\phi(x,t)}{\partial x} \qquad (4.14)$$

在基于式(4.14)进行问题讨论的思路方面,现在我们有两种选择:其一,辐射规范,即设定 $\phi(x,t)=0$;其二,电场规范,即设定 $A_x=0$。在后续论述中,这两种思路我们都会涉及。我们稍后将会看到,根据相关条件和电场振幅的选择,这两种情况都可以充分地分别描述电子波包与光的相互作用。但是,这两种研究思路绝对不能混用。电场规范的优势在于,分析中可以利用与静电场的相似性,比如电子隧穿。而在相对论机制中(见 4.5 节)则应该采用辐射规范(洛伦兹规范)。有关这两种规范的详细讨论可参阅文献[89]。

1)辐射规范

将激光电场 E 引入式(4.12)薛定谔方程的首要可能条件即是设定 $V(x,t)=-e\phi(x,t)=0$。采用与 3.2 节中偶极近似相同的方法,我们假定相关长度尺度远小于光波长。在这种情况下,我们可近似认为光电场在空间为定值而仅随时间振荡。如此即限制了 E 和 A 的空间依赖性,我们可得

$$E=-\frac{\partial A}{\partial t} \qquad (4.15)$$

对偏振方向为 x 方向且强度恒定的电场 $E(t)=\widetilde{E}_0\cos(\omega_0 t+\phi)$ 而言,则有如下关系式

$$A_x(t)=-\frac{1}{\omega_0}\widetilde{E}_0\sin(\omega_0 t+\phi) \qquad (4.16)$$

成立,其中 ϕ 为 CEO 相位。将式(4.16)代入薛定谔方程式(4.12)中,得到含时薛定谔方程

$$\mathrm{i}\hbar\frac{\partial}{\partial t}\psi(x,t)=\frac{1}{2m_e}\left(-\mathrm{i}\hbar\frac{\partial}{\partial x}-\frac{e\widetilde{E}_0}{\omega_0}\sin(\omega_0 t+\phi)\right)^2\psi(x,t) \qquad (4.17)$$

根据上述从半经典力学角度所做的讨论,我们设波函数解具有如下表述形式:

$$\psi(x,t)=e^{ik_x x}\sum_{N=-\infty}^{+\infty}a_N\,e^{-i(\omega_N t+N\phi)} \tag{4.18}$$

其中,频率 ω_N 为

$$\hbar\omega_N=\frac{\hbar^2 k_x^2}{2m_e}+\langle E_{kin}\rangle+N\hbar\omega_0 \tag{4.19}$$

也即,我们可得一等间距频率梳,且整体存在量值为质动能的能量上移; $\hbar^2 k_x^2/(2m_e)$ 项可视为电子的初始动能。将式(4.18)和式(4.19)代入含时薛定谔方程式(4.17)中,即可验证这两式的正确性,同时也可得出幅值系数 a_N。然而,此处我们将特别研究 $k_x=0$ 情况的数学推导细节($k_x\neq0$ 的情况见问题4.2)。可得

$$e^{ik_x x}\sum_{N=-\infty}^{+\infty}\hbar\omega_N a_N\,e^{-i(\omega_N t+N\phi)}=\frac{1}{2m_e}\frac{e^2\widetilde{E}_0^2}{\omega_0^2}\sin^2(\omega_0 t+\phi)\psi(x,t)$$

$$=\langle E_{kin}\rangle(1-\cos(2\omega_0 t+2\phi))\psi(x,t) \tag{4.20}$$

将式(4.18)代入式(4.20)中,将余弦项移至求和号内,重排求和项后比较系数可以得到:

$$N\hbar\omega_0 a_N=-\frac{\langle E_{kin}\rangle}{2}(a_{N+2}+a_{N-2}) \tag{4.21}$$

式(4.21)使得 N 为偶数的振幅 a_N 项之间产生了联系,同时也使 N 为奇数的振幅 a_N 项彼此之间存在着制约关系。但是, N 分别为偶数和奇数时的振幅项之间却不存在耦合关系。此处我们需要一些想象力,我们猜测振幅 a_N 在 N 为偶数时可做如下表达:

$$a_N=J_{-\frac{N}{2}}\left(\frac{\langle E_{kin}\rangle}{2\hbar\omega_0}\right) \tag{4.22}$$

而在 N 为奇数时 $a_N=0$。其中, J_N 是第一类 N 阶贝塞尔函数。将式(4.22)代入式(4.21),同时定义 $X=\langle E_{kin}\rangle/(2\hbar\omega_0)$ 并替换 $-N/2=M$,可以得到:

$$\frac{2M}{X}J_M(X)=J_{M+1}(X)+J_{M-1}(X) \tag{4.23}$$

对第一类贝塞尔函数而言,任意 M(整数或者半整数)都存在上述数学恒等式[80]。对于给定的 N 阶振幅 a_N,其量值完全依赖于质动能与载波光子能量之比,这一点可从上述半经典理论分析中推出。当不存在激光场时,即 $\langle E_{kin}\rangle=0$,我们必定可以重现通常的电子平面波,也即 $a_0=1$ 而其余阶次的振幅全部为 0。实际上,我们有 $a_0=J_0(0)=1$。对于贝塞尔函数的非零整数阶,等同于阶数 N 为偶数的情形,我们的确可以得到 $J_{-N/2}(0)=0$。而对于正奇数 N,这等同于负半整数阶贝塞尔函

数,此时 $J_{-N/2}(0)$ 是发散的。因此,所有的奇数阶振幅 a_N 必须等于 0,这是 $k_x = 0$ 时由反演对称性所决定的结果。至此,我们已经验证了式(4.22)成立时所必须满足的所有条件。

对于更普遍的情况 $k_x \neq 0$,边带的振幅为

$$a_N = \mathrm{e}^{+\mathrm{i}\frac{\pi}{2}N} \sum_{M=-\infty}^{+\infty} J_M\left(\frac{\langle E_{\mathrm{kin}} \rangle}{2\hbar\omega_0}\right) J_{N-2M}\left(-\frac{k_x \widetilde{E}_0 e}{m_e \omega_0^2}\right) \tag{4.24}$$

第二类贝塞尔函数的参数可以表示为

$$-\frac{k_x \widetilde{E}_0 e}{m_e \omega_0^2} = -\operatorname{sgn}\langle k_x \rangle 2\sqrt{2}\frac{\sqrt{\frac{\hbar^2 k_x^2}{2m_e}\langle E_{\mathrm{kin}} \rangle}}{\hbar\omega_0} \tag{4.25}$$

即,初始动能与质动能的几何平均值除以载波光子能量。当这一比值为一有限值时,与 $k_x = 0$ 情况不同的是,阶数 N 为偶数和奇数均可出现 Volkov 边带。需要注意的是,$k_x > 0$ 与 $k_x < 0$ 时 a_N 的符号是不同的:电子的初始动量 k_x 打破了自由电子所具备的反演对称性。当 $k_x = 0$ 时,式(4.24)简化为式(4.22)。为了实际验证式(4.24),将激光场表达为正弦而非余弦形式(如本书)将是非常方便,因为此时公式的系数将不存在复数[90]。最后,可以变换时间轴以得到式(4.24)中的相位因子 $\exp(+\mathrm{i}N\pi/2)$。同时,也可参见问题 4.2。

式(4.18)、(4.19)及式(4.22)或式(4.24)描述的态称为 Volkov 态[91,92]。这些态具有急剧变化的波数 k_x,在实空间是完全非局域的:相应的电荷密度 $\rho(x, t) \propto -e|\psi(x,t)|^2$ 在任意时刻 t、任意位置 x 都是恒定的,因而 Volkov 态是定态。因为光场改变了裸电子的色散特性,所以通常也被称为缀饰电子态。式(4.18)准确描述了我们在半经典理论中已经讨论过的波包,Volkov 态的特性如图 4.2 所示。

考虑多于一维且采用任意线偏振激光场的情形,式(4.24)中第二个贝塞尔函数的参数中的 $k_x \widetilde{E}_0$ 项需要被替换为 $\mathbf{k} \cdot \widetilde{\mathbf{E}}_0$,且波函数 $\psi(x,t)$ 被替换为 $\psi(x, y, z, t)$ 并乘以相位因子 $\mathrm{e}^{\mathrm{i}(k_y y + k_z z)}$。

需要注意的是,真空电子的 Volkov 态并没有引入任何非线性光学效应,然而,它是讨论半导体带内效应或原子内极端非线性光学效应的重要起点。其中,使电子激发进入电子的 N 光子边带的跃迁可以被看作是 N 光子吸收过程。根据 Volkov 态函数式(4.18),我们即可发现 N 光子吸收过程的相位为 CEO 相位 ϕ 的 N 倍。比如,单光子和双光子吸收效应的干涉过程会再一次引

入对激励激光脉冲 CEO 相位 ϕ 的依赖关系。

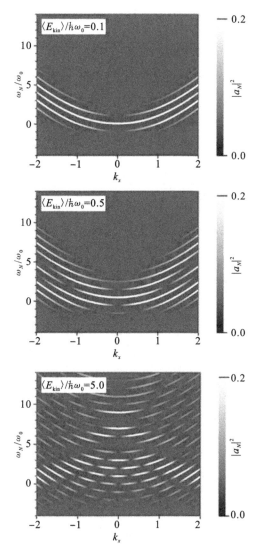

图 4.2 Volkov 态的特性

注:据式(4.18)和式(4.24)计算出的 ω_N 随 Volkov 态波数 k_x 的色散关系,其中质动能分别为 $\langle E_{\mathrm{kin}}\rangle/\hbar\omega_0=0.1$、$\langle E_{\mathrm{kin}}\rangle/\hbar\omega_0=0.5$ 和 $\langle E_{\mathrm{kin}}\rangle/\hbar\omega_0=5$。灰度级别正比于幅度模平方 $|a_N|^2$。归一化波矢 $k_x^2=4$ 对应的实际电子动能为 $\hbar^2 k_x^2/2m_{\mathrm{e}}=4\hbar\omega_0$[268]。

在微扰作用机制范围内,也即条件 $\langle E_{\mathrm{kin}}\rangle/\hbar\omega_0\ll 1$ 成立时,我们可以利用这个近似展开式:在 $X\ll 1$ 且 M 为正值时,有 $J_M(X)\approx(X/2)^M/\Gamma(M+1)$,其

中伽玛函数 $\Gamma(M+1)=M!$。此时再联立 $k_x=0$ 情形下的条件式(4.22):对整数 $M=-N/2$,有 $J_{-M}(X)=(-1)^M J_M(X)$,可以得到

$$|a_N|^2 \approx \left(\frac{1}{(|N|/2)!}\right)^2 \left(\frac{\langle E_{kin}\rangle}{4\hbar\omega_0}\right)^{|N|} \propto I^{|N|} \qquad (4.26)$$

这一结果完全可以这样直观地预测得到:出现由 N 个光子组成的边带的概率正比于发现一个光子的概率的 N 次方。这相当于说,此 N 光子吸收过程的几率与激光强度 I 之间存在着相应的比例关系。需要注意的是,$|a_N|^2$ 随着 $|N|$ 的增大急剧减小。比如,当 $\langle E_{kin}\rangle/(\hbar\omega_0)=0.1\ll 1$ 时,可以得到 $|a_0|^2=1$,$|a_{\pm2}|^2=6.2\times10^{-4}$,$|a_{\pm4}|^2=9.8\times10^{-8}$,等等。

这里需要注意的是,当 $\omega_0\to0$ 时 $\langle E_{kin}\rangle/\hbar\omega_0$ 是发散的。因此,Volkov 态在静电学中不适用。

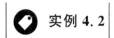 **实例 4.2**

假定我们要研究 Volkov 态的 N 光子边带获得最大幅度 $|a_N|$ 的问题,显然这属于非微扰问题。设 $k_x=0$ 和 $\hbar\omega_0=1.5$ eV,那么此时所需要的激光强度 I 或者质动能 $\langle E_{kin}\rangle$ 是多少?对于偶数 $N\gg1$,式(4.22)中贝塞尔函数 $|J_{-N/2}(X)|$ 在 $X\approx N/2$ 时具有第一峰值(同时也是函数的最大值),如此可得 $\langle E_{kin}\rangle\approx N\hbar\omega_0$。对于一个真空电子,此表达式对应的激光强度(见式(2.16)和式(4.6))为

$$I=N\times3\times10^{13}\ \text{W/cm}^2$$

其中 $N\gg1$。这个结果在 5.3 节中将会用到,在那里我们将讨论原子的多光子电离过程。

2)电场规范

作为第二种选择我们可以设定 $A_x=0$,此时激光电场与电子势能之间的对应关系为 $V(x,t)=+xeE(t)$。因而我们有如下偏微分方程:

$$i\hbar\frac{\partial}{\partial t}\psi(x,t)=-\frac{\hbar^2}{2m_e}\frac{\partial^2}{\partial x^2}\psi(x,t)+x\,e\,\tilde{E}_0\cos(\omega_0 t+\phi)\,\psi(x,t) \qquad (4.27)$$

显然,这个特殊形式的含时薛定谔方程的右边是具有含时系数的二次方形式。对初值条件 $\psi(x,t=0)=\delta(x)$(格林函数或问题"传播子"),方程式(4.27)通常

可以通过路径积分的方法解析求解[93]。然而,这个解析解很长且对于本书所研究的内容没有什么指导性帮助。实际上,直接用数值方法求解薛定谔方程式(4.27)则显得更简单。需要注意的是,对于这种形式的哈密顿量,由 Ehrenfest 定理可知其期望值 $\langle x \rangle(t)$ 和 $\langle v \rangle(t)$ 与经典的可观测值 $x(t)$ 和 $v(t)$ 严格一致。然而,由量子力学分析则可以获得一些附加信息,比如最初局域的电子波包是如何随时间扩散并展宽的。

图 4.3 中给出了电子波包实部 $\text{Re}(\psi(x, t))$ 的变化情况。这里我们选择描述电子波函数的实部是因为它对应于光电场,而电子概率密度 $|\psi(x, t)|^2$ 则与光强相对应。为了避免在边界处的伪像反射,图 4.3 实际所用的模拟区域比图中示出的要大得多。模拟过程采用中心在 $x = 0$ 处的实高斯型电子波包,起始时刻为 $t = 0$,波包初始速度为 0。波包在正电场驱动作用下沿着负 x 方向加速,在一个光学周期 $t = 2\pi/\omega_0 = 2.8\ \text{fs}$ 后其质量中心又回到 $x = 0$ 处。此时(图中没有示出),群速色散已使得波包出现了显著的展宽。这一效应在基础量子力学里已经为人们所熟知:根据不确定性关系,初始波包在实空间内越窄,其动量分布越宽,并且此分布随时间的扩散现象就越显著。即使在 1.4 fs(图中所描述的时间范围)之后,相当于半个光周期后,此展宽现象已变得相当显著。同时需要注意的是,波包有明显的"啁啾"现象,也就是说其

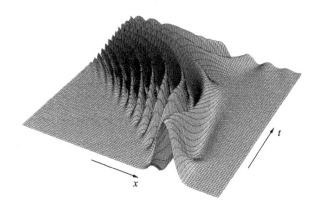

图 4.3　由式(4.27)数值解得到的电子波函数的实部 $\text{Re}(\psi(x,t))$

注:时间轴范围 $0 \sim 1.4\ \text{fs}$,x 轴范围 $-3 \sim +1\ \text{nm}$。$t = 0$ 时的初始条件 $\psi(x, 0) = \exp(-(x/\sigma_0)^2)$,即为静止电子波包 $\langle x \rangle(0) = 0$,$\langle v \rangle(0) = 0$。参数 $\sigma_0 = 0.2\ \text{nm}$ 为氢原子波尔半径的四倍。其他参数为:$\phi = 0$;$\hbar\omega_0 = 1.5\ \text{eV}$,对应光周期 $2\pi/\omega_0 = 2.8\ \text{fs}$;$m_e = m_0$;$\tilde{E}_0 = 3 \times 10^{10}\ \text{V/m}$。此电场设置对应与激光强度 $I = 1.1 \times 10^{14}\ \text{W/cm}^2$,相应质动能与载波光子能量的比值为 $\langle E_{\text{kin}} \rangle/\hbar\omega_0 = 5$。建议将此图与图 4.2 进行比较。

波长依赖于位置 x，且波包假定包络与"载波"振荡之间的相位是随时间 t 变化的，这一点据前述半经典讨论即可得知。实际上对图 4.3 中给定的参数，相位在一个光学周期内的改变量为 $5 \times 2\pi$。

这里特别提请注意的是，图 4.3 和图 4.2 中 $\langle E_{kin} \rangle / \hbar\omega_0 = 5$ 所描述的情形完全是同一个物理问题，只是采用了不同的规范和不同的空间：一个是在傅立叶频域，另一个则是在实空间和时间域。

静场极限，即 $\omega_0 = 0 = \phi$ 时的情形将在 7.3 节单独讨论，此时相应的电子波包函数由 Airy 函数给出。

 **问题 4.2**

对任意初始波数 $k_x \neq 0$ 的情况，根据式(4.18)证明 Volkov 态振幅 a_N 的表达式式(4.24)。

4.3 晶体电子

对于给定的光强度 I，根据式(4.6)所得到的半导体中电子的质动能通常要比真空电子大得多，这是因为前者的有效电子质量比后者要小一个数量级（见表 4.1）。然而，对晶体电子而言，质动能的概念仅在有效质量近似成立的范围内才是有意义的。当 $\langle E_{kin} \rangle$ 量值大于零点几个 eV 时（见图 7.1），有效质量近似将不再成立。这就限制了质动能概念在极端条件下（$\hbar\omega_0 = 1.5 \sim 3.0$ eV）半导体光激发相关分析描述中的重要性。而在另一方面，对于光子能量 $\hbar\omega_0$ 较小的红外激发，条件 $\langle E_{kin} \rangle \approx \hbar\omega_0 < 0.1 \sim 0.2$ eV 则可以得到满足。在这种情况下，我们可以在有效质量近似成立的范围内实现极端非线性光学机制。与此相关的实验描述将在 7.4 节进行。

表 4.1 几种特定半导体的有效电子质量 m_e（以自由电子质量 $m_0 = 9.1091 \times 10^{-31}$ kg 为单位，参数数据来自附录 B 文献[94]）

半导体	GaAs	AlAs	ZnSe	ZnO	ZnTe	CdS	Ge
m_e	0.0665	0.124	0.13	0.24	0.2	0.2	0.0815($\perp$),1.588($\parallel$)

由于激光强度较大时质动能的概念在固体中已不再适用，因而在不采用有效质量近似的条件下，我们需要一个更加普遍的量来反映带内电子的动能。

根据加速度定理,晶体电子动量 $\hbar k_x$ 遵守牛顿第二定律 $\hbar \dot{k}_x = F$。将激光电场代入电子受力表达式 $F = -eE(t)$,很容易得到

$$a \frac{\partial}{\partial t} k_x(t) = -\Omega_B(t) \tag{4.28}$$

这里我们引入了瞬态布洛赫频率 $\Omega_B(t)$,且

$$\hbar \Omega_B(t) = a \, e \, E(t) \tag{4.29}$$

显然,对任一给定时间 t,布洛赫能 $\hbar \Omega_B(t)$ 是电子渡越一个晶格常数为 a 的晶格单元所经历的势能降。注意,与式(3.18)所描述的拉比频率一样,布洛赫频率 $\Omega_B(t)$ 也随时间振荡而周期性地改变符号。

4.3.1　静场情况

为了对布洛赫频率的表征意义有一个直观的认识,我们考虑一个静电场 $E(t) = \tilde{E}_0$[95,96]。在这种情况下,利用初始条件 $k_x(0) = 0$,通过可很容易求解的方程式(4.28)而得到:

$$k_x(t) = -t\Omega_B/a \tag{4.30}$$

当 $t = \pi/\Omega_B$ 时,电子到达第一布里渊区一端,也即此时有 $k_x = -\pi/a$。如此会导致晶体电子的布拉格反射,使得电子将运动至第一布里渊区的另一端,即 $k_x = +\pi/a$。再经过时间间隔 π/Ω_B 后,电子又重新回到其初始态 $k_x = 0$,从而完成一个周期为 $2\pi/\Omega_B$ 的完整振荡。电子波数空间的这种振荡会导致电子在实空间内沿 x 方向的振荡,这种振荡称为布洛赫振荡。注意,其振荡频率,即布洛赫频率与晶体电子的特定色散关系(能带结构)无关。

那么在量子力学中这又对应于怎样的情景呢?在没有电场时,组成固体的原子的电子波函数发生重叠而出现简并现象,这首先会造成电子波函数及其能带的非局域化。而当强电场存在时,也就是说,$|-aeE|$ 与带宽(通常有几个 eV)相比较大时,跨越一个晶格常数的势能降 $-aeE$ 将加剧简并现象,最终使得波函数重新出现局域化。此时,其相应本征能 E_M 以 Wannier - Stark 阶梯方式均匀分布:[97-99]

$$E_M = MaeE \tag{4.31}$$

其中,整数 $M = -\infty, \cdots, -1, 0, 1, \cdots, +\infty$。电子波包是这些 Wannier-Stark 态的叠加,并且产生了这些态在时间上的量子频拍。这种量子频拍现象是布洛赫振荡的量子力学对应。因此,布洛赫频率 Ω_B 可以表示成

$$\hbar \Omega_B = E_{M+1} - E_M = aeE \tag{4.32}$$

此量子力学结果和从半经典角度推导的结果式(4.29)是相同的。注意,式(4.31)类似于锁模激光器的频率梳(见 2.3 节),其中 $\Omega_B/2\pi$ 对应重复频率 f_r(见式(2.31))。

4.3.2 载波布洛赫振荡导致的高阶谐波

下面我们将讨论一维紧束缚能带中晶体电子波包光辐射的光谱,其半经典能量色散关系为(参见图 7.1)

$$E_e(k_x) = \hbar\omega_e(k_x) = -\Delta\cos(k_x a) \tag{4.33}$$

其中,2Δ 为带宽。考虑连续波激发,即 $E(t) = \widetilde{E}_0\cos(\omega_0 t + \phi)$,这等价于

$$\Omega_B(t) = \Omega_B\cos(\omega_0 t + \phi) \tag{4.34}$$

式中,$\Omega_B = ae\widetilde{E}_0/\hbar$ 为峰值布洛赫频率,比值 Ω_B/ω_0 有时被称作动态局域化参数。同时,我们也将忽略所有阻尼并采用单粒子近似。由电子波包带内运动所产生辐射的光强谱 $I_{rad}(\omega)$ 正比于群加速度傅里叶变换的平方模,即 $I_{rad}(\omega) \propto |\omega\, v_{group}(\omega)|^2$。波数为 k_x 处的电子群速度 v_{group} 可表示为

$$v_{group}(\omega) = \frac{d\omega_e}{dk_x} \tag{4.35}$$

因此

$$v_{group}(t) = \frac{a\Delta}{\hbar}\sin(k_x(t)\,a) \tag{4.36}$$

利用初始条件 $k_x(0) = 0$ 和 CEO 相位 $\phi = 0$,根据式(4.28)可得到电子波数

$$k_x(t) = -\frac{\Omega_B}{a\omega_0}\sin(\omega_0 t) \tag{4.37}$$

将式(4.37)代入式(4.36)得到

$$
\begin{aligned}
v_{group}(t) &= -\frac{a\Delta}{\hbar}\sin\left(\frac{\Omega_B}{\omega_0}\sin(\omega_0 t)\right)\\
&= -\frac{2a\Delta}{\hbar}\sum_{M=0}^{\infty}J_{2M+1}\left(\frac{\Omega_B}{\omega_0}\right)\sin((2M+1)\omega_0 t)
\end{aligned}
\tag{4.38}
$$

在式(4.38)的最后一步中,我们使用了第一类 N 阶贝塞尔函数 J_N 的一个恒等式(见附录 B 文献[80]中的公式 9.1.43)。最后,根据式(4.38)可立即得到辐射强度谱中奇数阶谐波的峰值高度

$$I_{rad}(N\omega_0) \propto (N\omega_0)^2 J_N^2\left(\frac{\Omega_B}{\omega_0}\right) \tag{4.39}$$

辐射强度谱如图 4.4 所示,式(4.39)贝塞尔函数的零点构成图中的谱节点。

当 $\Omega_B/\omega_0 \ll 1$ 时,式(4.38)中的第一个正弦函数值可以近似用其自变量参数代替,因而群速度将以载波频率 ω_0 做简谐振动,即 $v_{\text{group}} \propto -\sin(\omega_0 t)$。在此限制条件下,我们可得到与 4.2 节中采用有效质量近似时所得相同的结果。当 $\Omega_B/\omega_0 \approx 1$ 时,光辐射行为则出现了变化。能带的非抛物线形状导致了 $\sin(\cdots \sin(\cdots t))$ 参数变化关系,这使得在傅里叶频域出现了 ω_0 的奇数阶谐波。当 $\Omega_B/\omega_0 \gg 1$ 且时间 t 近似满足 $\omega_0 t = 0$,π,$\cdots$ 时,第二个正弦函数可近似用其自变量参数代替,因而此时晶体电子将以峰值布洛赫频率作简谐振动,即 $v_{\text{group}} \propto \mp\sin(\Omega_B t)$。这正是我们之前讨论过的静态场极限。由于峰值布洛赫频率为上述极限条件下系统的最大频率,因而它决定了截止谐波阶数。截止阶数可近似表示成

$$N_{\text{cutoff}} = \frac{\Omega_B}{\omega_0}$$

这一截止阶数(如图 4.4 右下角所示的黑色"三角"区域)和强场极限下二能级系统(见 3.6 节中式(3.33))的结果非常相似。然而与二能级系统相比,此时只有频率恰好位于 $\omega = N\omega_0$(N 为奇数)处才出现光谱峰值(没有边带,试比较图 4.4 和图 3.11)。

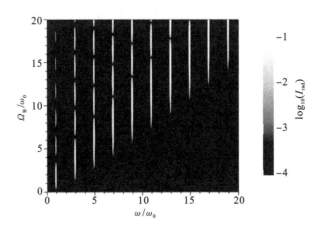

图 4.4　光强谱的对数值与光谱频率、布洛赫频率的灰度图

注:该图是受到强连续激光激发的一维紧束缚能带(如图 7.1)中的晶体电子波包,其辐射强度谱 I_{rad} 的对数值与光谱频率 ω/ω_0 及峰值布洛赫频率 Ω_B/ω_0 的灰度图。其中频率以激光载波频率为单位。将此谐波谱与图 3.11 中载波拉比振荡谐波谱[269]相比较,将有助于理解二者的差异。

　　不考虑前面的因子,强度谱 $I_{\text{rad}}(\omega)$ 的形状既不依赖于紧束缚能带宽度 2Δ,也不依赖于晶格常数 a,而是完全由动态局域化参数 Ω_B/ω_0 决定。这是此情形下

较为普遍的结果。然而值得注意的是,在上述分析过程中所有类型的阻尼(散射)都被忽略了。当带内电子处于高能态时,即 Δ 为电子伏量级、电子弛豫方式很多的情况下,上述近似的正确性将会出现问题。在能带电子谐波产生过程的描述方面,更多复杂的理论方法都是基于玻尔兹曼方程展开的[100-103]。另外,在弛豫时间近似[103]内考虑散射过程将导致类似的结果(比较附录 B 文献[103]中的图 3 和本书中的图 4.4)。

人造半导体超晶格的三阶谐波产生过程已经在实验中观察到了[104]。在这些实验中,$a=4.85$ nm 的 n 型掺杂 GaAs/AlAs 超晶格受到频率为 0.75 THz 的自由电子激光的激发($\hbar\omega_0=2.9$ meV)。在这些条件下,$\Omega_B/\omega_0=1$ 等价于 $\tilde{E}_0=6\times10^5$ V/m 或者 $I=2\times10^5$ W/cm^2。这些参量值均以 GaAs 介质为参考,其中 $\varepsilon=10.9$(见问题 2.1)。

在光学机制下且对实际的晶体而言,条件 $\Omega_B/\omega_0=1$ 的满足需要相当大的光强。例如,在 $\hbar\omega_0=1.5$ eV 且考虑 GaAs 晶格常数 $a=0.5$ nm 的条件下,$\Omega_B/\omega_0=1$ 等价于 $\tilde{E}_0=3\times10^9$ V/m 或者 $I=4\times10^{12}$ W/cm^2,其中同样引用的是 $\varepsilon=10.9$ 的 GaAs 相关性能参数。对于 GaAs 介质,巧合的是有关系 $\Omega_B=\Omega_R$ 存在(比较实例 3.1)。在 7.1 节中我们将看到,GaAs 介质中 $\Omega_B/\omega_0=\Omega_R/\omega_0\approx1$ 条件所决定的光强刚好可以与其典型损伤阈值相比拟。从这一点来说,图 4.4 示出的载波布洛赫振荡并没有什么特别之处。

在这一节中,我们仅考虑了光极化的带内作用。然而,带内驱动也可以反过来修正带间光极化效应,这最终导致介质中载波拉比振荡(见 3.3 节和 7.1.4 节)和载波布洛赫振荡同时出现的复杂情况。

将我们上述有关高阶谐波产生的半经典理论扩展至含有附加直流电场的情形,比如 $\Omega_B(t)=\Omega_B\cos(\omega_0 t)+\Omega_B^{dc}$。

4.4 相对论性电子的极端非线性光学

让我们回到经典的真实电子的情形,但要在相对论机制下。在 4.1 节中,我们已经考虑了光场的电场分量,那么磁场分量的影响是什么呢? 当光场在空间不是常数而是随时间和空间同时变化的振荡波时,情况又是怎样呢?

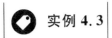 **实例 4.3**

对于参数 $\tilde{E}_0 = 8 \times 10^{12}$ V/m、$\hbar\omega_0 = 1.5$ eV 光场作用下的自由电子($m_e = m_0 = 9.1091 \times 10^{-31}$ kg),根据式(4.6)可得其质动能 $\langle E_{kin} \rangle =$ 540 keV,这与电子的相对论静止能 $m_0 c_0^2 = 512$ keV 相近。因而此条件下动能的非相对论表达式式(4.6)已不再适用。此时相应的光强为 9×10^{18} W/cm^2。因此我们预期,在光强约 10^{18} W/cm^2 时,相对论效应的影响已经很强。

为了研究光场电磁成分对电子的影响,针对光场驱动下电子运动的描述,我们需要采用更完整的牛顿第二定律表述形式

$$\frac{\mathrm{d}(m_e \boldsymbol{v})}{\mathrm{d}t} = \boldsymbol{F}(\boldsymbol{r}, t) = -e(\boldsymbol{E}(\boldsymbol{r}, t) + \boldsymbol{v}(t) \times \boldsymbol{B}(\boldsymbol{r}, t)) \tag{4.40}$$

式中,$\boldsymbol{E} = (E_x, 0, 0)^\mathrm{T}$ 为激光电场,$\boldsymbol{B} = (0, B_y, 0)^\mathrm{T}$ 为激光磁场,$\boldsymbol{K} = (0, 0, K_z)^\mathrm{T}$ 为光波矢,E_x 和 B_y 分别为

$$E_x(z, t) = \tilde{E}_0 \cos(K_z z - \omega_0 t - \phi) \tag{4.41}$$

$$B_y(z, t) = \tilde{B}_0 \cos(K_z z - \omega_0 t - \phi) \tag{4.42}$$

此处,为简化起见,我们已经假定场振幅为常数,同时也忽略了辐射衰减。如果电子速度 $\boldsymbol{v}$ 是相对论性的,那么我们必须考虑相对论质量

$$m_e = m_e(t) = \frac{m_0}{\sqrt{1 - \dfrac{v^2(t)}{c_0^2}}} \tag{4.43}$$

$m_0 = 9.1091 \times 10^{-31}$ kg 为电子静止质量。

在 4.1 节中,我们已知道电子速度正比于电场,因而式(4.40)中的 $\boldsymbol{v} \times \boldsymbol{B}$ 项是激光场振幅的二次方,此项在线性光学中可以忽略不计。同时,在此极限下电子并不沿光传播方向运动,因而电子运动的 z 坐标是固定的,那么我们可以不考虑场对 z 的依赖性。另外,对于速度相比光速很小的情况,我们可设定 $m_e = m_0$。综合考虑这些条件后,我们将重新得到 4.1 节中牛顿定律的简单形

式。因此可以说,所有基于这些假设的结果在这些限制条件下都是正确的。

如果引起洛伦兹力的磁场分量与电场分量量值差不多,则电子的运动行为将出现与以上所述较大的偏差。利用约束关系 $\widetilde{E}_0/\widetilde{B}_0 = c_0$(见 2.2 节),那么电场与磁场分量可相比拟的条件等价于条件 $|v_0|/c_0 \approx 1$。根据牛顿第二定律(同时利用 $m_e \to m_0$,$B_0 \approx 0$)可得电子峰值速度 $v_0 = -e\widetilde{E}_0/(m_0\omega_0)$,则条件 $|v_0|/c_0 \approx 1$ 进一步等价于下述无量纲量($|\varepsilon|$ 接近于 1):

$$\varepsilon = \frac{-e\widetilde{E}_0}{m_0\omega_0 c_0} \tag{4.44}$$

假定只考虑激光磁场分量,且其为静态场,此时非相对论性电子将绕磁场方向做简单的圆周运动,回旋频率为

$$\omega_c = \frac{e\widetilde{B}_0}{m_0} \tag{4.45}$$

将式(4.45)代入式(4.44),得到

$$|\varepsilon| = \frac{\hbar\omega_c}{\hbar\omega_0} \tag{4.46}$$

因此,这意味着当回旋能 $\hbar\omega_c$ 可与载波光子能量 $\hbar\omega_0$ 相比拟时,奇特的现象将会发生。而基于质动能 $\langle E_{kin}\rangle$ 和电子静止能量 $m_0 c_0^2$ 则可给出 ε 的另外一种等效形式,如后面式(4.76)所示。

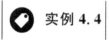 实例 4.4

对真空中静止质量为 $m_0 = 9.1091 \times 10^{-31}$ kg 的电子而言,若激励光场载波光子能量 $\hbar\omega_0 = 1.5$ eV,则利用基本物理常量 e 和 c_0 便可得到如下连续的等价关系

$$\left.\begin{array}{l} |\varepsilon| = 1 \\ \Longleftrightarrow \\ \widetilde{E}_0 = 3.9 \times 10^{12} \text{ V/m} \\ \Longleftrightarrow \\ \widetilde{B}_0 = 1.3 \times 10^4 \text{ T} \\ \Longleftrightarrow \\ I = 1.9 \times 10^{18} \text{ W/cm}^2 \end{array}\right\} \tag{4.47}$$

为了消除各种常量,同时也使得数学描述的意义更明确,我们采用归一化电场强度ε,并引入归一化坐标$\tilde{x}=x\omega_0/c_0$和$\tilde{z}=z\omega_0/c_0$、归一化无量纲时间$\tilde{t}=t\omega_0$,同时也使用常用的相对论参数$\beta=v/c_0$和

$$\gamma=\frac{m_e}{m_0}=\frac{1}{\sqrt{1-\left(\dfrac{v}{c_0}\right)^2}}=\frac{1}{\sqrt{1-\beta_x^2-\beta_y^2-\beta_z^2}} \tag{4.48}$$

当 CEO 相位 $\phi=0$ 时,可直接得到以分量形式表述的牛顿定律式(式(4.40))

$$\frac{\mathrm{d}(\gamma\beta_x)}{\mathrm{d}\tilde{t}}=\varepsilon(1-\beta_z)\cos(\tilde{z}-\tilde{t}) \tag{4.49}$$

$$\frac{\mathrm{d}(\gamma\beta_z)}{\mathrm{d}\tilde{t}}=\varepsilon\beta_x\cos(\tilde{z}-\tilde{t}) \tag{4.50}$$

沿 y 轴方向的力为零。

4.4.1 二阶谐波的产生与光子牵引

随后我们将用直观的数学分析方法来讨论整个问题,然而以微扰方法作为起点对后续讨论将具有重要的启发意义。在此基础上,我们可以得到两个已知的重要的物理效应:自由电子的光子拖曳与二阶谐波产生。如上面所讨论的那样,对于低光强情况,我们可以得到$\gamma\approx1$、$\beta_z\ll1$及$\tilde{z}\ll\tilde{t}$,在此条件下,式(4.49)简化为

$$\frac{\mathrm{d}\beta_x}{\mathrm{d}\tilde{t}}=\varepsilon\cos(\tilde{t}) \tag{4.51}$$

利用初始条件$\beta_x(0)=0$与$\tilde{x}(0)=0$,上述方程的解为

$$\beta_x(\tilde{t})=\varepsilon\sin(\tilde{t})\text{和}\tilde{x}(\tilde{t})=\varepsilon(1-\cos\tilde{t}) \tag{4.52}$$

将式(4.52)中的β_x代入式(4.50)的等式右边(同样利用$\gamma\approx1$,且$\tilde{z}\ll\tilde{t}$),利用微扰展开的方式可得到

$$\frac{\mathrm{d}\beta_z}{\mathrm{d}\tilde{t}}=\varepsilon^2\sin(\tilde{t})\cos(\tilde{t})=\varepsilon^2\frac{1}{2}\sin(2\tilde{t}) \tag{4.53}$$

根据初始条件$\beta_z(0)=0$与$\tilde{z}(0)=0$,得到解为

$$\beta_z(\tilde{t})=\frac{\varepsilon^2}{4}\left[1-\cos(2\tilde{t})\right]\text{和}\tilde{z}(\tilde{t})=\frac{\varepsilon^2}{4}\left[\tilde{t}-\frac{1}{2}\sin(2\tilde{t})\right] \tag{4.54}$$

$\varepsilon=0.1$时,式(4.52)和式(4.54)的曲线与精确解析解得到的结果是不可区分的(在曲线厚度这个变化尺度范围内),分别如图 4.6(a)中的左边和右边图形(曲线)所示。从图中可以看出,沿 z 方向的运动包括两部分的贡献:①常数漂

移运动;②两倍于载波频率的振动。下面我们将分别予以详细分析。

(1)漂移运动的速度$\langle \beta_z \rangle = \varepsilon^2/4$(图 4.6(a)中光速的 0.25%),其方向沿光传播方向。此运动成分对应着常数电流密度,即所谓的光子牵引电流 j_{pd},它与光强成正比($I \propto \widetilde{E}_0^2 \propto \varepsilon^2$),被称为"光子驱动电子"。若将引入的归一化参数重新转换成原初物理量,则在这些条件下光子牵引电流密度可表示为

$$j_{\text{pd}} = \frac{-eN_e}{V} c_0 \langle \beta_z \rangle = -\frac{N_e e^3}{4\, V\, m_0^2\, c_0\, \omega_0^2} \widetilde{E}_0^2 \tag{4.55}$$

应特别注意的是,由于 j_{pd} 正比于电荷的三次方,因而此电流符号依赖于粒子电荷的符号。例如,在各向同性的半导体中,空穴光子牵引电流与电子光子牵引电流的符号正好相反。然而,电子和空穴都被驱动沿光波矢方向运动。很明显,电流 $j_{\text{pd}} \propto 1/\omega_0^2$,随光子能量 $\hbar\omega_0$ 的降低而增大。这即是现有商用半导体红外光电探测器的工作基础,具体情况可参见 7.4 节。

或许有人会有这样的疑问:由于在这些条件下式(4.50)及式(4.53)的等式右边并没有包含任何直流分量,因而恒定光强是不可能加速电子的。的确如此。那现在的问题是,电子是如何获得漂移速度的呢?这个问题的答案是,电子是在光强增加的时候得到加速的。漂移速度的准确值的确依赖于光强增加的方式,也就是说,它不仅仅是由瞬时光强所决定的。我们前面得到的结果式(4.54)则对应于特定的初始条件 $r(0) = v(0) = 0$(同样见问题 4.4)。当脉冲光强随时间降低时,电子的速度又降了下来。

(2)第二个运动分量代表的是电子位移的振动变化 $z(t)$,由对应关系知,它也代表着光极化 $P_z(t)$ 的振动,其频率为激光载波频率的两倍。此依赖关系用物理量表示即为 $z(t) \propto P_z(t) \propto \sin(2\omega_0 t)$。尽管事实上真空中的电子具有反演对称性,但这仍然为二阶谐波产生过程。应注意到的是,电子振动是沿着 z 方向,也就是说,电子振动方向同时垂直于 $\boldsymbol{E}$ 和 $\boldsymbol{B}$,也即平行于波矢 $\boldsymbol{K}$ 方向。将所有系数合并为二阶极化系数 $\chi_L^{(2)}$,我们确实能得到式(2.43)。此前,我们已经讨论过这项贡献相对空间反演变换的对称特性。相应的单电子二阶谐波辐射图形如图 4.5(b)所示。由于电子沿 x 轴以 ω_0 频率振动同时沿 z 轴以 $2\omega_0$ 频率振动,因此相应的电子运动轨迹在 xz 平面内呈"8"字图形(如图 4.5 所示)。

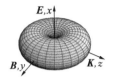

(a) 自由电子线性汤姆森散射产生
的辐射图样（载波频率 ω_0）

(b) 微扰机制下（$\varepsilon^2 \ll 1$）二阶非线性汤姆森散射产生
的辐射图样（载波频率 $2\omega_0$，未按实际尺度）

图 4.5　汤姆森散射产生的辐射图样

注：图中也给出了电场矢量 $\boldsymbol{E}$、磁感应强度矢量 $\boldsymbol{B}$ 以及光波矢 $\boldsymbol{K}$。应注意到的是，沿光传播方向没有二阶谐波发射。图的中部代表的是电子在运动坐标系 xz 平面内的"8"字形轨迹，坐标系以电子漂移速度沿 z 方向运动（光子牵引方向）[269]。

 **问题 4.4**

在半导体或金属中，由于晶体电子通常都受到散射作用，因而其电子的运动情况与真空中电子相比是不同的。在一次逼近时，此散射作用可以通过在牛顿定律中增加斯托克斯阻尼项来给予具体描述。证明：与之前讨论的真空电子情况相比，这种情况下的稳态光子牵引电流不再依赖于初始条件。

4.4.2　非微扰机制

理论上，我们可以继续采用微扰理论（成立的条件为 $\varepsilon^2 \ll 1$）而做如下分析：将 β_z 的表达式代入式（4.49）可导致形成沿 x 方向偏振的三阶谐波产生过程，此三阶谐波场又可继而导致形成沿 z 方向偏振的四阶谐波产生过程，等等。

但这里我们要讨论精确的非微扰解，因这将使得我们能够考虑满足条件 $\varepsilon^2 \approx 1$ 甚至 $\varepsilon^2 \gg 1$ 的更高的激光光强，此量值范围的光强对应于自由电子的相对论非线性汤姆森散射（理论见附录 B 文献 [105-109]，实验见附录 B 文献 [110]），有时也被称作拉莫尔辐射。随着光强的增加，沿 z 方向的漂移速度也增加，甚至在光强高达一定值时，其速度将接近真空光速 c_0。此时，三方面问题将因此变得较为重要：①入射光场，也即 $E_x(z,t) = \widetilde{E}_0 \cos(K_z z - \omega_0 t - \phi)$ 和 $B_y(z,t) = \widetilde{B}_0 \cos(K_z z - \omega_0 t - \phi)$ 的空间分布特性必须予以考虑，此空间特性已影响到其中电子的运动，使得"电子如同在电磁波中冲浪"；②从电子的角度考虑,激光频率出现了多普勒红移;③式(4.43)中的相对论质量是随时间而变化的。现在我们来仔细分析一下①～③。其中的③无疑是光学非线性效应的另一个附加来源,也即高阶谐波的产生源。粗略地讲,这与4.3.2节中讨论的晶体电子色散曲线的非抛物线形状有一定的关系。①和②是相互关联的。对于相对论性电子速度的情形,由于此时电子具有相对论性漂移速度(平行于光波矢方向),因而作为波源的入射电磁波(激光)与作为观察者的电子彼此相背而行,这就导致了相对论多普勒红移。因此,电子"感受"到的驱动频率要低于 ω_0。然而需要注意的是,这个频率不能通过普通教科书上的(径向)多普勒效应公式来计算,因为那只适用于惯性电子系统,而这里所讨论的电子系统并不属于惯性系统范畴。在"电子冲浪图像"中,电子随电磁波上下颠簸,其速度低于固定在 z 处的虚拟电子的速度。

为更清楚地了解其中电子运动的细节,我们必须求解相对论牛顿方程。严格在这些条件下求解带有式(4.43)所述相对论质量的式(4.40),乍看起来似乎是不可能的。然而让人感到不可思议的是,对于入射电磁波为具有恒定光强的平面波的情形,我们的确可以求得以参数 ζ 表示的准确的显式解析解。假定 CEO 相位 $\phi = 0$,同时采用上面已引入的归一化坐标和时间,可以得到[108,111]

$$\tilde{x}(\zeta) = \varepsilon \left[(\cos\zeta_0 - \cos\zeta) - (\zeta - \zeta_0)\sin\zeta_0 \right] \tag{4.56}$$

$$\tilde{z}(\zeta) = \tilde{t} - \zeta \tag{4.57}$$

$$\tilde{t}(\zeta) = (\zeta - \zeta_0)\left[1 + \frac{\varepsilon^2}{2}\left(\frac{1}{2} + \sin^2\zeta_0\right) \right]$$
$$+ \frac{\varepsilon^2}{2}\left[-\frac{\sin(2\zeta)}{4} + 2\cos\zeta\sin\zeta_0 - \frac{3\sin(2\zeta_0)}{4} \right] \tag{4.58}$$

此处,$t = 0$ 时电子的初始速度 v 已假定为 0。式(4.56)和式(4.58)中的参数 ζ_0 来源于 $t = 0$ 时电子的初始位置,满足关系式 $\tilde{z}(\tilde{t} = 0) = -\zeta_0$(见式(4.57)),这可以理解为电子的初始相位,在此处量值等于 CEO 相位 ϕ。但一般来说,两者是不相等的:对于沿 z 方向长度与光波长 $2\pi c_0/\omega_0$ 相当或甚至更长的电子云,其 ζ_0 值具有一定的空间分布。类似的效应在透镜的实际焦点处也存在,此处的相位波前并非在各处都是平面。图 4.6 选择性地给出了几个特定的电子轨迹,每个图形中参数 ζ 都在 $0 \sim 4\pi$ 之间变化。

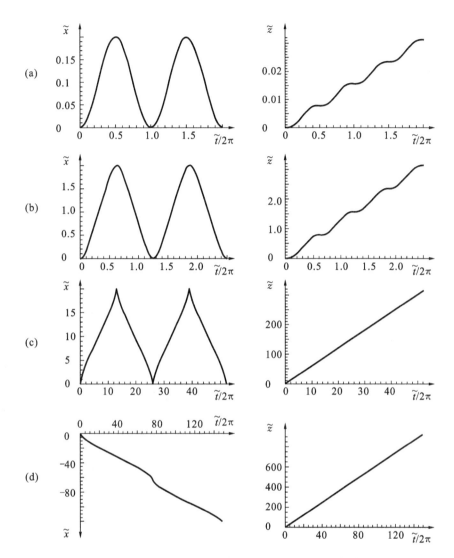

图 4.6 据式(4.56)~式(4.58)得出的真空自由电子在强激光场作用下的相对论运动
（实验室坐标系）

注：其中，光场沿 z 方向传播，$\boldsymbol{E}$ 和 $\boldsymbol{B}$ 分别沿 x 和 y 方向偏振，$|\boldsymbol{\varepsilon}| = \omega_c/\omega_0$ 为归一化电场强度。图(a)$\varepsilon = 0.1$，$\zeta_0 = 0$；图(b)$\varepsilon = 1$，$\zeta_0 = 0$；图(c)$\varepsilon = 10$，$\zeta_0 = 0$；图(d)$\varepsilon = 1$，$\zeta_0 = \pi/2$。这里提请注意的是，这 8 个图形的纵坐标和横坐标的刻度是不同的。在图(a)中，$\tilde{z}(\tilde{t})$ 的振荡周期为 π，这等价于 $z(t)$ 的运动频率为 $2\omega_0$，此运动特征导致形成了二阶谐波产生过程；在图(b)和图(c)中，$\tilde{x}(\tilde{t})$ 的振荡周期要大于 2π，意味着多普勒红移使得 $x(t)$ 的运动频率要小于 ω_0。实际上，图(c)中的 $\tilde{z}(\tilde{t}) \approx \tilde{t}$ 即等价于沿 z 的漂移速度接近于光速 c_0 的情形。电子运动的轨迹和周期也依赖于其初始条件，比如，尽管在激光强度保持相同的条件下，图(c)中 $\tilde{x}(\tilde{t})$ 的周期为 $26 \times 2\pi$，而在图(d)中则为 $76 \times 2\pi$[267]。

在 $\varepsilon^2 \ll 1$ 极限下(如图 4.6(a)),可以得到 $\tilde{t} = \zeta - \zeta_0$,进而有 $\tilde{z} = -\zeta_0 =$ 常数,而 x 坐标则随时间做谐波振荡,即如前面阐释的 $x(t) \propto \cos(\omega_0 t)$。对于 $\varepsilon = 1$ 时的图 4.6(b),x 方向的偏移已达到 $\tilde{x} = 1$ 的量级,当 $\hbar\omega_0 = 1.5$ eV 时其相对应的实际位移值为 $x = 0.1~\mu m$。为了使我们的真空孤立电子模型更接近于实际情况,真空中单位体积 V 中残余散射源(例如,电离原子)的数目 N_{atom} 应少于 $(1/x)^3 = 10^{15}~cm^{-3} = 10^{21}~m^{-3}$。根据热力学中的理想气体状态方程 $PV = N_{atom} k_B T$,其中 $k_B = 1.3804 \times 10^{-23}$ J/K 为玻尔兹曼常数,上述原子密度关系即转化为温度 $T = 300$ K 时的残余压强 $P = 10^{21} k_B T = 4$ Pa,这是很容易实现的。

对于更深层次的相对论机制问题,即图 4.6(c)中 $\varepsilon^2 = 10^2 \gg 1$ 的情况,随时间变化的 x 坐标则存在明显的尖峰(图 4.6(c)的左边图形)。这是由于在这些峰值点处,电子沿 z 方向运动的振动部分与漂移运动方向相反,因而 β_z 相对很小(根据上述微扰理论方法,在 $\varepsilon^2 \ll 1$ 时其值在这些点处甚至为 0)。而且,电子速度的 x 分量 β_x 在这些峰值点处严格地为 0。如此一来,相对论因子 $\gamma = \gamma(\beta_x(t), \beta_z(t))$ 接近于 1,电子似乎成为了"光子",电子的加速度(位移随时间变化的曲率)变得很大,曲线 $x(t)$ 上形成了一个尖峰。图 4.6(c)中另一个值得注意的方面是,电子振动频率 ω_0^{ε} 仅为 ω_0 的 $1/26$,这与之前基于多普勒效应的定性分析结果是相符的。实际上,ω_0^{ε} 可以简单地由式(4.58)经过数学推导而得。对一个振荡周期,参量 ζ 将增加 2π,因而式(4.58)所述归一化时间 $\tilde{t}$ 的变化量为 $\Delta\tilde{t} = 2\pi[1 + (1/2 + \sin^2\zeta_0)\varepsilon^2/2]$,进而可得与此相对应的真实时间 $t = \tilde{t}/\omega_0$ 的改变量为 $\Delta t = \Delta\tilde{t}/\omega_0$。因此,电子振荡频率 $\omega_0^{\varepsilon} = 2\pi/\Delta t$ 为

$$\frac{\omega_0^{\varepsilon}}{\omega_0} = \frac{1}{1 + \dfrac{\varepsilon^2}{2}\left(\dfrac{1}{2} + \sin^2\zeta_0\right)} \leqslant 1 \tag{4.59}$$

例如,对图 4.6(c)中 $\varepsilon = 10$、$\zeta_0 = 0$ 的情形,可得由式(4.59)所描述的参数比值为 $1/26$。这里值得注意的是,电子振荡频率和电子运行轨迹的形状不仅通过归一化场强 $|\varepsilon|$ 而依赖于激光强度,而且通常也依赖于初始条件 ζ_0,正如图 4.6(c)和图 4.6(d)中举例阐明的那样。两图中 $\varepsilon = 10$ 固定,图 4.6(c)中 $\zeta_0 = 0$ 而图 4.6(d)中 $\zeta_0 = \pi/2$。当 $\varepsilon = 10$、$\zeta_0 = \pi/2$ 时,由式(4.59)的确可以得到频率比率因子为 $1/76$。

荷电电子的加速运动是电磁辐射的根源。由于电子做周期运动(暂且不考虑恒定漂移速度)而并非简谐振动,因而可以认为由位于实验室坐标系中的

光谱仪测得的强度谱 $I(\omega)$ 将包括一系列等间隔的峰值,间距为 $\tilde{\omega}_0$,即

$$I(\omega) = \sum_{N=1}^{\infty} I_N \delta(\omega - N\tilde{\omega}_0) \tag{4.60}$$

其中,阶数 N 已包括了基频发射频率 $\tilde{\omega}_0$ 的奇、偶数阶谐波。图 4.7 示意性地给出了某个探测方向的强度谱图。通常情况下,$\tilde{\omega}_0$ 既不等于激光载波频率,ω_0 也不等于电子振荡频率 ω_0^e。为了估计基频发射频率 $\tilde{\omega}_0$,我们必须再次考虑相对论多普勒效应。假定我们以后向散射方式探测光辐射(也即从 $-z$ 方向探测),在电子振荡过程中,电子(即"源")沿 z 方向运动而远离光谱仪("观测者"),这就使得已发生红移的电子振荡频率将再次经历多普勒红移。与此相对比,当采用前向散射方式探测时,电子朝向"观测者"运动,因此我们推测此时电子振荡频率将出现蓝移。应记住的是,电子振荡频率相对激光载波频率 ω_0 本身已发生了红移现象。

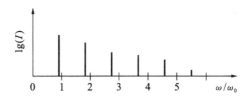

图 4.7　真空中电子所发射的光辐射强度谱

注:在载波频率 ω_0 的强激光场驱动下,据式(4.60)示意性给出的真空中电子所发射的光辐射强度谱。其中 $\tilde{\omega}_0/\omega_0 \approx 0.9$,这相当于 $|\varepsilon| \approx 0.6$、$\zeta_0 = 0$。注意,比值 $\tilde{\omega}_0/\omega_0$ 不仅依赖于探测方向,而且也依赖于光强 ε^2 和电子初始相位 ζ_0(参见图 4.6)。

从数学的角度考虑,可以通过以下推理将基频发射频率 $\tilde{\omega}_0$ 与 ω_0 联系起来。探测方向沿着矢量 $\tilde{\boldsymbol{K}}_0$ 的方向,$\tilde{\boldsymbol{K}}_0$ 与 z 轴(激光传播方向)的夹角为 θ,$\tilde{\boldsymbol{K}}_0$ 的模为基频发射光波的波数,且满足色散关系 $\tilde{\omega}_0/|\tilde{\boldsymbol{K}}_0| = c_0$。在一个电子振荡周期 Δt 内(如上所述),式(4.56)和式(4.57)中的参数 ζ 增加了 2π,电子经历的位移量为 $\Delta \boldsymbol{r}$。$\Delta \boldsymbol{r}$ 可以表示为

$$\Delta \boldsymbol{r} = \begin{pmatrix} \Delta x \\ \Delta y \\ \Delta z \end{pmatrix} = \frac{c_0}{\omega_0} \begin{pmatrix} -2\pi \varepsilon \sin\zeta_0 \\ 0 \\ 2\pi \dfrac{\varepsilon^2}{2}\left(\dfrac{1}{2} + \sin^2\zeta_0\right) \end{pmatrix} \tag{4.61}$$

要使得相邻两个周期的光辐射能够形成相长干涉,需满足条件

$$|\tilde{\boldsymbol{K}}_0 \cdot \Delta \boldsymbol{r} - \tilde{\omega}_0 \Delta t| = 2\pi \tag{4.62}$$

对任意的 ζ_0 值, $\tilde{\omega}_0$ 总满足以上关系。对特殊情况 $\zeta_0=0$, 即 $\Delta x=0$ 时, 我们可以得到如下关于基频发射频率 $\tilde{\omega}_0$ 的简明公式

$$\frac{\tilde{\omega}_0}{\omega_0}=\frac{1}{1+\dfrac{\varepsilon^2}{4}(1-\cos\theta)}\leqslant 1 \tag{4.63}$$

对于前向散射 $(\theta=0)$, $\tilde{\omega}_0/\omega_0=1$; 对后向散射 $(\theta=\pi)$, $\tilde{\omega}_0/\omega_0=1/(1+\varepsilon^2/2)$; 据前面的定性分析即可得到。当探测方向垂直于激光传播方向时 $(\theta=\pm\pi/2)$, $\tilde{\omega}_0/\omega_0=\omega_0^\varepsilon/\omega_0=1/(1+\varepsilon^2/4)$。一般来说, 基频发射频率 $\tilde{\omega}_0$ 也依赖于电子相位 ζ_0 (和/或 CEO 相位 ϕ)。

峰值高度 I_N 同样也依赖于 ε^2、ζ_0 及探测方向。通常情况下, 基于电磁场中描述加速电荷远场辐射的常用相对论公式[114], 通过 Lienard-Wichert 公式可以大致估计它们量值的大小。此类分析给出复杂的辐射图样, 与图 4.5 中给出的 $N=1$ 和 $N=2$ 时的结果是不同的。在强场极限 $|\varepsilon|\gg 1$、初始条件 $\zeta_0=0$ 及后向散射探测方式下, I_N 的简单的近似解析表达式已经被推导出来了[112,113]。对于奇数 N, I_N 可表示为

$$I_N\propto\varepsilon^4\frac{N}{N_{\max}}\exp\left(-\frac{N-N_{\max}}{N_{\max}}\right) \tag{4.64}$$

当 $N\ll N_{\max}$ 时, I_N 随着谐波阶数 N 线性增加, 而当 $N=N_{\max}$ 时, I_N 出现峰值。$N_{\max}$ 的值为

$$N_{\max}\approx 0.32\times|\varepsilon|^3 \tag{4.65}$$

当 N 远大于 $N_{\max}$ 时, I_N 随 N 呈指数衰减。例如, 当 $\varepsilon=10$ 时 (如图 4.6(c)), 有 $N_{\max}=320$, 同时根据式 (4.63) 可得 $\tilde{\omega}_0/\omega_0=1/51$, 这意味着强度峰值将位于频率 $\omega=320\omega_0/51\approx 6\omega_0$ 处。在具体的实验中, 阶数如此多且间隔如此密集的谐波很有可能会合在一起而形成连续谱, 如图 4.8 所示。需要注意的是, 谐波阶数 N 并没有尖锐的截止阶数。然而, 截止阶数的概念在 3.6.1 节二能级系统高阶谐波产生过程的讨论中已经涉及, 而且在后面 5.4 节中原子的高阶谐波产生过程中将再次提及(另见问题 4.3)。

最后需要说明的是, 至此我们仅讨论了最简单的光场情况——光场为时间上强度恒定的平面波, 与之作用的孤立电子初始处于静止状态。因而, 以此为基础深入讨论电子具有有限或者相对论性初始速度的情形下的结果将是非常有意义的(见 8.2 节)。对于脉冲激发情形, ε 和 $\tilde{\omega}_0$ 都将随时间变化, 而透镜焦点处光束的横向(和纵向)分布使得它们同时也依赖于空间坐标, 所有这些方面都将导致非线性汤姆森散射光谱的改变。

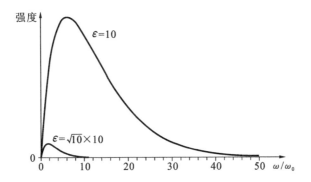

图 4.8　非线性汤姆森后向散射强度与光谱频率的关系

注:由式(4.60)、式(4.64)和式(4.65)得到的非线性汤姆森后向散射强度(线性坐标刻度)与光谱频率 ω 的关系。其中,ω 以激光载波频率 ω_0 为单位,$\zeta_0 = 0$,参量 ε 分别为 $\sqrt{10}$ 和 10。为对比清楚起见,$\varepsilon = \sqrt{10}$ 时曲线的强度被放大了 10 倍。在 $\hbar\omega_0 = 1.5$ eV 条件下,$\varepsilon = 10$ 对应的实际激光强度为 1.9×10^{20} W/cm^2[269]。

 问题 4.5

考虑连续波激发下相对论型非线性汤姆森散射引起的二阶谐波产生过程,其中 $\varepsilon^2 = 1$、$\zeta_0 = 0$。由文中分析我们已经知道,二阶谐波频率相对 $2\omega_0$ 有红移的趋势。因此,我们采用中心波长设定在 $0.985 \times 2\omega_0$ 的窄带滤波片或光谱仪来探测二阶谐波谱。那么请问,此时可以测得什么样的发射图样呢?

4.5　狄拉克电子的极端非线性光学

一方面我们要区分对电子运动的经典和量子力学处理方法,同时另一方面也要区分电子的非相对论性和相对论性行为。表 4.2 给出了我们已在本章中讨论过的三种情形,第四种将在接下来介绍的相对论性量子力学部分予以描述。

爱因斯坦已发现,相对论机制中真空电子的能量 E 与动量 p 之间存在着如下约束关系

$$E^2 = (m_0 c_0^2)^2 + (p c_0)^2 \tag{4.66}$$

表 4.2　真空电子与恒定强度的光场相互作用

	经典力学	量子力学
非相对论性	4.1 节	4.2 节
相对论性	4.4 节	本节(4.5 节)

注:其中归纳了本章已讨论过的三种情况。晶体电子相关细节已在 4.3 节讨论过,广义相对论效应将在 4.6 节涉及。

通常,E 被认为取式(4.66)等式右边的正平方根,即 $E=+\sqrt{(m_0 c_0^2)^2+(pc_0)^2}$。由此可以得到著名的结论式

$$E=+\sqrt{(m_0 c_0^2)^2+(pc_0)^2}=+m_e c_0^2 \tag{4.67}$$

m_e 为由式(4.43)给出的相对论性电子质量。当动量 p 很小时,经泰勒展开我们即可得到经典的动能表达式

$$E_{kin}=E-m_0 c_0^2=\frac{p^2}{2m_0}=\frac{m_0}{2}v^2 \tag{4.68}$$

$m_0 c_0^2$ 为电子静止能量。从纯数学角度考虑也可能存在的另一个解

$$E=-\sqrt{(m_0 c_0^2)^2+(pc_0)^2}=-m_e c_0^2 \tag{4.69}$$

必须予以舍弃,因为在经典相对论物理中,当能量趋于负无穷时电子将会消失。同时,负能量也是违背物理规律的。这两个能量分支(上分支"+"和下分支"−")均示于图 4.9 中。

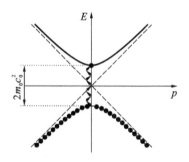

图 4.9　真空电子的相对论量子力学色散关系图

注:真空电子的相对论量子力学色散关系即 $E=\pm\sqrt{(m_0 c_0^2)^2+(pc_0)^2}$ 和光子的色散关系(虚直线 $E=\pm pc_0$)。真空对应着下能带完全占满而上能带为空的能级占据状态,如图中黑点所示。位于下能带的空态对应于一个正电子,而上能带填充态则对应着一个电子。可与图 7.1 进行比较以获得更全面的认识。箭头表明由相对传输两束光的很多光子所导致的正负电子对产生过程(图中未按比例描绘)。事实上,由于 $2m_0 c_0^2=1.024$ MeV[267],因而此过程需要大约 10^6 个能量为 $\hbar\omega_0\approx1$ eV 的激光光子激发。

这里提请注意的是,4.4 节中有关非线性汤姆森散射的讨论仅涉及了上分支中激光场作用下电子的动力学过程,而下分支则根本没有提到。

在 P. M. 狄拉克对相对论力学进行量子化处理的几年之后,几乎同样的问题又出现了。然而在量子力学中,这些负能态的存在是没有什么疑问的。于是狄拉克在 1930 年作出大胆推测,他认为所有负能态都是被占据的(即使对于有限大的宇宙,负能态的数目也是无穷的),这就是所谓的狄拉克之海(见图 4.9 中的黑点)。泡利不相容原理能够保证占据上分支能态的正常电子不会消失。真空并不是绝对空的,相反它是处于半充满状态。只要位于下分支能态的电子保持其状态不变,那么它们依然几乎无法被观测到。但是,狄拉克同时也指出,如果能够提供至少 $2m_0c_0^2 = 1.024$ MeV 的能量,那么便能够将电子从下分支激发跃迁到上分支。如此一来,将导致上分支增加一个电子而下分支失去一个电子,也即产生了一正负电子对。这个理论预言最终导致电子的反粒子——正电子——的发现。

那么平面波的单个光子是否能够产生正负电子对呢? 在此物理过程中,动量和能量守恒条件必须同时被满足。光子色散关系 $\omega / |\boldsymbol{K}| = c_0$ 等价于

$$E = p\, c_0 \tag{4.70}$$

此关系也示于图 4.9 中(虚交叉线)。由图易知,我们可以向上和(或者)侧向移动光子色散曲线,但不管怎样变化都不可能使得它与电子色散曲线上下分支同时相交,这是因为光子动量太大了。这个问题可通过使用两相向传输的激光束以降低光子动量的办法来解决(或者也可通过其他四粒子过程),此时其有效光子动量为零。同时,图 4.9 中也示出了相应的"Z"字形多光子跃迁过程。

要深入理解上述问题,从数学分析的角度上讲,我们必须求解真空电子的狄拉克方程。利用势 $\phi(\boldsymbol{r}, t)$ 和矢势 $\boldsymbol{A} = (A_1, A_2, A_3)^{\mathrm{T}} = (A_x, A_y, A_z)^{\mathrm{T}}$,待解狄拉克方程为

$$\mathrm{i}\hbar \frac{\partial}{\partial t} \boldsymbol{\psi}(\boldsymbol{r}, t) = \left[\hat{\boldsymbol{\beta}} m_0 c_0^2 - e\phi(\boldsymbol{r}, t) + \sum_{n=1}^{3} c_0 \hat{\boldsymbol{\alpha}}_n \left(-\mathrm{i}\hbar \frac{\partial}{\partial x_n} + e\boldsymbol{A}_n(\boldsymbol{r}, t) \right) \right] \boldsymbol{\psi}(\boldsymbol{r}, t) \tag{4.71}$$

4×4 阶狄拉克矩阵 $\hat{\boldsymbol{\alpha}}_n$ 和 $\hat{\boldsymbol{\beta}}$ 为

$$
\hat{\boldsymbol{\alpha}}_1 = \begin{pmatrix} 0 & 0 & 0 & +1 \\ 0 & 0 & +1 & 0 \\ 0 & +1 & 0 & 0 \\ +1 & 0 & 0 & 0 \end{pmatrix} \quad \hat{\boldsymbol{\alpha}}_2 = \begin{pmatrix} 0 & 0 & 0 & +\mathrm{i} \\ 0 & 0 & -\mathrm{i} & 0 \\ 0 & +\mathrm{i} & 0 & 0 \\ -\mathrm{i} & 0 & 0 & 0 \end{pmatrix}
$$

$$
\hat{\boldsymbol{\alpha}}_3 = \begin{pmatrix} 0 & 0 & +1 & 0 \\ 0 & 0 & 0 & -1 \\ +1 & 0 & 0 & 0 \\ 0 & -1 & 0 & 0 \end{pmatrix} \quad \hat{\boldsymbol{\beta}} = \begin{pmatrix} +1 & 0 & 0 & 0 \\ 0 & +1 & 0 & 0 \\ 0 & 0 & -1 & 0 \\ 0 & 0 & 0 & -1 \end{pmatrix} \tag{4.72}
$$

$\boldsymbol{\psi} = (\psi_1, \psi_2, \psi_3, \psi_4)^{\mathrm{T}}$ 是一个四阶矢量,分别代表四种可能状态:电子上/下自旋和上/下能带。

在接近实际的条件下求解狄拉克方程并非易事。但值得一提的是,Volkov 在 1935 年发现了狄拉克方程在严格平面波电磁条件下能够得到精确解[91]。4.2 节中已讨论了此结果在非相对论极限下的表现形式,即 Volkov 态。这里,我们仅考虑非常简单但却具有重要启发意义的静态极限。实际上,在上面二能级系统相关讨论中我们已遇到了"静场近似"(见 3.6.1 节)。假设 $\phi(\boldsymbol{r}, t) = 0$(辐射规范,见 4.2 节),与两束沿 z 方向相向传播的激光束在波腹处的驻波图样相对应的矢势在某一时刻可表示为 $\boldsymbol{A} = \tilde{A}_0 (1, 0, 0)^{\mathrm{T}}$。由于此处不存在 4.4 节所讨论的光子牵引效应,因而我们假定电子动量为 0,也即式 (4.71) 中的空间导数在此时等于 0。在这些条件下,ψ_1 将只与 ψ_4 耦合(ψ_2 只与 ψ_3 耦合),因而狄拉克方程式 (4.71) 可以被简化为

$$
\mathrm{i}\hbar \frac{\partial}{\partial t} \begin{pmatrix} \psi_1 \\ \psi_4 \end{pmatrix} = \begin{pmatrix} +m_0 c_0^2 & c_0 e \tilde{A}_0 \\ c_0 e \tilde{A}_0 & -m_0 c_0^2 \end{pmatrix} \begin{pmatrix} \psi_1 \\ \psi_4 \end{pmatrix} \tag{4.73}
$$

对 ψ_2 和 ψ_3,同样可以得到类似的形式。

这样的表述形式立刻让人想起已在 3.2 节中讨论的二能级系统物理过程。的确,采用矩阵形式(见式 (3.50))它可以表示成

$$
\mathrm{i}\hbar \frac{\partial}{\partial t} \begin{pmatrix} a_2 \\ a_1 \end{pmatrix} = \begin{pmatrix} E_2 & -\hbar \Omega_{\mathrm{R}} \\ -\hbar \Omega_{\mathrm{R}} & E_1 \end{pmatrix} \begin{pmatrix} a_2 \\ a_1 \end{pmatrix} \tag{4.74}
$$

跃迁能量 $\hbar\Omega = (E_2 - E_1)$。在 3.6.1 节中我们已经看到:"静场近似"成立的条件是 $\hbar\Omega_{\mathrm{R}} \gg \hbar\omega_0$,并且如果同时满足条件 $\hbar\Omega_{\mathrm{R}} \approx \hbar\Omega$ 或者 $\hbar\Omega_{\mathrm{R}} \gg \hbar\Omega$,则 $\hbar\Omega \gg \hbar\omega_0$ 条件下即会出现拉比振荡。

类比二能级系统,我们可以作出这样的论断:此处"静场近似"成立的条件是 $|c_0 e\tilde{A}_0| \gg \hbar\omega_0$,并且如果同时满足条件 $|c_0 e\tilde{A}_0| \approx 2m_0 c_0^2$ 或者 $|c_0 e\tilde{A}_0| \gg 2m_0 c_0^2$,则 $2m_0 c_0^2 \gg \hbar\omega_0$ 条件下甚至会出现拉比振荡[115]。在空间波腹处,由 $\boldsymbol{E} = -\dot{\boldsymbol{A}} - \nabla\phi$ 及 $E(t) = \tilde{E}_0 \cos(\omega_0 t)$ 可得到 $\tilde{A}_0 = -\tilde{E}_0/\omega_0$,因而刚才所述静场近似成立的条件即等价于 $|\xi| \gg 1$,无量纲量 ξ 为

$$\xi = \frac{c_0 e\tilde{A}_0}{\hbar\omega_0} = \frac{-c_0 e\tilde{E}_0}{\hbar\omega_0^2} \qquad (4.75)$$

例如,如果载波光子能量 $\hbar\omega_0 = 1.5$ eV,那么 $|\xi| = 1$ 将等价于 $\tilde{E}_0 = 1 \times 10^7$ V/m,进而相应的激光强度为 $I = 2 \times 10^7$ W/cm²,这显然是一个非常低的强度量值。因此这也意味着,"静场近似"条件通常都是能满足的,而且拉比振荡在 $|\varepsilon| \approx 2$ 或者 $|\varepsilon| \gg 2$ 时也会发生。ε 满足的关系式为

$$\varepsilon^2 = 4\frac{\langle E_{\mathrm{kin}} \rangle}{m_0 c_0^2} \qquad (4.76)$$

此式的正确性可以通过代入式(4.44)中的 ε 和式(4.6)中的质动能 $\langle E_{\mathrm{kin}} \rangle$ 而得到证明。因此我们可以等效地说,当(非相对论性)质动能与电子静止能量相当时,狄拉克之海的拉比振荡将会发生。$|\varepsilon| = 10 \gg 2$ 对应于强度相当高的激光场 $I = 1.9 \times 10^{20}$ W/cm²(见实例 4.4)。

值得注意的是,真空中正负电子对的激发对应着真空中的非线性光学过程,也就是说,这些过程将不再遵守源于真空中麦克斯韦方程的叠加原理。但至今,相关的结果尚未在实验中发现。如果想要探究真空的非线性光学过程,那么其中所涉及的一个敏感问题即是"是否能保证这些效应不是源于(超高)真空中的残余气体原子",因为这些原子的非线性光学极化率要比真空本身大好几个数量级,因而来自于极低浓度原子的信号甚至都可能掩盖真空本身的非线性效应。直接探测短光脉冲激发后产生的正负电子对是非常困难的,这是因为,比如在 $\varepsilon = 2$ 时,拉比振荡周期($2m_0 c_0^2/(\hbar\omega_0)$)是光周期的几百万分之一,大约在 10^{-21} s 量级。因而,在激发脉冲消失后仍能发现正负电子对的可能性是极其低的。其可能性之低可与如下情形相比拟:在包含 10^6 个光周期的激发脉冲消失之后,试图发现与之作用的二能级系统的反转数 w 与 CEO 相位的依赖关系(见 3.5 节)。

对于短周期(高光子能量)光激发的情形,情况似乎会好一些。的确,通过激光光子的 GeV 光子非弹性光-光散射过程而产生正负电子对的实验现象已经在实验室被观察到了[116](激光载波光子能量 $\hbar\omega_0 = 2.35$ eV,光强 $I = 1.3 \times 10^{18}$ W/cm²)。

正如施温格在 1951 年指出的那样[117-119]，正负电子对也可以在更强的单束传播平面波的激光场中产生。要记住的是，辐射场的真空涨落能不断地产生虚拟的正负电子对。前面我们已经讨论过，在这样的物理过程中能量守恒和动量守恒是不可能同时被满足的。然而，能量守恒规律在由"时间-能量测不准关系"决定的时间间隔 Δt 内是可以不成立的。假定源于真空涨落的单个光子产生一个能量为 $2m_0 c_0^2$ 的电子，则据"时间-能量测不准关系"有 $\Delta t\, 2m_0 c_0^2 \approx \hbar$。由于此时满足动量守恒关系，因而电子以接近光速的速度 $v \approx c_0$ 沿一个方向反冲。在 Δt 时间间隔内，电子运动距离为 $\Delta x = v\Delta t = \lambda_c/(4\pi)$。这里，我们已引入了电子康普顿波长

$$\lambda_c = \frac{2\pi\hbar}{m_0 c_0} = 2.4262 \times 10^{-12}\ \text{m} \tag{4.77}$$

在 Δt 时间后，虚拟正负电子对重新湮灭并再次发射出光子。如果在时间间隔 Δt 内，电子被激光场作用而加速以致能量与其静止能量 $m_0 c_0^2$ 在一个量级上，也即电子在空间尺度 Δx 上的势（能）降 $-e\widetilde{E}_0 \Delta x$ 与 $m_0 c_0^2$ 量值相当（另外一个 $m_0 c_0^2$ 来源于正电子，它朝相反方向加速），此时虚拟电子将成为真实电子，结果将产生一个真实的正负电子对。与两相向传输激光束的情况相比，这个正负电子对在激发光脉冲消失后依然存在。此过程大约在场强等于施温格场 $\widetilde{E}_0$ 的条件下发生，$\widetilde{E}_0$ 满足关系式

$$\left| \frac{-e\widetilde{E}_0 \lambda_c}{m_0 c_0^2 \, 4\pi} \right| = 1 \tag{4.78}$$

注意，$\widetilde{E}_0$ 完全由基本常量 m_0、e、c_0 和 $\hbar$ 决定。根据式(2.16)，可得施温格场 $\widetilde{E}_0 = 2.6 \times 10^{18}$ V/m 对应的施温格光强为 $I = 1 \times 10^{30}$ W/cm²。据估计[120]，具有上述峰值光强的单个 10 fs 脉冲在被聚焦成 1 μm³ 的聚焦体时，将产生大约 10^{24} 个正负电子对。而在光强降低为 $I = 1 \times 10^{27}$ W/cm² 时，则仅能产生 1 个正负电子对。

 问题 4.6

请证明：上述真实正负电子对产生的条件，也即施温格场 $\widetilde{E}_0$ 满足的关系可被等效为电子在激光场中的回旋能量 $\hbar\omega_c$ 等于其静止能，即

$$\frac{\hbar\omega_c}{2m_0 c_0^2} = 1 \tag{4.79}$$

与正文中不同的是,这个观点强调的是激光的磁场分量而非电场分量。

4.6 Unruh 辐射

焦点处光强为 $10^{26} \sim 10^{28}$ W/cm² 的泽瓦和艾瓦激光[①]不久就会成为现实。在如此高的光强下,电子的峰值加速度 a_e^0 将变得异常巨大(也可参见实例 4.1)。例如,当光强为 $I = 10^{28}$ W/cm² 时,真空中相应的峰值电场强度和磁感应强度分别为 $\tilde{E}_0 = 2.7 \times 10^{17}$ V/m 和 $\tilde{B}_0 = 1.7 \times 10^6$ T,电子在其瞬时坐标系中的加速度为 $|a_e^0| = e/m_0 \tilde{E}_0 = 4.7 \times 10^{28}$ m/s² $= 4.8 \times 10^{27} g$。这个加速度已可与黑洞边缘的引力加速度相比拟。在黑洞理论中,如此大的引力加速度正是所谓的霍金辐射的来源[121],霍金辐射是理论上预言的黑洞能量的耗散通道。而 Unruh 辐射可以被认为是激光电场加速情形下的对应结果[122-124]。如果加速度 a_e 为常数,根据普朗克定律,这将产生热辐射,其温度满足如下关系:

$$k_B T = \frac{\hbar}{2\pi} \frac{a_e}{c} \tag{4.80}$$

例如,对于 $a_e = 10^{28}$ m/s²、$c = c_0$ 以及玻尔兹曼常数 $k_B = 1.380\ 4 \times 10^{-23}$ J/K,由式(4.80)可得 $T = 42 \times 10^6$ K。显然,Unruh 辐射应区别于轫致辐射,后者可由加速电荷相关的麦克斯韦方程式(2.4)予以描述。

---

① 1 泽瓦(ZW) $= 10^{21}$ W,1 艾瓦(EW) $= 10^{18}$ W。

第 5 章
从洛伦兹模型到德鲁德模型:束缚态—非束缚态跃迁

在之前的章节里我们已经讨论了强激光场与束缚电子之间的相互作用,强激光场激发驱动束缚电子由一个束缚态跃迁到另一个束缚态(二能级系统布洛赫方程)。同时,我们也处理了无束缚的自由电子与强光场的相互作用(例如,Volkov 态)。在本章中,我们将要讨论一种混合情况,即其中束缚电子在外光场激发驱动下跃迁到连续非束缚态的情况。此时,已经用于原子场致电离的相关概念可被进一步拓展应用到其他系统,诸如光核裂变或者金属表面光发射。

在开始深入讨论之前,我们将先沿用 2.4 节介绍的唯象方法简要说明开展本章讨论的意义。这一简要阐述将帮助我们理解通过原子高阶谐波产生过程来产生阿秒脉冲序列或者单阿秒脉冲的物理思想,并从中看到载流包络偏移相位 ϕ 再次在其中扮演的重要角色。

5.1　高阶谐波产生:唯象方法

宏观上讲,任何气体都具有空间反演对称性,因而其传统非线性过程只会产

生奇次阶谐波 N(见 2.4 节)。而我们的问题是,如果这些彼此间隔为激光载波频率 ω_0 两倍的高阶谐波,比如 21 阶、23 阶及 25 阶等谐波之间发生干涉作用,那结果又会是什么呢? 类比于在 2.3 节中针对锁模激光器的相关讨论,我们推测此干涉作用将产生一个重复周期为 π/ω_0 的脉冲序列,序列中单个脉冲的宽度与参与干涉的高阶谐波的个数成反比。文献[125,126]首次预测了这一情景,如图 5.1 所示。这里,单个脉冲持续时间为 350 as(1 as＝10^{-18} s)。相关实验我们将在 8.1 节中予以讨论。

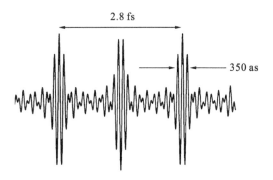

图 5.1　阿秒脉冲序列的电场随时间变化的曲线

注:阿秒脉冲序列来源于基波的 21 阶、23 阶、25 阶……直至 31 阶谐波的叠加,基波光场载波光子能量为 $\hbar\omega_0＝1.5$ eV,相应基波周期为 $2\pi/\omega_0＝2.8$ fs。其中,所有谐波成分被假设具有相同的幅度和相位,基波场包络不随时间变化。注意,脉冲序列的电场周期为 2.8 fs,而其强度周期则为 1.4 fs。

在 2.6 节中我们已经看到,基频光场与二阶谐波或者三阶谐波之间的干涉会导致对 CEO 相位 ϕ 的依赖性。与此相类似,我们也可认为 CEO 相位必然影响各高阶谐波,比如 79 阶、81 阶及 83 阶等高阶谐波之间的干涉作用,并进而也影响着阿秒脉冲序列的形状。从数学分析的角度考虑,我们可近似采用 2.6 节的方法,进而可以得到高阶谐波强度谱的一般形式(可与式(2.44)中的 $I_{\omega_0,2\omega_0}(\omega)$ 做比较)

$$I_{\omega_0,3\omega_0,\cdots,79\omega_0,81\omega_0,83\omega_0,\cdots}(\omega) \propto \left|\sum_{N,\text{奇数}} e^{-iN\phi} E_{N\omega_0}(\omega)\right|^2 \tag{5.1}$$

$E_{N\omega_0}(\omega)$ 指的是由单个激光脉冲(而不是 2.6 节说的脉冲序列)引起的载波频率为 $N\omega_0$ 的 N 阶谐波的傅立叶变换,它取决于相关细节,比如电子动力学过程。为了对整体的定性变化特性有一个直观的理解,这里我们考虑最简单的可能情况——假定式(2.37)的非线性过程具有瞬时响应。由此可得到,光极化强度 $P(t)$ 是正比于 $E^N(t)$ 的各项的求和,其中 $E(t)＝\tilde{E}(t)\cos(\omega_0 t＋\phi)$。例如,对于高斯型包络 $\tilde{E}(t)=\tilde{E}_0\exp(-(t/t_0)^2)$,其任意 N 次方的傅立叶变换的正频率部分还将保持高斯型,即

$$E_{N\omega_0}(\omega)=\omega^2\,\eta_N\,e^{-\left(\frac{\omega-N\omega_s}{\sigma_{N\omega_s}}\right)^2} \tag{5.2}$$

(谨记问题 2.3 已阐述的,当 $N\gg1$ 时,任意的形状还算规整的脉冲所产生的 N 阶谐波都将是高斯型的)指数分母中的系数 $\sigma_{N\omega_0}$ 由下式给出:

$$\sigma_{N\omega_0}=2\,\sqrt{N}/t_0 \tag{5.3}$$

请注意,谱宽与 $\sigma_{N\omega_0}$ 成正比,因而其量值大小正比于 $\sqrt{N}$,谱宽的增大将显著增强相邻高阶谐波之间的光谱重叠现象(见 2.4 节)。我们的阐述是基于薄的光学介质,式(5.2)中的 ω^2 因子来自于式(2.10)等式右边项中二阶时间导数的傅立叶变换,η_N 因子依赖于光强度且原则上可以被计算出来。对于 5 fs 激发脉冲,其高阶谐波产生的对 CEO 相位 ϕ 的依赖性如图 5.2(a)所示。当 CEO 相位 $\phi=0$,π,2π,…时,不同奇次阶谐波的尾翼场之间相长干涉,因而形成了一个总体平滑的谱结构。这种平滑谱结构的傅立叶变换将对应于位于光脉冲中心频率处的单阿秒脉冲。而当 CEO 相位 $\phi=\pi/2,3\pi/2,\cdots$ 时,两相邻奇次阶谐波的尾翼场之间发生相消干涉,这使得在光谱图中两相邻谐波之间出现深谷。这种谱结构在时域将对应于阿秒脉冲序列。对于 20 fs 激发脉冲(图5.2(b)),因为此时不同阶高阶谐波的尾翼场之间几乎不发生干涉现象(见图5.1),因而对于任意 CEO 相位值,其都将出现与图 5.2(a)中 $\phi=\pi/2,3\pi/2,\cdots$ 相同的结果。

另一种获得阿秒脉冲的方法是仅考虑单个阶数极高的高阶谐波,比如,载波光子能量 $\hbar\omega_0=1.5$ eV 的 5 fs 高斯光脉冲的第 $N=101$ 阶谐波。在上述分析中我们已看到,高斯型脉冲包络 N 次方的谱宽将正比于 $\sqrt{N}$,因而其相应的时域宽度将正比于 $1/\sqrt{N}$。因此可以说,第 $N=101$ 阶谐波时域宽度相对基频激发光脉冲的缩减因子为 $\sqrt{101}\approx10$,这意味着将产生载波光子能量 $N\hbar\omega_0=151.5$ eV、脉宽为 5 fs/100=500 as 的超短脉冲。有关此单 X 射线脉冲的相关实验将在 8.1 节中予以详述。

至此,上述所有论述应该足以说明,深入探究原子高阶谐波产生过程背后的微观物理机制是非常有必要的。

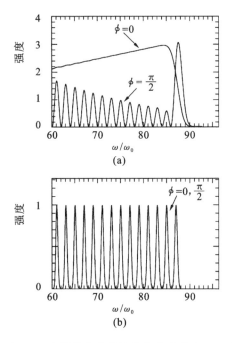

图 5.2　由式(5.1)和式(5.2)求得的高阶谐波强度谱及其对 CEO 相位 ϕ 的依赖关系图

注:这里已设定:对于 $N=1,3,5,\cdots$ 直至截止阶数 $N_{\text{cutoff}}=87$,$N_{\overline{p}N}^2$ 为常数;而对其他的阶数 $N_{\overline{p}N}^2$ 为 0;基波光场载波光子能量为 $\hbar\omega_0=1.5$ eV;入射高斯脉冲的脉宽为 $t_{\text{FWHM}}=t_0 2\sqrt{\ln\sqrt{2}}$。图(a)$t_{\text{FWHM}}=5$ fs,图(b)$t_{\text{FWHM}}=20$ fs,各图中的两条曲线分别对应 $\phi=0,\pi,2\pi,\cdots$ 和 $\phi=\pi/2,3\pi/2,\cdots$ 两种情况。其中为图示清晰起见,图(a)在第二种相位情况下的曲线沿纵轴方向拉伸至原值的 4 倍。从图中可知:图(a)中余弦型 5 fs 脉冲情况下各奇次阶谐波因混合在一起而几乎消失,而正弦型 5 fs 脉冲情况下各阶谐波则可以清晰分辨;在图(b)所示 20 fs 脉冲情况及相应分辨刻度下,则看不到高阶谐波对 CEO 相位的依赖性。可与图 5.6 相比拟[267]。

5.2　Keldysh 参量

在下面的论述中我们将看到,能够很快电离一个原子的光强约在 $I\approx 10^{14}\sim 10^{16}$ W/cm² 量级。显然此过程一定属于非相对论机制范畴(4.4 节中我们已看到光强约在 10^{18} W/cm² 时才开始进入相对论机制)。因此,此时我们可以忽略激光场中的磁场分量而仅考虑电场分量的影响。如果是静电场的情形,那么可以通过势垒的概念而直接应用通常的量子力学隧穿理论。图 5.3 显示的即是光电场对原子的影响,其中显示出的是束缚电子所感受到的原子核库仑势的变化(假设原子核质量极大或空间位置固定)。这里我们已默认采用了电场规范(见 4.2 节)。

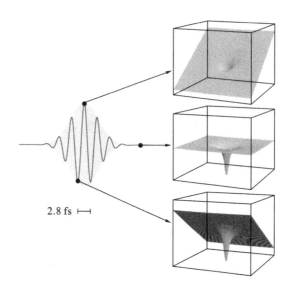

图 5.3　光电场对原子的影响

注：线偏振高斯型激光脉冲随时间变化的电场 $E(t)=\widetilde{E}(t)\cos(\omega_0 t+\phi)$，以及在此电场作用下原子中电子所感受到的二维电势分布。其中脉宽 $t_{\mathrm{FWHM}}=5\ \mathrm{fs}$、载波光子能量 $\hbar\omega_0=1.5\ \mathrm{eV}$，相位 $\phi=0$。在脉冲中心，电势面沿电场矢量轴的大幅"倾斜"可导致电子摆脱束缚势的约束而隧穿出势垒。如果势垒高度小于束缚能，则可发生越阈值电离过程。对于圆偏振光，电势面"倾斜"的幅度保持不变而其倾斜轴随时间发生变化[267]。

现在的问题是，对于振荡周期仅为几飞秒的光场，我们真的可以应用静电隧穿的概念吗？这还有待探究。这里我们先用半经典理论来分析这个问题，把电子隧穿过程中在势垒内消耗的时间称为电子隧穿时间 t_{tun}，与此相应，隧穿时间的倒数称为隧穿"频率"Ω_{tun}。这里特别要提请注意的是，绝对不能把这个频率与隧穿率（或者电离率）相混淆，后者与隧穿概率相关①。如果隧穿时间小于光场周期，则激光电场实质可视为沿 x 方向的静场，只是参量化地改变着瞬时值，因而我们要估算一下隧穿时间的量值。隧穿时间等于势垒宽度与电子在势垒中速率的比值。电子的总势能为 $V(x)=U(x)+xeE(x)$，其中 $U(x)$ 为无光场情况下的库仑束缚势能。后者可近似为一个壁垒有限的矩形势阱（见图 5.4），这是一个相当粗糙的近似考虑（见问题 5.1）。强场作用下的势垒

---

①　其实，隧穿"频率"的概念并不是很准确，因为这里没有振荡，应该称其为隧穿率，但这个术语已经被用于描述其他概念了。

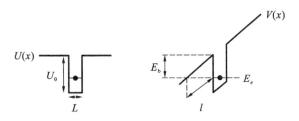

图 5.4   电子隧穿出势阱

注:电子在瞬时电场 $E(t) > 0$ 的作用下隧穿出势阱 $U(x)$ 过程(左图)的图示说明;势阱宽度为 L、深度为 U_0,电子感受到的电势为 $V(x)$(右图),由此所致的电子隧穿的势垒宽度为 l,电场作用下电子的束缚能(或电离势)为 E_b。请注意,在第 3 章中针对二能级系统,我们已讨论了此类势阱中的电子激发过程。

宽度 l 取决于电场 $E(t)$ 的瞬时值,空间尺度 l 上的势能降等于电子束缚能量 E_b。倘若在电场峰值,即 $E(t) = \widetilde{E}_0$ 时,电子刚好能隧穿电离,则有关系式 $le\widetilde{E}_0 = E_b$ 成立,即

$$l = \frac{E_b}{e\widetilde{E}_0} \tag{5.4}$$

由能量守恒关系 $m_e v^2/2 + V(x) = E_e$ 可知,因在势垒中 $V(x) > E_e$,所以电子在势垒中的速度是个纯虚数,其模为 $|v(x)| = \sqrt{2(V(x) - E_e)/m_e}$。因而如果势垒较高,那么其中的电子速率 $|v|$ 会很大。但与此同时,电子的隧穿率会比较低。直观地说,"若电子在势垒中违背能量守恒越严重,那么其停留在势垒中的时间将越短"。在势垒的最大值处,即 $(V(x) - E_e) = E_b$ 处,电子速率为 $|v| = \sqrt{2E_b/m_e}$。当电子在势垒中传播时,其速度会逐渐变慢。当它穿越整个势垒时,势能为 $V(x) = E_e$ 而动能(及其速度)为零。因此,势垒中的平均电子速率大致为势垒两端电子瞬时速度的平均值,即

$$\langle |v| \rangle = \frac{1}{2}\left(\sqrt{2E_b/m_e} + 0\right) = \sqrt{\frac{E_b}{2m_e}} \tag{5.5}$$

进而可得电子的隧穿时间

$$t_{tun} = \frac{l}{\langle |v| \rangle} = \frac{\sqrt{2m_e E_b}}{e\widetilde{E}_0} \tag{5.6}$$

因此,上述静场近似严格成立的条件即为

$$\frac{\Omega_{tun}}{\omega_0} \gg 1,\text{类似于} \frac{\Omega_R}{\omega_0} \gg 1 \tag{5.7}$$

其中峰值隧穿"频率"Ω_{tun} 为

$$\Omega_{\text{tun}} = \frac{e}{\sqrt{2m_e E_b}} \widetilde{E}_0 \text{ ,类似于 } \Omega_R = \frac{d}{\hbar} \widetilde{E}_0 \qquad (5.8)$$

在式(5.7)和式(5.8)的右边(类似等式),我们也再次给出了 3.2 节中二能级系统模型的结果,其中 Ω_R 为峰值拉比频率。隧穿"频率"与拉比频率这两个参数的相似性显而易见:两者都与激光电场成比例,且为达到静电机制都要求其量值远大于激光载波频率[①]。

无量纲比率

$$\gamma_K = \frac{\omega_0}{\Omega_{\text{tun}}} = \frac{\omega_0}{e} \frac{\sqrt{2m_e E_b}}{\widetilde{E}_0} = \sqrt{\frac{E_b}{2\langle E_{\text{kin}} \rangle}} \qquad (5.9)$$

即是著名的由 L. V. Keldysh 在 1965 年引入的 Keldysh 参量[127]。当 $\gamma_K \ll 1$ 时,静电隧穿理论便成立。在式(5.9)的等式右边,我们采用质动能 $\langle E_{\text{kin}} \rangle$ 来表述 Keldysh 参量,其正确性可通过将式(4.6)代入式(5.9)而得到证明。因此我们也可以作出这样的论断:当激光电场施加给电子的峰值动能 $2\langle E_{\text{kin}} \rangle$ 可与电子束缚能 E_b 相比拟时,光与物质作用过程将出现一些不同于传统非线性光学的物理现象。

⬤ 实例 5.1

对于位于氢原子 1s 态的电子,E_b 等于里德伯能量 13.6 eV(也可参阅表 5.1),$m_e = m_0$。考虑载波光子能量 $\hbar\omega_0 = 1.5$ eV,即相应光周期为 $2\pi/\omega_0 = 2.8$ fs 的光场,单位 Keldysh 参量所对应的光场物理量为

$$\left.\begin{array}{c} \gamma_K = 1 \\ \Longleftrightarrow \\ t_{\text{tun}} = 0.44 \text{ fs} \\ \Longleftrightarrow \\ \widetilde{E}_0 = 2.8 \times 10^{10} \text{ V/m} \\ \Longleftrightarrow \\ I = 1.0 \times 10^{14} \text{ W/cm}^2 \end{array}\right\} \qquad (5.10)$$

对此相同参数,我们可得到势垒宽度 $l = 0.5$ nm,势垒中平均电子速率 $\langle|v|\rangle = 1 \times 10^6$ m/s,这远小于真空光速 $c_0 = 3 \times 10^8$ m/s。此量值

[①] 我们将在第 7 章看到,对于半导体,Ω_R 实际上近似等于 Ω_{tun}。

关系说明我们采取的非相对论性处理方法确实是有意义的。

表 5.1　几种相关气体的电离势 E_b *

相关气体	H	He	Ne	Ar	Kr	Xe
E_b	13.598	24.587	21.564	15.759	13.99	12.127

* :单次电离情形,能量单位为 eV。

为了更直观理解本章相关强激光电场的量值,这里特将上述实例 5.1 中的峰值激光电场 $\widetilde{E}_0$ 与原子核吸引电子的电场进行比较。对于氢原子的 1s 态,有

$$|\boldsymbol{E}|_{H,1s} = \frac{e}{4\pi\varepsilon_0 r_B^2} \tag{5.11}$$

利用氢原子玻尔半径 $r_B = 0.053$ nm,我们可以得到电场

$$|\boldsymbol{E}|_{H,1s} = 5.17 \times 10^{11} \text{ V/m} \tag{5.12}$$

因此,当 Keldysh 参量 $\gamma_K = 0.05 \ll 1$ 时,峰值激光电场可与原子内场相比拟,即 $\widetilde{E}_0 = |\boldsymbol{E}|_{H,1s}$,此时相应光强 $I = 3.4 \times 10^{16} \text{ W/cm}^2$。

5.3　原子的场致电离

在"静场近似"条件下,隧穿电离过程的势垒中电子波函数按 $\psi(x) \propto \exp(-|k_x(x)|x)$ 指数衰减,因而电离率 $\Gamma_{ion}(t)$(或隧穿率)也将以指数方式依赖于瞬时势垒宽度 $l(t)$,电子以隧穿方式穿越势垒的概率正比于 $|\psi(l)|^2$。将 $|k_x(x)|$ 近似为 $\langle|k_x|\rangle$,利用式(5.5)及关系式 $\hbar\langle|k_x|\rangle = m_e\langle|v|\rangle$,同时代入与式(5.4)相类似的关系式 $l(t) = E_b/(e|E(t)|)$,由此我们可得到如下一般关系式:

$$\frac{\Gamma_{ion}(t)}{\Gamma_{ion}^0} = e^{-\frac{\sqrt{2m_e E_b}}{\hbar}l(t)} = e^{-\frac{1}{\hbar e}\frac{\sqrt{2m_e}E_b^{3/2}}{|E(t)|}l(t)} = e^{-\frac{E_{exp}}{|E(t)|}} \tag{5.13}$$

电离率与电场的依赖关系如图 5.5 所示。由图可知它呈现出了阈值变化特性,也即当瞬时激光电场 $|E(t)|$ 高于某一量值时,原子电离率急剧增加[①]。

---

① 注意,图 5.5 中满足条件 $|E(t)|/E_{exp} < 0.1$ 的电场仅刚好符合静电极限。因为在 $m_e = m_0$、$|E(t)|/E_{exp} = 0.1$、$E_b = 13.6$ eV 及 $\hbar\omega_0 = 1.5$ eV($E_{exp} = 2.6 \times 10^{11}$ V/m)这些条件下,Keldysh 参量 $\gamma_K = \hbar\omega_0 E_{exp}/(E_b|E(t)|)$ 约为 1,但图中所示依赖关系在定性上是正确的。从纯粹数学角度上讲,当 $E_b \gg \hbar\omega_0$ 时 $|E(t)|/E_{exp} \ll 1$ 和 $\gamma_K \ll 1$ 这两个极限条件是可以同时被严格满足的。

基于这个结论，我们可推定原子电离过程对激发激光脉冲的 CEO 相位 ϕ 有较强的依赖性，如图 5.6 所示。同时也应注意到的是，此结论与上述基于唯象方法的论定是相一致的（可与图 5.2 作比较）。对于疏周期光脉冲，由越阈值电离过程产生的电子主要是在趋向于 $\phi=0$ 的一侧直至 $\phi=\pi$ 的另一侧这个时间范围发出。而当激励激光载波-包络相位（CEO）$\phi=\pm\pi/2$ 时，电子到达 $\phi=0$

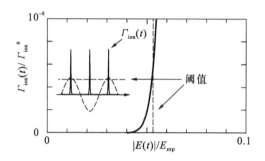

图 5.5　电离率与电场的依赖关系

注：静场近似下，据式(5.13)求得的原子瞬时电离率 $\Gamma_{ion}(t)$ 与瞬时激光电场 $|E(t)|$ 的关系曲线。图中特别指出的"阈值"效应具体示于图 5.6，内嵌图给出了激光载波振荡和相应随时间变化的电离率 $\Gamma_{ion}(t)$[267]。

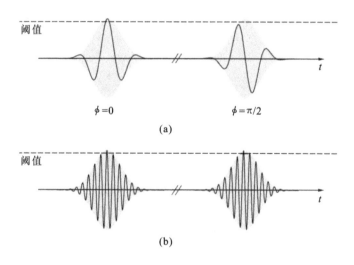

图 5.6　原子在激光脉冲 $E(t)=\widetilde{E}(t)\cos(\omega_0 t+\phi)$ 作用下的激发

注：这里脉冲包络为高斯型 $\widetilde{E}(t)=\widetilde{E}_0\exp[-(t/t_0)^2]$。当激光 CEO 相位 $\phi=0$ 时，实际的峰值电场将高于原子电离阈值（见图 5.5 的左图幅）；而当 $\phi=\pi/2$ 时峰值电场则低于电离阈值（见图 5.5 的右图幅）。这一效应在短激光脉冲情形将极为突出（图 5.6(a)），而对于长脉冲则相对很弱（图 5.6(b)）。图中灰色区域显示的是脉冲包络。建议与图 5.2 相比较[267]。

及 $\phi=\pi$ 两侧的概率相等。显然此效应对包括很多光周期的长脉冲是不存在的。目前实验上已经观察到了此相位依赖性效应[128],有关疏周期激光脉冲的进一步相关实验将在 8.1 节中予以讨论。

实际上,在 $\gamma_K \geqslant 1$ 甚至 $\gamma_K \gg 1$ 情况下仍然可以采用电子隧穿的概念,但此时电子隧穿过程中的势是变化的,因而这些情况将不能再用简单的隧穿公式加以描述,但是我们可以采用数值求解含时薛定谔方程的方法。为简便起见,我们这里将再次只考虑如下一维情况:

$$i\hbar \frac{\partial}{\partial t}\psi(x,\,t)=\left(-\frac{\hbar^2}{2m_e}\frac{\partial^2}{\partial x^2}+U(x)+xeE(t)\right)\psi(x,t) \qquad (5.14)$$

$E(t)$ 为激光电场

$$E(t)=\widetilde{E}(t)\cos(\omega_0 t+\phi) \qquad (5.15)$$

$U(x)$ 为束缚势。我们再次将 $U(x)$ 考虑为一简单势阱:当 $|x| \leqslant L/2$ 时 $U(x)=-U_0$,对其余位置处,$U(x)=0$。图 5.7 所示结果的实际模拟范围实质上远大于图中所示区域。由图可知,以 $t=0$ 时刻的有限势阱的基态波函数为起始点,电子波函数的实数部分以频率 $E_b/\hbar$ 随时间振荡。这一点也可根据基本量子力学理论推出(当 $L=0.6$ nm 时 $E_b \approx U_0$)。图中在瞬时电场 $E(t)$ 从 $E(t=0)=0$ 增加至其峰值 $E(t=0.7$ fs$)=\widetilde{E}_0$ 的过程中,波包束缚部分向左侧移动。电荷的这种运动对应着势阱中的光跃迁过程,此内容已在 3.2 节基于二能级系统布洛赫方程做了详细的讨论。与图 3.2 相比即可看出,图 5.7 中势阱内的波函数呈现出了更多的细微结构。这说明,此光场激励作用不仅在势阱中导致了从基态到相邻激发态的跃迁过程,而且还出现了从基态到高激发态甚至更高激发态之间的跃迁过程。此外,波函数也包含了束缚势以外的贡献成分,这对应于隧穿出势阱的过程。这部分贡献成分在电场的加速作用下(也可与图 4.3 中自由电子情形相比较),最终导致了高阶谐波产生过程,这些内容将在下面进行讨论。这里要注意的是,图中电场最大值的时刻 $t=0.7$ fs 和被移动到左侧的电子波包的发射时刻之间存在着时间延迟(图中所示时间轴尺度的末端值为 1.0 fs),这是源于电子隧穿时间 t_{tun}。实际上,实例 5.1(采用了恒定电场)相关量值和此数值模拟结果基本吻合。另外从上述半经典阈值的讨论也可推知,如果峰值电场 $\widetilde{E}_0$ 仅减小为原来的二分之一,则隧穿电离过程将会受到极大的抑制作用(见图 5.8)。

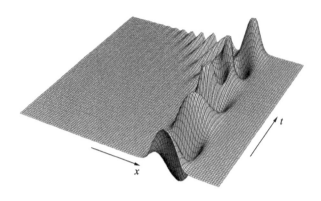

图 5.7 电子波函数的实部解(一)

注:在电场规范下,通过求解含时薛定谔方程式(5.14)而得到的电子波函数的实部 $\mathrm{Re}(\psi(x,t))$ 随 x 坐标和时间 t 的变化关系, x 从 -3 nm 变化到 1 nm, t 从 0 fs 到 1.0 fs。 $t=0$ 时刻电子位于势阱 $U(x)$ 的基态,势阱深度为 U_0、宽度为 L(见图 5.4)。相关参数为: $\phi=-\pi/2,\hbar\omega_0=1.5$ eV(光周期为 2.8 fs), $m_e=m_0$, $L=0.6$ nm, $U_0=15$ eV $\approx E_b$。恒定电场包络 $\widetilde{E}_0=3\times10^{10}$ V/m 对应的光强 $I=1.1\times10^{14}$ W/cm² 或者 $\langle E_{\mathrm{kin}}\rangle/\hbar\omega_0=5$,相应的 Keldysh 参量 $\gamma_K\approx1$。建议与图 4.3 中真空自由电子的情形以及图 3.2 仅考虑两个束缚态的情形相比较。

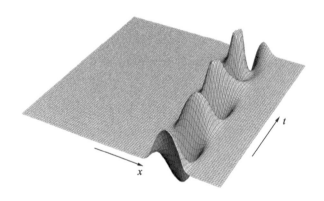

图 5.8 电子波函数实部解(二)

注:图 5.8 类同图 5.7,但 $\widetilde{E}_0=1.5\times10^{10}$ V/m,因而 $\gamma_K\approx2$。请注意,相对图 5.7,此时电子隧穿出势阱的现象已大大减少。

抛开"蛮力式"的数值算法,我们还可以采用什么方法来描述 $\gamma_K\gg1$ 时的情况呢?如果此时从电场规范变换为辐射规范(见 4.2 节相应部分),那么这对于相关过程的分析将会是非常有利的。事实上,从单纯的数学分析角度考虑,这样的处理方法也具有相当的吸引力,且已被成功应用于 $\gamma_K\gg1$ 情况的分析讨论当中[129-131]。如此一来,我们将进入多光子吸收机制。这里我们将仅考虑激光电场不是非常强的情况,以便可以研究我们感兴趣的从束缚态到非束缚态的跃迁过程。在一阶近似下,激光场对束缚态的影响可忽略不计。此外,如果我们忽略库仑束缚势对非束缚态的影响,那么非束缚态将变得与 Volkov 态相同。正如在 4.2 节讨论的那样,Volkov 态由一系列 N 光子边带组成,且随着激光强度的增加,边带相对增强。应谨记的是,在 Volkov 态的讨论中,激光电场的影响是作为微扰而考虑的。这两种机制,即静电隧穿机制($\gamma_K \ll 1$)和多光子吸收($\gamma_K \gg 1$)分别示于图 5.9 的(a)和(b)中。

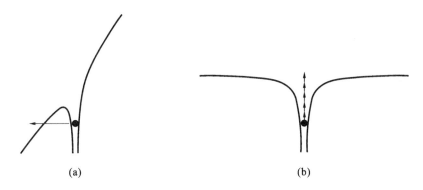

(a)   (b)

图 5.9 原子电离机制图解示意

注:图(a)强激光场静电隧穿机制(Keldysh 参量 $\gamma_K \ll 1$);图(b)弱激光电场多光子吸收机制(Keldysh 参量 $\gamma_K \gg 1$)。根据实例 5.1,针对相关典型参数,$\gamma_K = 1$ 对应的激光光强为 10^{14} W/cm^2[267]。

将实例 5.1 中静电极限下得到的数据与实例 4.2 中 Volkov 态的相关结果做比较,我们会得到一些很有趣的结论。在实例 4.2 中我们已估算得知,当光强约为 $I = N \times 3 \times 10^{13}$ W/cm^2($N \gg 1$)时,真空自由电子 N 光子边带的幅值具有最大值。对于实例 5.1 中的具体参数,即 $E_b = 13.6$ eV 及 $\hbar\omega_0 = 1.5$ eV,要实现从 1 s 束缚态到电离自由态的实际跃迁,整数 N 必须满足关系 $E_b/\hbar\omega_0 = 13.6/1.5 > 9$。$N = 10$ 对应的激光强度 $I = 4 \times 10^{14}$ W/cm^2,这非常接近实例 5.1 中与 $\gamma_K = 1$ 相对应的强度量值 $I = 1 \times 10^{14}$ W/cm^2。显然,这两个相对不同的计算方法和物理图像却得到了相一致的结论。

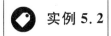 实例 5.2

激光场可直接与原子核相互作用[132],也可通过将原子电子加速到具有 MeV 质动能的状态而间接地实现与原子核的相互作用(见

4.4 节和 4.5 节)。这里我们仅考虑第一种情况,因为它与原子光电离过程相类似。通过类比,我们推测这将导致光致核"电离",即核裂变。然而与原子库仑势不同的是,原子核中 α 粒子受到的势 U 由两部分组成:源于强相互作用产生的束缚吸引势,以及由荷电荷的 α 粒子之间库仑斥力所产生的排斥势。因而即使没有激光场的存在,α 粒子也可隧穿出原子核——正常的放射性 α 衰变。对于较强的激光电场,我们可以更多地忽略这些细节,从而采用由式(5.9)给出的 Keldysh 参量来估算相关的场及其强度,这其中要做变量替换 $m_e \rightarrow m_\alpha = 6.7 \times 10^{-27}$ kg。对于 $\hbar\omega_0 = 1.5$ eV 及典型束缚能量值 $E_b = 5$ MeV(根据式(5.5),仍然有 $v \ll c_0$),与单位 Keldysh 参量相对应的峰值激光电场为 $\tilde{E}_0 = 1 \times 10^{15}$ V/m,这相当于峰值强度 $I = 2 \times 10^{23}$ W/cm², 不过,现有激光技术水平是不能达到静电机制 $\gamma_K \ll 1$ 的。因此,利用载波光子能量 $\hbar\omega_0 = 1.2$ eV、脉冲宽度为几百个 fs 且强度在 $I = 10^{19}$ W/cm²[133] 到高于 10^{20} W/cm²[134] 范围内的激光为激励光源,在实验上观察到的光致核裂变过程都是由固体靶材中的原子电子而间接促成的。

❓ 问题 5.1

在对静电隧穿过程的讨论中,我们已经把束缚势近似为一个矩形势阱。而对于实际的库仑势,越势垒电离则是会发生的(见图 5.3)。请估算这一物理过程发生所需要的激光电场。这个场被称为势垒抑制场[135],那么其电离率又是多少呢?

5.4 高阶谐波产生

在前一个章节中,我们通过数值求解含时薛定谔方程来描述原子电离过程。在理论上,我们可利用求得的瞬时波函数 $\psi(r,t)$,通过期望值 $\langle \psi(r,t) | -er | \psi(r,t) \rangle$ 进而求得原子偶极动量,此参量与原子密度的乘积即为宏观光学极化强度 P。最后,便可求解麦克斯韦方程组。忽略光场与原子相互作用过程中的传播效应,则辐射电场将与光学极化强度 P 的二阶时间导数成比例,

其傅立叶变换的平方模即给出高阶谐波(强度)谱。此处理方法的正确性已得到证实[136-138]。事实上,图 5.2(b)即可视为上述方法所得高阶谐波谱的示意。一般来说,高阶谐波谱呈现出这样的特点:对阶数较低的几阶谐波,其强度随阶数增加而呈现出几个数量级的迅速衰减,直至基频光场的 10 阶或者 20 阶谐波处(图中没有示出);之后出现了平原区,其中谐波强度几乎不变;最后是阶数高于截止阶数 N_{cutoff} 的几阶谐波,它同样存在着强度急剧降低的现象。谐波截止阶数依赖于激光强度和与之作用的原子或离子的特性。

与上述直接求解麦克斯韦方程组的方法相比,采用 Corkum 提出的所谓三步模型[139-142],从半经典理论角度讨论高阶谐波产生过程则颇具启发意义且更加直观。然而,其结果与上述方法所得结论是定性相同的,而且此半经典分析结论甚至与束缚势 $U(r)$ 的具体形式之间并没有多大的依赖关系。

依据高阶谐波产生过程半经典散步模型,原子首先在某一时刻被电离(第一步)。根据式(5.13)和(或)图 5.5 可知,当激光电场的模达到最大值时,原子瞬时电离率达到峰值(这里我们考虑激光为线偏振的情形)。在刚被电离的时刻,电子初始速率为 0、势能为 E_b。此后电子在激光电场中被加速(第二步),在接下来的半个周期内光电场符号发生变化(图 4.3),因而电子将再次被减速。这使得几个飞秒后电子会回到其最初被电离产生时的位置。此时,电子的总能量 E_e 是其束缚能 E_b 与自产生之后在光电场中获得的动能之和。从经典角度分析,电子将穿过原子核。但从量子力学角度讲,此时将发射一个能量等于电子能量的光子,而电子将重新回到束缚态(第三步)。如此一来,可获得的最大光子能量($\hbar\omega = N_{cutoff}\hbar\omega_0 = E_e$)将直接与最大电子能量相联系。一旦原子被电离,原子核的库仑场便可以忽略,因而电子从本质上讲可视为自由电子。根据 4.1 节有关自由电子的讨论,我们只需简单求解牛顿第二定律 $m_e \dfrac{d^2 x}{dt^2} = -eE(t)$ 即可得知电子在外光电场中的运动。其中,$E(t) = \widetilde{E}(t)\cos(\omega_0 t + \phi)$ 且 $\phi = 0$。在电子电离产生的时刻 t_0,电子的位置坐标和速度均为 0,即 $x(t_0) = 0$、$v(t_0) = 0$。对恒定场包络的情形 $\widetilde{E}(t) = \widetilde{E}_0$,其解为

$$x(t) = \frac{e\widetilde{E}_0}{m_e\omega_0^2}\{[\cos(\omega_0 t) - \cos(\omega_0 t_0)] + \omega_0(t - t_0)\sin(\omega_0 t_0)\} \tag{5.16}$$

和

$$v(t) = \frac{e\widetilde{E}_0}{m_e\omega_0}[\sin(\omega_0 t) - \sin(\omega_0 t_0)] \tag{5.17}$$

因而 t 时刻电子的动能为

$$\frac{m_e}{2}v^2(t) = 2\langle E_{\text{kin}} \rangle [\sin(\omega_0 t) - \sin(\omega_0 t_0)]^2 \tag{5.18}$$

这里,我们已引入了由式(4.6)表述的质动能 $\langle E_{\text{kin}} \rangle$。举例来说,对 $\omega_0 t_0 = 0$,我们在 $\phi = 0$ 条件下可得到式(4.5),峰值电子动能为 $2\langle E_{\text{kin}} \rangle$;而对 $\omega_0 t_0 = \pi/2$,峰值电子动能为峰值,即 $8\langle E_{\text{kin}} \rangle$。然而,我们需要计算的是电子初次回到原子核时的最大动能,也即 $t = t_1 > t_0$ 且 t_1 满足关系式 $x = 0 = x(t_1)$。因为电子产生相位 $\omega_0 t_0$ 的周期为 2π,所以考虑相位区间 $[-\pi, +\pi]$ 已足以代表整个光场作用过程的全貌。根据式(5.16)可知,产生相位位于区间 $[-\pi, -\pi/2]$ 的电离电子能够再次返回原子核处($x = 0$),而区间 $[-\pi/2, 0]$ 的电离电子则不能。通过类似分析可知,位于区间 $[0, \pi/2]$ 的电离电子能够重新回到原子核处,而 $[\pi/2, \pi]$ 的电子则不能。式(5.16)和式(5.18)的数值解或图示解(见图5.10)都表明,在初次返回原子核时具有最大动能的电离电子的产生相位为 $\omega_0 t_0 \approx -\pi + 0.3$,返回相位为 $\omega_0 t = \omega_0 t_1 \approx 1.3$,此最大值位置也可等价为产生相位 $\omega_0 t_0 \approx +0.3$、返回相位 $\omega_0 t = \omega_0 t_1 \approx 1.3 + \pi$。将这些数值代入式(5.18),可以得到电子动能为 $3.17\langle E_{\text{kin}} \rangle$,因而此时电子总能量为 $E_e = E_b + 3.17\langle E_{\text{kin}} \rangle$(见图5.11)。在这些特征的产生相位处,电场的瞬时值为 $|E(t_0)| = \tilde{E}_0 |\cos(\omega_0 t_0)| = \tilde{E}_0 \times 0.96$,因而据式(5.13)可知原子的瞬时电离率相当高。例如,当电子产生相位 $\omega_0 t_0 = 0$ 时,此时原子电离率为其绝对峰值,相应电子返回时间为 $\omega_0 t = \omega_0 t_1 = 2\pi$,而此时电子动能为0。由于与光电场的相关性,上述三步模型高阶谐波产生过程是周期性发生的,其时间频率为 ω_0。因此,谐波的最高阶,也即截止谐波阶数,为最接近下述量值的奇整数:

$$N_{\text{cutoff}} = \frac{E_b + 3.17\langle E_{\text{kin}} \rangle}{\hbar \omega_0} \tag{5.19}$$

注意截止谐波阶数与激光强度 $I \propto \langle E_{\text{kin}} \rangle$,呈线性相关,这与二能级系统的相关表述式式(3.33)是不同的。在静场极限下,后者的截止阶数 N_{cutoff} 正比于激光强度的二次方根 $\sqrt{I} \propto \Omega_R$。但是,这两类情形的共同点是它们都存在着截止谐波,这的确不是一个先验性结论。以惯常方式考虑,我们可能会认为高阶谐波强度随着谐波阶数 N 的增加而呈现出连续衰减过程,也就是说不会出现锐利的谐波截止现象。比如,源于自由电子相对论性非线性汤姆森散射效应的高阶谐波产生过程就没有类似的截止现象。

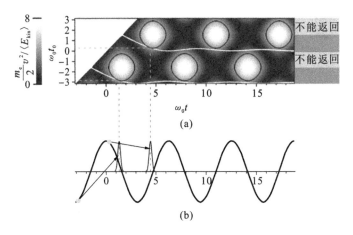

图 5.10 式(5.16)和式(5.18)的图示解

注:图 5.10(a)为据式(5.18)求得的电子动能 $m_e v^2/2$ 随时间 t 和电离时间 t_0 的变化关系灰度图。其中:动能以质动能$\langle E_{kin}\rangle$为单位;所用电场为 $E(t)=\widetilde{E}_0\cos(\omega_0 t)$(图(b));不具备实际物理意义的时间范围 $t<t_0$ 已忽略;等能量线 $m_e v^2/2\langle E_{kin}\rangle=3.17$ 用六个闭合的黑色曲线表示;满足式(5.16) $x=0$(原子核位置)条件的时间 t 及电子电离时间 t_0 用两条白色实线表示;电子第一次返回 $x=0$ 位置时具有最大动能 $3.17\langle E_{kin}\rangle$的两个等价点通过虚线画出;图(a)的右边(纵轴)给出了不能返回原子核的电子的产生相位 $\omega_0 t_0$;图(b)给出了所用激光电场,具有最大返回动能的电子产生相位以灰色实圆点表示,在相应的再碰撞相位 $\omega_0 t$ 处便发射出极紫外光脉冲(图中形象示出)。这些特征时间点已得到实验上的确认[143]。这里要注意的是,不同的电子返回能量对应于不同的高阶谐波及略微不同的再碰撞相位,这使得 EUV 脉冲出现了一定程度的啁啾[268]。

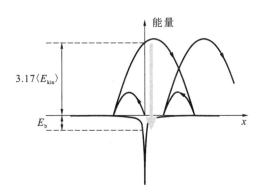

图 5.11 电子总能量

注:图 5.11 为根据式(5.18)和式(5.16)求得的电离电子动能 $m_e v^2(t)/2$ 与其相应位置坐标 $x(t)$ 之间的变化关系图,时间起点为电子电离时刻 t_0,此时位置坐标 $x=0$。对图中所示的产生相位 $\omega_0 t_0=0.3$,相应电子在初次(这种情况下也是唯一的一次)返回原子核 $x=0$ 位置时具有最大动能 $3.17\langle E_{kin}\rangle$。由此发射的谐波光子能量为 $\hbar\omega=N_{cutoff}\hbar\omega_0=E_b+3.17\langle E_{kin}\rangle$,如图中宽箭头所示。图的下面部分给出了库仑束缚势[267]。

 **实例 5.3**

给定参数条件为:峰值激光强度 $I=4\times10^{14}$ W/cm^2(这等价于实例 5.1 中 $\gamma_K=0.5$ 或 $\tilde{E}_0=5.6\times10^{10}$ V/m),进而真空中 $\langle E_{kin}\rangle=27.2$ eV,$\hbar\omega_0=1.5$ eV,氢原子 1 s 态的电离能 $E_b=13.6$ eV,$m_e=m_0$,则由式 (5.19)可得 $N_{cutoff}=67$。这相当于说,高阶谐波最大光子能量为100.5 eV 或者最小波长为 12.3 nm。

根据式(5.16)可得,对于产生相位 $\omega_0 t_0=0.3$ 的电子而言,其在电离之后至初次返回原子核的时间内所经历的轨迹长度为 $e\tilde{E}_0/(m_0\omega_0^2)\times$ 1.2=2.4 nm,此量值为氢原子玻尔半径 $r_B=0.053$ nm 的 46 倍。

如果希望得到尽可能大的截止阶数 N_{cutoff},则根据式(5.19)可知这意味着需要较大的束缚能(电离势,见表 5.1),而由式(5.13)可知其代价是提高了原子的电离阈值。然而,在某些条件下电子运动将进入相对论范畴(据式(5.5)可知 $|v|\propto\sqrt{E_b}$),此时相关数值分析表明将产生波长小于 0.1 nm 的高阶谐波[144]。对于给定类型的原子,其 E_b 也因而随之确定,截止谐波阶数显然随着质动能增加而增大。但是应注意到的是,在上述半经典论述中我们已默认原子并没有被电离的假定,因而在脉冲激发情况下,由式(5.19)给出的$\langle E_{kin}\rangle$ 应被理解为电子在光场电离后的第一个光学周期内的质动能。显然这将引入对脉冲持续时间的固有依赖关系。对于持续时间较长且强度较弱的脉冲,原子在脉冲中心处发生电离,因而电子质动能较小,这使得截止谐波阶数较低。对于持续时间较长且强度较大的脉冲,原子远在脉冲包络达到最大值之前已经电离(见图 5.12(a)),同样,此时电子质动能也很低。而对于持续时间较短且强度较大的脉冲,原子电离过程发生在强度和质动能均较大的脉冲中心附近,这使得截止谐波阶数向更高阶数移动。

从数学角度来看,电离度可以简单通过隧穿率或电离率表述式式(5.13)的积分而得到,这实质上仍然遵循了半经典静电理论(见问题 5.1)。仅考虑单次电离情形,且假定光场激励之前的原子数为 N_{atom}^0,则电离原子数目即等于自由电子数目 $N_e(t)\leqslant N_{atom}^0$,未被电离的原子数目为 $N_{atom}=N_{atom}^0-N_e(t)$。结合式(5.13)的瞬时电离率 $\Gamma_{ion}(t)\geqslant0$,可以得到

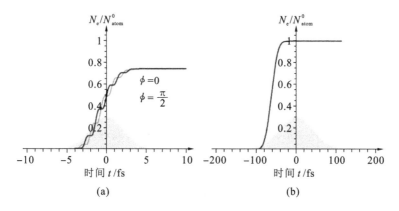

图 5.12　电离度随时间的变化

注:图 5.12 为据式(5.12)和式(5.13)得到的电离度 $N_e(t)/N_{atom}^0$ 随时间的变化关系图。图(a)高斯光脉冲 $t_{FWHM}=5$ fs, $\phi=0$(黑色曲线), $\phi=\pi/2$(灰色曲线);图(b)100 fs 脉冲(此时在所用绘图曲线宽度内,对相位 ϕ 的依赖性不可见)。灰色区域表示的是脉冲强度,请注意横坐标时间刻度是不同的。所有其他参数都是相同的,特别是峰值激光强度相等,即 $\widetilde{E}_0/E_{exp}=0.5$, $\hbar\omega_0=1.5$ eV, $\Gamma_{ion}^0=5$ fs^{-1}。但是,在实际的分析中我们只能将此图视为示意性定性结果而非定量计算结果。值得注意的是,图(b)中在脉冲中心 $t=0$ 处达到峰值强度及峰值质动能时,实质上所有原子都已被电离,如此一来,图(b)并不能有效地产生高阶谐波。这与图(a)形成了鲜明对比,即使此时脉冲能量仅为图(b)的 1/20。顺便提请注意的是,图(a)中远在脉冲消失之后的时刻,其电离度与 ϕ 之间并没有显著的依赖关系(见问题 5.3)。建议将此现象与图 3.9 和图 3.10 进行对比[269]。

$$\frac{dN_e}{dt}=\Gamma_{ion}(t)N_{atom}(t) \tag{5.20}$$

其正常解为

$$N_e(t)=N_{atom}^0\left[1-\exp\left(-\int_{-\infty}^{t}\Gamma_{ion}(t')dt'\right)\right] \tag{5.21}$$

电离度是一个在零至某个不大于 1 的值之间单调增加的数值,由 $N_e(t)/N_{atom}^0$ 给出。图 5.12 给出的数值解证实了上述定性分析。这里要注意的是,式(5.13)潜含的静场近似在脉冲两翼的正确性值得商榷,因为此时电场很弱因而 Keldysh 参量很大。实际上,含时薛定谔方程的数值解则倾向于具有对脉冲持续时间更加强烈的依赖关系。

 问题 5.2

在对电离和高阶谐波产生过程的半经典处理分析中,我们考虑了线偏振

光。如果换为圆偏振光,结果会出现什么变化?

? 问题 5.3

值得注意的是,图 5.12(a)中 $t \to \infty$ 时的电离度与 CEO 相位 ϕ 之间没有明显的依赖关系,这与我们据图 5.6 及图 5.5 中疏周期脉冲情形所得结果是相矛盾的。请给予解释。

? 问题 5.4

针对图 5.7 和图 5.8 中 Keldysh 参量分别为 $\gamma_K \approx 1$ 和 $\gamma_K \approx 2$ 的情况,在势阱中基态与第一激发态之间的跃迁满足二能级系统近似的假定下,讨论其中的物理过程。

? 问题 5.5

比较图 3.4 与图 5.12。图 3.4 中的 $w(t)$ 表示的是二能级系统反转数随时间的变化关系,而图 5.12 中则为相应的原子电离度,两者均呈现出二倍于光载波频率的振荡分量,且在较大时间范围内总体上都呈增加趋势。然而,两者也有明显的不同:图 3.4 中的剧烈振荡将导致猝发的下降过程,而图 5.12 中则呈现出严格的单调增长过程。图 3.4 中的包络会呈现出下降过程(拉比振荡),然而图 5.12 中则是随时间单调增加的变化曲线。我们已经讨论了两者在数学上的变化规律,请以直观的方式解释这些定性差异的原因。

5.5 应用:金属表面光发射

如果激光电场矢量具有平行于金属/真空界面法线的显著分量,那么它与金属作用可产生电子光发射过程(见图 5.13)。这里,原子束缚能(电离势)E_b 应被替换为金属功函数 W,即真空能级与金属费米能级 E_F 的能级差,换句话说是将一个晶体电子剥离金属所需要施加的最小功。对金属而言,典型的电子有效质量 m_e 接近于自由电子质量 m_0,功函数值在 $2 \sim 5$ eV 范围内(见表 5.2)。

如果载波光子能量满足关系 $\hbar\omega_0 < W$,那么此时金属中的线性光发射过程不会产生。例如,对于给定参数 $W=3\ \text{eV}$, $m_e=m_0$ 及 $\hbar\omega_0=1.5\ \text{eV}$,单位 Keldysh 参量 γ_K 对应的峰值激光强度 $I=2\times10^{13}\ \text{W/cm}^2$,这才仅仅达到典型的金属损伤阈值。因此,静电机制($\gamma_K \ll 1$)很难出现。

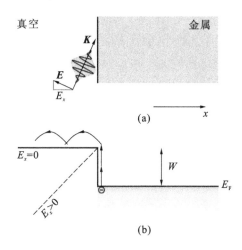

图 5.13　金属/真空界面光发射原理示意图

注:光电倍增管阴极发射电子即属于此光发射类型。图(a),线偏振疏周期光脉冲以近似掠入射方式入射到金属/真空界面,光场载波光子能量 $\hbar\omega_0 \gtrsim W/2$,波矢 $\boldsymbol{K}$ 和电场矢量 $\boldsymbol{E}$ 方向如图 5.13(a)所示。(b)位于金属费米能级 E_F 的电子感受到高度为 W 的能量势垒,W 为金属功函数。除了极薄的表面层,金属内部较高的电子密度足以有效地屏蔽激光电场。灰色区域代表的是费米海。在电离之后,电子向左边移动,由式(5.16)和式(5.18)得到的轨迹 $E_e(x)$ 已在图 5.13(b)中示出(可与图 5.11 中 $\omega_0 t_0 = +0.3$ 情形相比较)[269],其中 $\omega_0 t_0 \rightarrow \phi$, $\phi = -\pi/4$, $\gamma_K \approx 3$。

表 5.2　几种金属的功函数 W　　　　　　　　　　单位:eV

金属名	Na	Cs	Cu	Ag	Au	Fe	Al	W
W	2.35	1.81	4.4	4.3	4.3	4.31	4.24	4.5

注:相关数据来自附录 B 文献[145]。

现在,我们可以利用图 5.10 中有关电子"返回"或者"不返回"的讨论,以便在多光子机制($\gamma_K \gg 1$)下定性讨论光发射对 CEO 相位 ϕ 的依赖性。在这种机制下,电子隧穿时间大于光周期,因而载波振荡呈现出平均化效应,光电子发射在光脉冲电场包络的最大值处达到峰值。这里,假设光电场的最大值位于 $t=0$ 处,我们要讨论的电子恰在此时被电离释放成自由态。为了最终能形成光电流,那么这个被释放的电子须在某时刻能到达阳极(或第一打拿极),也就是说释放电子一定不能再回到金属表面。电子一旦电离为真空自由态,那么它便将受到瞬时激光电场 $E(t)$ 的作用,而激光电场 $E(t)$ 显然依赖于 CEO 相位 ϕ。因此,我们可以通过 CEO 相位 ϕ 重新理解图 5.10 中电子的产生相位 $\omega_0 t_0$,也即将 $\omega_0 t_0$ 替换为 ϕ(借助图 5.6,有利于获得正确的符号)。正如前面所讨论的那样(详见 5.4.1 节),当 ϕ 位于区间 $[-\pi/2, 0]$ 时,发射的电子将向左边移动而不再回到 $x=0$ 位置处(金属表面),因而此时光电流很大。要注意的是,金属/真空界面打破了系统关于表面法线的反演对称性(沿 x 方向),因而图 5.10 中图(a)的电子"不返回"区域在这里将不再成立,这是因为电场力会使电子向右边移动(见图 5.11),也即电子会被推向金属内部,其结果是金属内部出现电子密度波动,此时光电流很小。综上所述,我们可作出这样的推测,时间积分光电流将有一个随 ϕ 呈周期为 2π 振荡的分量。对于恒定的脉冲包络,这种依赖性将因完全平均化而消失;而对于疏周期光脉冲,一个光场周期内脉冲包络的时间变化会导致一个有限的调制结果。基于胶状体模型的理论计算显示[146],这种对 ϕ 的依赖关系的确是存在的。可以证明,对于载波光子能量 $\hbar\omega_0 = 1.5$ eV 的 5 fs 光脉冲而言,当 Keldysh 参量在 $\gamma_K \approx 2 \sim 3$ 范围时,绝对光电流及相关的调制深度都将非常强。最大光电流预计将在 $\phi = -\pi/4$ 时出现,也即在区间 $[-\pi/2, 0]$ 的中间(见图 5.13 中的电子轨迹)。文献 [147] 和 [148] 中已报道了多光子机制下以商用光电倍增管为探测设备的相关实验结果(金阴极,$I \approx 2 \times 10^{12}$ W/cm^2,4 fs 光脉冲,$\hbar\omega_0 = 1.65$ eV),所用光电倍增管阴极型号为 Hamamatsu R595。

在 2.3 节最后,我们已经看到任何光脉冲都要满足条件 $\int_{-\infty}^{+\infty} E(t)\mathrm{d}t = 0$,也即电场对其中电子的平均作用力为 0,因而在光脉冲消失很长时间之后电子速度将为 0。因此,除非施加一额外偏置电压,否则电子实际上不可能到达第一倍增极(通常是在相对较远处)。当然,在实际的实验中总是采用此方法以获得增益过程。

从另一个角度考虑,我们可以将向左侧的电子电流($x<0$)理解为从金属内电子态向 $k_x<0$ 真空 Volkov 态的跃迁过程,而此跃迁过程不满足空间反演对称性。事实上,在 4.2 节中我们已经看到 N 光子 Volkov 边带(见图 4.2)的相位为 $N\phi$(见式(4.18))。因此,粗略地讲,比如对 $2\hbar\omega_0 < W < 3\hbar\omega_0$ 的情形,来自激光光谱中高能量部分的双光子吸收效应($N=2$)会与来自激光光谱中

高能量部分的三光子吸收效应($N=3$)发生干涉作用,这有些类似于我们在3.5 节的讨论,但反演对称性有所不同。此干涉作用将形成一差相为 ϕ 的拍频,因而其周期为 2π。反之,对于 $k_x=0$ 的情形,由式(4.22)知此时只出现偶数阶 Volkov 边带。因而,此时形成的拍频的差相将是 2ϕ,所以其振荡周期将是 π 而非 2π。因此,正如在上面已经指出的那样,此系统构型下空间反演对称性的破坏将扮演着极其重要的角色。

第 6 章
传 播 效 应

在实际的理论计算中,往往不仅要知道气体或固体样品在外场激励下的非线性光学极化强度,而且也要考虑所及样品相应的光发射场。同时,此发射过程也将受到群速色散、再吸收效应、样品界面反射及其所致驻波效应、相位匹配、级联过程、自聚焦或自散焦效应、折射效应以及 Gouy 相位等因素的影响。通常情况下,能够准确描述此复杂物理过程的解析解是不存在的。在下面的论述中,我们将首先讨论一维平面波近似下常用的两类描述方法:基于时域有限差分算法(FDTD)的精确数值解描述,以及常用的慢变包络近似法(SVEA)[5,6],此方法在一定条件下可以作近似通用化[154]。后者是传统非线性光学中众所周知的方法,而前者则通常适用于极端非线性光学。针对半导体实验的一维时域有限差分计算实例将在 7.1.2 和 7.2 节给出,有关相位匹配的问题将在 7.5 节和 8.1 节中分别结合圆锥形谐波产生和高阶谐波产生过程予以详述,其中相关计算均将基于慢变包络近似法。在本章 6.3 节中,我们将通过 Gouy 相位讨论横向光束轮廓对疏周期脉冲载波包络偏移相位的影响,有关幅度谱和脉冲包络的物理意义将在 6.4 节中给予介绍。

6.1　非线性麦克斯韦方程的数值解

这一节的目的是为了说明,至少在一维问题上,非线性麦克斯韦方程的准确数值解实际上是相当简单的。在基于 FDTD 进行麦克斯韦方程的数值求解方面,可参阅附录 B 文献[155]以查阅更翔实的评论。

考虑一沿 z 方向传播的平面电磁波,其电场 $\boldsymbol{E}$ 和磁场 $\boldsymbol{B}$ 分别沿 x 和 y 方向。此时,麦克斯韦方程式(2.4)可简化为如下两个耦合的一阶偏微分方程

$$\frac{\partial \boldsymbol{E}(z,t)}{\partial z} = -\frac{\partial \boldsymbol{B}(z,t)}{\partial z} \tag{6.1}$$

$$\frac{\partial \boldsymbol{H}(z,t)}{\partial z} = -\frac{\partial \boldsymbol{D}(z,t)}{\partial z} \tag{6.2}$$

在非磁性介质中,我们进一步可得 $\boldsymbol{B}(z,t) = \mu_0 \boldsymbol{H}(z,t)$、$\boldsymbol{D}(z,t) = \varepsilon_0 \boldsymbol{E}(z,t) + \boldsymbol{P}(z,t)$,其中 $\boldsymbol{P}(z,t)$ 为介质极化强度。

为了能在计算机上分析处理此初值问题,我们将空间和时间分别按照如下关系式进行离散化:

$$\boldsymbol{E}_{M,N} = \boldsymbol{E}(M\,\Delta z, N\,\Delta t) \tag{6.3}$$

$$\boldsymbol{H}_{M,N} = \boldsymbol{H}(M\,\Delta z, N\,\Delta t) \tag{6.4}$$

$\boldsymbol{P}$ 亦可作同样处理。其中 M 和 N 为整数,时间步长 Δt 和空间步长 Δz 应足够小,这些参数的设置标准将在下面给予详细讨论。文献[156]所述方法的核心思想是:将电场和磁场的相邻离散点在空间与时间域上分别间隔 $\Delta z/2$ 和 $\Delta t/2$(见图 6.1)。这使得在空间电磁场的计算中可采用简单的迭代方法:用有限分式代替式(6.1)中的偏微分值,即得

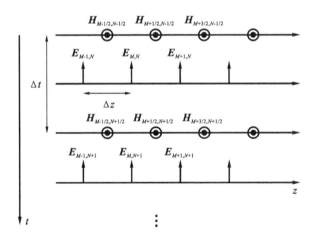

图 6.1　一维 FDTD 离散化及迭代机制的图示说明

注:其中空间步长为 Δz,时间步长为 Δt,M 和 N 为整数,电场 $\boldsymbol{E}$ 平行于 x 方向,磁场 $\boldsymbol{H}$ 平行于 y 方向(垂直于纸面向外),波沿 z 方向传播。

$$H_{M+\frac{1}{2},\,N+\frac{1}{2}} = H_{M+\frac{1}{2},\,N-\frac{1}{2}} - \frac{\Delta t}{\mu_0 \Delta z}(E_{M+1,\,N} - E_{M,\,N}) \tag{6.5}$$

在一些时间点上,空间所有位置处的电场和磁的初始值必须为已知量。如果已知式(6.5)等号右边相关磁场和电场分别在 $t=(N-1/2)\Delta t$ 和 $t=N\Delta t$ 时刻的量值,则 $t=(N+1/2)\Delta t$ 时刻、$z=(M+1/2)\Delta z$ 空间位置点的磁场可据此式得出。与此相应,由(6.2)也可得出

$$E_{M,\,N+1} = E_{M,\,N} - \frac{\Delta t}{\varepsilon_0 \Delta z}(H_{M+\frac{1}{2},\,N+\frac{1}{2}} - H_{M-\frac{1}{2},\,N+\frac{1}{2}}) - \frac{1}{\varepsilon_0}(P_{M,\,N+1} - P_{M,\,N})$$

$$\tag{6.6}$$

在上式的右边,$t=(N+1/2)\Delta t$ 时刻的磁场及 $t=N\Delta t$ 时刻的电场和极化率在计算时均是已知量,此时需要求解的量为位置 $z=M\Delta z$ 处的电场值 $E_{M,\,N+1}$ 和极化强度 $P_{M,\,N+1}$。在真空中有 $P=0$,$E_{M,\,N+1}$ 可通过直接计算而得;而在极化强度满足 $P=\varepsilon_0 \chi E$ 关系的线性光学介质中,如果将相关描述理论中的真空极化率 ε_0 替换为 $\varepsilon \varepsilon_0$,则此时参量 P 将消失。在非线性光学中,P 通常是 E 的非线性函数。例如,如果考虑二阶非线性介质 $P=\varepsilon_0 \chi^{(2)} E^2$,则易得 $P_{M,\,N+1} = \varepsilon_0 \chi^{(2)} E_{M,\,N+1}^2$。此时式(6.6)为 $E_{M,\,N+1}$ 的二次方程,由此便可求得 $t=(N+1)\Delta t$ 时刻所有位置坐标 $z=M\Delta z$ 处的电场量值,借助式(6.5)进而可得 $t=(N+3/2)\Delta t$ 时刻的磁场分布,最终完成迭代算法求得全空间场分布。由电场强度 E 和磁场强度 H 参数,可直接求得坡印亭矢量 $|S|=|E\times H|=EH$,因此也可进而求得光强度 I(见 2.2 节)。

通常情况下,空间步长 Δz 的选择应小于介质最小波长的十分之一,时间步长 Δt 应小于 $\Delta z/v_{\text{phase}}^{\max}$。这里 $v_{\text{phase}}^{\max}$ 为所及问题中能预计的最大相速度。

在实际的模拟计算中,模拟区域空间边界必须给予充分考虑,以避免由边界导致的伪像的出现。理论上,如果模拟区域足够大,则空间边界处人为引入的反射会被延迟相当长的时间。但是,此方法在非常有效的同时也相当耗时。一种耗时更少且更为简洁的方法是,通过设置所谓的吸收边界条件[157]或者采用投影算符技术[158]以抑制此类来自边界处的反射过程,本书给出的一些计算结果都是采用后者而得到的。另外,投影算符技术也适用于从介质一端输入光脉冲的情形。

在极端非线性光学机制下,激光焦点处的三维矢量麦克斯韦方程的完整 FDTD 解目前还没有见诸文献。但是,借助当前已经投入应用的高性能计算

机,此问题的求解应该不成问题。

6.2 慢变包络近似

在传统非线性光学机制中,光极化强度的包络在光场周期时间尺度内的变化非常小,这个事实已是旋转波近似的基础。同时,此机制下光极化强度包络在光场波长空间尺度内的变化也非常小——此结论依赖于所考虑介质中偶极子的密度。依据波方程式(2.10)可知,光极化强度包络在时间和空间上的慢变化特性,最终将转化为电场包络随时间和空间的慢变化特性。

这里我们将扼要阐述波方程的已知解。此处依然考虑沿 z 方向传播的一维平面波的情形。假设波方程式(2.10)的解为

$$E(z, t) = \sum_{N=1}^{\infty} \frac{1}{2} \widetilde{E}_N(z, t) e^{i(K_N z - N\omega_0 t - N\phi)} + c.c. \tag{6.7}$$

将 c_0 替换为 $c(N\omega_0)$ 以描述光极化中的线性极化部分。通常情况下,这将导致一无限多组耦合的波方程。然而,如果我们做如下假设:N 阶谐波主要来自于基频光场,且不是通过级联过程(如其他阶谐波的混频效应等);光极化可如式(2.37)所示的那样由非线性光学极化率表示,基频光场 $E(z,t) = \widetilde{E}_1 \cos(K_1 z - \omega_0 t - \phi)$;基频光场及高阶谐波场在介质中的吸收可忽略,那么上述问题的求解将得到极大程度上的简化。而且慢变包络近似的本质是,在保证获得有效解的前提下,尽可能多地忽略光场包络 $\widetilde{E}_N$ 对时间和空间的微分。忽略波方程等式右边所有光场包络对时间的微分项,仅考虑等式左边光场包络对空间的一阶微分项,可得

$$2i K_N e^{iK_N z} \frac{\partial \widetilde{E}_N(z, t)}{\partial z} = -\mu_0 (N\omega_0)^2 \varepsilon_0 \, \widetilde{\chi}^{(N)} \widetilde{E}_1^N e^{iNK_1 z} \tag{6.8}$$

其中色散关系为

$$c(N\omega_0) = \frac{N\omega_0}{K_N} \tag{6.9}$$

这里,我们已将所有阶数不低于 N 的非线性极化率 $\chi^{(M)}$($M = N, N+1, \cdots$)对 N 阶高阶谐波产生过程的贡献合并为一有效非线性极化率 $\widetilde{\chi}^{(N)}$。注意式(6.8)中没有出现基频光场载波包络偏移相位 ϕ,这是由于在上述假设下各高阶谐波谱分量在频率空间是不可能交叠的,因而光场包络 $\widetilde{E}_N(z, t)$ 对基频光场载波-包络偏移相位的依赖性并没有出现。

对阶数 $N \geqslant 2$ 的高阶谐波,其初始条件为 $\widetilde{E}_N(z=0,\, t)=0$。假设强度为 I 的入射基频光场传播过程中不存在畸变和信号衰竭(强度计算可参阅式(2.16)),介质厚度为 l,则据式(6.8)可直接求得第 N 阶高阶谐波分量的强度 I_N 如下:

$$I_N = \frac{1}{2}\sqrt{\frac{\varepsilon_0}{\mu_0}}\,|\,\widetilde{E}_N(z=l,t)\,|^2$$

$$= \left(\mu_0\,\frac{(N\omega_0)^2}{2K_N}\varepsilon_0\,\widetilde{\chi}^{(N)}\right)^2\left(2\sqrt{\frac{\varepsilon_0}{\mu_0}}\right)^{N-1}I^N l^2\,\mathrm{sinc}^2\left(\frac{\Delta K l}{2}\right) \qquad (6.10)$$

式中,$\mathrm{sinc}(X) = \sin(X)/X$,波矢失配量为

$$\Delta K = NK_1 - 1K_N = N\omega_0\left(\frac{1}{c(\omega_0)} - \frac{1}{c(N\omega_0)}\right) \qquad (6.11)$$

如果基频光场和高阶谐波场的速度 $c(\omega_0)$ 与 $c(N\omega_0)$ 相等,那么我们可得 $\Delta K = 0$,也即达到相位匹配。此时因 $\mathrm{sinc}(0)=1$,谐波强度随介质厚度 l 呈现平方增加变化关系。如果不满足相位匹配条件,则谐波强度首先随 l 线性增加,接着在 $\Delta K\, l \approx \pi$ 处急剧下降,而在 $\Delta K\, l = 2\pi$ 时谐波强度严格为 0。这是如下两部分 N 阶谐波分量相消干涉的结果:一部分来自于基频场在介质输出端面以前的部分中传输时所产生的所有 N 阶谐波分量,这些谐波随之以相速度 $c(N\omega_0)$ 向介质后面部分传输;另一部分则来自于基频场在介质输出端面处所产生的 N 阶谐波分量,其中基频场在介质中传输时的相速度为 $c(\omega_0)$。相位匹配条件确定了 N 阶谐波相干长度为

$$l_{\mathrm{coh}}(N) = \frac{\pi}{|\Delta K|} \qquad (6.12)$$

在本书中,对外现为二阶谐波的三阶谐波产生过程相关的半导体实验来说,此相干长度可短至几个微米(见 7.2 节);对源自气体阀的高阶谐波,其相干长度依赖于气体压强,通常在几十个微米量级(见实例 8.1);对具备色散调制特性的充气玻璃毛细管情形(见 8.1.2 节),相干长度可接近毫米量级;而对调制毛细管中相位匹配的情形,其长度则可高达厘米量级(见 8.1.3 节)。

6.3　Gouy 相位和载波-包络相位

在本章迄今为止的讨论中,我们仅涉及了一维平面波近似下的光传播问题。然而,在光束聚焦透镜的焦点处,光束横向轮廓也能导致一些值得引起注意的效应的出现。这里,我们仅讨论对疏周期激光脉冲的整饰效应,特别是对激光脉冲载波-包络偏移相位的影响。相对于线性光学而言,与光场载波-包络

偏移相位有关的现象则往往属于极端非线性光学范畴。此处所要讨论的情形与 2.3 节所述的是不同的：对后者，光场载波-包络偏移相位的变化起因于材料本身的色散；而前者则属于纯粹拓扑学范畴，也即，光场载波-包络偏移相位变化即使在真空中也存在。在接下来的论述中，我们将首先再一次探究 Gouy 相位内在的物理本质，接着探讨 Gouy 相位和载波包络偏移相位的联系。

6.3.1 Gouy 相位回顾

依照常用的方法，当用透镜或者球面镜聚焦一束沿 z 方向传播的基模高斯激光束时（可参见图 6.2），在菲涅耳近似下，频率为 ω 的光电场横向分量（如 x 分量）的横向轮廓可表示如下[159]：

$$E(r,\,t) = \frac{\widetilde{E}_0}{2} \frac{w_0(\omega)}{w(z,\omega)} \exp\left(\mathrm{i} \frac{|\boldsymbol{K}|}{2} \frac{x^2+y^2}{\mathcal{R}(z,\omega)}\right) \mathrm{e}^{\mathrm{i}(|\boldsymbol{K}|z-\omega t-\varphi_\mathrm{G}(z,\omega))} + c.c.$$
(6.13)

这里，复数曲率半径 $\mathcal{R}(z,\omega)$ 与实数曲率半径 $R(z,\omega)$ 及横向高斯轮廓宽度 $w(z,\omega)$ 之间的关系为

$$\frac{1}{\mathcal{R}(z,\omega)} = \frac{1}{R(z,\omega)} + \mathrm{i} \frac{1}{w^2(z,\omega)} \frac{2}{|\boldsymbol{K}|}$$
(6.14)

其中

$$R(z,\omega) = z + \frac{z_\mathrm{R}^2(\omega)}{z}$$
(6.15)

$$w^2(z,\omega) = w_0^2(\omega)\left[1 + \left(\frac{z}{z_\mathrm{R}(\omega)}\right)^2\right]$$
(6.16)

$w(0,\,\omega) = w_0(\omega)$ 为激光束腰，而

$$z_\mathrm{R}(\omega) = \frac{w_0^2(\omega)}{2c_0}\omega$$
(6.17)

为频率 ω 处的瑞利长度。式(6.13)已采用了合适的归一化，以使得激光束焦点横向 $r=0$ 处的峰值电场强度即为 $\widetilde{E}_0$。由此可得，对所有的 z 坐标都有

$$\int_{-\infty}^{+\infty}\int_{-\infty}^{+\infty} \langle E^2(r,\,t)\rangle \,\mathrm{d}x\mathrm{d}y = \frac{1}{4}\widetilde{E}_0^2\,\pi\,w_0^2(\omega) = \left(\frac{\widetilde{E}_0}{2\sqrt{\ln(\sqrt{2})}}\right)^2 \pi\,r_\mathrm{HWHM}^2$$
(6.18)

其中，$\langle\cdots\rangle$ 表示物理量的周期平均量值。在式(6.18)最后一步求解过程中，我们引入了高斯激光束强度轮廓半径参数 r_HWHM，也即其半峰值半宽。这个参数我们在后面章节中也将用到（见 7.1 节）。最后，同时也是最重要的是，

式(6.13)中的相移

$$\varphi_{\mathrm{G}}(z,\omega) = \arctan\left(\frac{z}{z_{\mathrm{R}}(\omega)}\right) \tag{6.19}$$

即是所谓的 Gouy 相位。虽然这是个一个多世纪以来已众所周知的物理量[160,161],但对其透彻理解目前依旧是个难题[162]。直观地讲,依据测不准关系可知,$z=0$ 焦点处较小的激光束腰(见图 6.2)将对应着较宽的光场横向动量分布。由于对任意给定的频率 ω,光场波矢的模为常数 $|\boldsymbol{K}| = \sqrt{K_x^2 + K_y^2 + K_z^2}$ $= \omega/c_0$,所以横向动量的宽分布将极大地减小 z 方向动量分量 K_z。当光场沿 z 方向传播时,光束在横向扩展,同时其横向动量分布变窄、轴向动量分量增加,直至当 $|z| \to \infty$ 时达到 $K_z(z) = |\boldsymbol{K}|$。$z$ 方向动量分量在光束横向轮廓范围内的平均值被称为传播常数 $K_z^{\mathrm{eff}}(z)$[162],则在从 $-\infty$ 向位置 z 传播的过程中,此高斯光场相对平面波的获得相位为

$$\int_{-\infty}^{z} \left(|\boldsymbol{K}| - K_z^{\mathrm{eff}}(z') \right) \, \mathrm{d}z' = \varphi_{\mathrm{G}}(z, \omega) \tag{6.20}$$

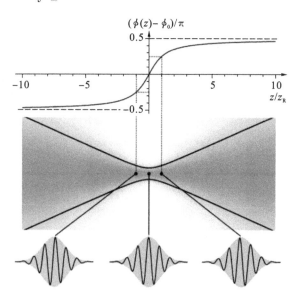

图 6.2　光场分布

注:图的上部为载波-包络偏移(CEO)相位 ϕ 随传播位置坐标 z 的变化关系,其中 z 以式(6.22)所述瑞利长度 $z_{\mathrm{R}}(\omega_0)$ 为单位;$\phi_0 = \phi(0)$ 为相位偏置。图的中部为由式(6.16)给出的高斯光束轮廓。图的下部分别为 CEO 相位为 ϕ_0 时三个轴上位置处相应的电场描述 $E(t) = \tilde{E}(t)\cos(\omega_0 t + \phi)$。在正负单位瑞利长度范围内,CEO 相位变化了 $\pm\pi/4$,此 $\pi/2$ 相位变化将导致显著不同的结果(可参阅图 5.2 和图 5.6)。灰色区域为脉冲包络 $\tilde{E}(t)$[269]。

6.3.2　Gouy 相位对载波-包络相位的影响

如果 $\varphi_G(+\infty, \omega) - \varphi_G(-\infty, \omega) = \pi$,那么这意味着高斯光束在从 $-\infty$ 至 $+\infty$ 传播过程中,其相位传播较平面波快了半个光周期。因而相速度是超光速参量,尤其在光束焦点附近[①];而在另一方面,光场平均群速度则是非超光速的。正是这种相速度和群速度之间的差异才导致了光场载波-包络偏移相位 ϕ 的变化(见 2.3 节)。

为进一步深入讨论,我们需要确定相关的边界条件。为通过 Gouy 相位 $\varphi_G(z, \omega)$ 求得载波-包络偏移相位 $\phi(z)$,我们需要知道瑞利长度 $z_R(\omega)$,这最终归结为参量 $w_0(\omega)$ 的求解。激光束腰显然依赖于光束到达聚焦透镜时的横向宽度 $w(z_f, \omega) = w_f(\omega)$。需要特别指出的是,通常情况下有 $z_f \gg z_R(w_0)$。这里,我们区别讨论了三类情形,概括于表 6.1 中。

表 6.1　后续将讨论的三类情形概览

序号	束腰 w_0	透镜处光束宽度 w_f	瑞利长度 z_R	焦平面
(i)	$\propto 1/\omega$	$\propto$ 常量	$\propto 1/\omega$	$v_{group} = v_{phase} \geqslant c_0$
(ii)	$\propto 1/\sqrt{\omega}$	$\propto 1/\sqrt{\omega}$	$\propto$ 常量	$v_{group} = c_0 \leqslant v_{phase}$
(iii)	$\propto$ 常量	$\propto 1/\omega$	$\propto \omega$	$v_{group} \leqslant c_0 \leqslant v_{phase}$

情形(i)中,激光束在透镜处的光束宽度与光场频率无关,这对应于理想激光束[163]。情形(ii)中[164-166],透镜处束宽与光场频率有关,但是与其他两类情形不同的是,由于光束瑞利长度的频率无关特性,因此当此模式激光束在空间存在尺寸扩展时,其光场相对频率分布并不发生变化。尽管此论述乍看起来类似数学上的奇谈,但相关讨论已经得到证实:此情形相当于开放电磁腔中的常态时空模——为使短脉冲在电磁腔两球面镜之间来回周期性振荡,所有频率分量电磁波在镜面处的曲率半径都要与镜面相匹配。由式(6.15)和式(6.17)可得 $z_R(\omega) =$ 常量、$w_0(\omega) \propto 1/\sqrt{\omega}$。而在情形(iii)中[167],激光束腰与频率无关,此为理想聚焦情况。例如,如果使激光脉冲通过针孔等空间过滤器后重新进行上述光束变换,则光束状态将类似于此情形。

为计算轴上$(x = y = 0)$电场变化与传播位置 z 之间的关系,我们仅需要将

---

①　当电磁波穿越一尺寸小于波长的孔径(光子隧穿效应)或工作频率接近其截止频率的空芯波导时,同样也会出现超光速相速度。

式(6.13)对频率分量求积分即可,也即

$$E(0,0,z,t)=\frac{1}{\sqrt{2\pi}}\int_0^\infty \frac{E_+(\omega)}{\sqrt{1+\left(\frac{z}{z_R(\omega)}\right)^2}}\mathrm{e}^{\mathrm{i}(|K|z-\omega t-\varphi_G(z,\omega))}\mathrm{d}\omega+c.c.$$

$$(6.21)$$

式中,$E_+(\omega)$为光束焦点处 $r=0$ 点电场傅立叶变换的正频率部分。这里我们默认将光场分解为载波和包络的假定这一做法依然是有意义的(实例2.4)。若光电场为 $E(t)=\tilde{E}_0\cos(\omega_0 t+\phi_0)$,则 $E(\omega)=E_+(\omega)+E_-(\omega)=\tilde{E}_0/2\sqrt{2\pi}$ $(\mathrm{e}^{-\mathrm{i}\phi_0}\delta(\omega-\omega_0)+\mathrm{e}^{+\mathrm{i}\phi_0}\delta(\omega+\omega_0))$,基于此,在 $\omega=\omega_0$ 及 $\phi_0=0$ 时即可得到式(6.13)。通常情况下,式(6.21)需用数值求解的方法得出最终结果。对上述情形(ii)而言,有 $z_R(\omega)=z_R(\omega_0)$。据此进而可得 $\varphi_G(z,\omega)=\varphi_G(z,\omega_0)$。至此显然可知(参见2.3节、实例2.4、问题2.5或者3.5节中的双色场情形),Gouy 相位因子直接决定着光脉冲在位置 z 处的载波-包络偏移相位 $\phi(z)$,也即

$$\phi(z)-\phi_0=\varphi_G(z,\omega_0)=\arctan\left(\frac{z}{z_R(\omega_0)}\right) \qquad (6.22)$$

其中 $\phi_0=\phi(0)$ 是一个依赖于初始条件的相移,其依赖性已在图6.2中给予阐述。相关的动画演示可参阅附录B文献[168]。

情形(i)与(iii)之间并没有太大的差异。对上述三种情形而言,除了由幅度谱改变引起的脉冲包络整形之外(见6.4节),对所有的频率而言,位置 $z=-\infty$、$z=0$ 和 $z=+\infty$ 处的 Gouy 相位以及与之相关的载波-包络偏移相位都是严格相同的,彼此之间的差异仅出现在焦点区域的载波-包络偏移相位形状方面($\phi(z)-\phi_0$)。为避开此处复杂的数值计算,我们应分别对相速度和群速度进行详细分析。据式(6.20)可得相速度的通用表达式如下:

$$v_{\text{phase}}(z)=\frac{\omega}{K_z^{\text{eff}}}=\frac{\omega}{\frac{\omega}{c_0}-\frac{\partial}{\partial z}\varphi_G(z,\omega)} \qquad (6.23)$$

对上述三类情形,在载波频率 ω_0 处式(6.23)可进一步化为

$$v_{\text{phase}}(z)=\frac{c_0}{1-\frac{c_0}{z_R(\omega_0)\omega_0}\mathcal{L}(z)}\geqslant c_0 \qquad (6.24)$$

式中,洛伦兹分布($\mathcal{L}(0)=1$)可缩写为

$$\mathcal{L}(z)=\frac{1}{1+\left(\frac{z}{z_R(\omega_0)}\right)} \qquad (6.25)$$

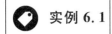 **实例 6.1**

假定聚焦透镜前端面处激光束束宽 $w_f = 1$ mm,透镜焦距 $z_f = 10$ cm,光场载波波长 $\lambda = 0.8\ \mu m = 2\pi c_0/\omega_0$。由此可得:激光束腰 $w_0 = 25.5\ \mu m$,瑞利长度 $z_R(\omega_0) = 2.5$ mm。由式(6.24)可知,焦点 $z = 0$ 处的相速度 $v_{phase}/c_0 = 1.00005$,也即较真空光速大 5×10^{-5}。

群速度的通用表达式为

$$v_{group}(z) = \frac{\partial \omega}{\partial K_z^{eff}} = \frac{1}{\dfrac{\partial}{\partial \omega}\left(\dfrac{\omega}{c_0} - \dfrac{\partial}{\partial z}\varphi_G(z,\omega)\right)} \tag{6.26}$$

如果将导数限定在载波频率 ω_0 处,则有

$$v_{group}(z) = \frac{c_0}{1 - \mathcal{F}\dfrac{c_0}{z_R(\omega_0)\omega_0}\mathcal{L}(z)(1 - 2\mathcal{L}(z))} \tag{6.27}$$

其中,对上述情形(i)、(ii)和(iii),因子 $\mathcal{F}$ 分别为 -1、0 和 $+1$(也可参阅表 6.1 的右边一列)。此依赖关系如图 6.3 所示。对情形(i)和(iii),群速度曲线在位置 $z/z_R(\omega_0) = \pm 1$ 处与光场真空速度曲线 c_0 相交。另外,由图我们也可推知,上述三种情形在 $z = 0$ 焦平面处载波包络偏移相位的斜率是不同的。对情形(i)和情形(iii)而言,群速度随着传播位置 z 而变化,这使得光场在从 $z = -\infty$ 向 $z = +\infty$ 的传播过程中,其非超光速参量群延迟与光场为平面波时完全相同。这一点可从下述物理事实中得到证明:根据式(6.19),当光场从 $z = -\infty$ 传播至 $z = +\infty$ 时,其所有频率分量均经历了量值为 π 的相位跃变,也即具体体现为电场 $E(t)$ 的符号出现了反转,这等价于光场载波-包络偏移相位出现了 π 相位跃变。

π 相位跃变现象已在时域中从单周期 THz 脉冲里观察到了[169],相关结果也可参阅附录 B 文献[170]。在光学机制下,已在实验上通过原子阈上电离观察到了相位 $\phi(z)$ 的变化[171](见第 5 章)。如果非线性介质位于疏周期光脉冲的聚焦点处,且介质厚度大于光束瑞利长度,则此时必须考虑介质中光场载波-包络偏移相位 ϕ 随传播距离 z 的变化关系。显然这将导致相对载波-包络偏移相位的平均效应,并最终弱化载波-包络偏移相位效应、降低射频谱上载波-包络偏移频率 f_ϕ 处谱峰的高度。但此类源自 Gouy 相位的影响在第 7 章

概述的固态实验中并没有如此显著,其原因是因为所述实验中使用的样品厚度要远小于瑞利长度(唯一例外的是 7.2 节中提及的厚 ZnO 晶体)。Gouy 相位的影响可能与源自气体阀(8.1.1 节)或相对论性非线性汤姆森散射效应(8.2 节)的高阶谐波产生过程有关。在这两种情形中,气体阀的尺度往往可与作用光场的瑞利长度相比拟。另外,与 Gouy 相位相关的效应也将影响充气中空波导中的相位匹配条件(8.1.2 节)。沿用本节的分析思路来讲,此情况下 Gouy 相位是位置 z 的线性函数,这使得其传播常数 K_z^{eff} 与 z 无关(参阅式(6.20))。如果激光脉冲以一定角度入射到介质表面——比如金属表面——来产生光发射现象(见 5.5 节),此时光场载波-包络偏移相位的变化 $\phi(z)$ 必须予以考虑。即使在传统非线性光学机制下,基频光场 Gouy 相位与 N 阶谐波场之间的差异也能显著地影响到相位匹配条件的实现[9]。

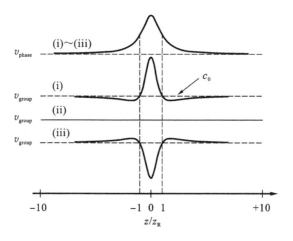

图 6.3 群(相)速度随传播位置的变化而变化

注:图 6.3 为由式(6.24)和式(6.27)给出的相速度和群速度随传播位置 z 的变化而变化的关系图,其中 z 以瑞利长度 $z_R(\omega_0)$ 为单位,三种情况(i)~(iii)分别如表 6.1 所示。图中水平虚线表示的是真空光速 c_0,对 c_0 的最大相对偏移由无量纲量 $c_0/(z_R(\omega_0)\,\omega_0) \ll 1$ 表征,见实例 6.1。

但事实上,对真实实验详细的理论描述较上述所做分析要复杂得多。比如,在实验中通常要得到小的光场聚焦点,为此常使光束尺寸大于透镜(或球面镜)通光孔径尺寸,因而在聚焦透镜后端面处光束横向轮廓实质为截断高斯型[172]而非由式(6.13)描述的高斯型。如此一来,上述讨论所基于的光束传播过程中相对于 $z=0$ 焦平面的对称性将不复存在[172]。另外值得注意的一点是,在上述讨论中我们已完全忽略了聚焦透镜的球差和色差,而在实际的理论分析中这是必须考虑的。

6.4 幅度谱的整形

在本节下面的论述中,我们将通过式(6.21)中的因子 $1/\sqrt{\cdots}$ 详细探究幅度谱的变化,最终阐明光脉冲时域包络随传播位置 z 的变化而变化的关系,同时也给出光脉冲包络与径向坐标 $r=\sqrt{x^2+y^2}$ 的依赖关系。下面我们将首先讨论后者。

1) 情形(i)

在此情形中,焦距满足条件 $z_{\mathrm{f}} \gg z_{\mathrm{R}}(\omega_0)$,透镜处光束宽度 $w(z_{\mathrm{f}}, \omega)=w_{\mathrm{f}}$ 与频率无关。因此可将参数光束束腰做如下表述

$$w_0(\omega)=\frac{z_{\mathrm{f}} 2 c_0}{w_{\mathrm{f}} \omega}=w_0(\omega_0) \frac{\omega_0}{\omega}=: w_0 \frac{\omega_0}{\omega} \tag{6.28}$$

我们首先考虑高斯型入射光脉冲的例子。设时域光场为 $E(t)=\widetilde{E}(t)\cos(\omega_0 t+\phi)$,其中包络 $\widetilde{E}(t)=\widetilde{E}_0 \exp[-(t/t_0)^2]$,则透镜前端面处轴上激光谱的正频率部分为(可参阅实例 2.4)

$$E_+(\omega)=\frac{\widetilde{E}_0}{\sigma \sqrt{2}} \mathrm{e}^{-\frac{(\omega-\omega_0)^2}{\sigma^2}} \mathrm{e}^{-\mathrm{i}\phi} \tag{6.29}$$

其中 $\sigma=2/t_0$ 是激光谱宽。焦平面处($z=0$)的激光谱为

$$\begin{aligned}
E_+(r, \omega) &=\frac{\widetilde{E}_0}{\sigma \sqrt{2}} \frac{w_{\mathrm{f}}}{w_0(\omega)} \mathrm{e}^{-\frac{r^2}{w_0^2(\omega)}} \mathrm{e}^{-\frac{(\omega-\omega_0)^2}{\sigma^2}} \mathrm{e}^{-\mathrm{i}(\phi+\frac{\pi}{2})} \\
&=\frac{\widetilde{E}_0}{\sigma \sqrt{2}} \frac{w_{\mathrm{f}} \omega}{w_0 \omega_0} \mathrm{e}^{-\frac{[\omega-\widetilde{\omega}_0(r)]^2}{\widetilde{\sigma}^2(r)}} \underbrace{\exp\left(-\frac{r^2}{w_0^2} \times \frac{1}{1+\frac{r^2 \sigma^2}{w_0^2 \omega_0^2}}\right)}_{\text{仅是}r\text{的函数}} \mathrm{e}^{-\mathrm{i}(\phi+\frac{\pi}{2})}
\end{aligned} \tag{6.30}$$

这里我们已计算了由 Gouy 相位导致的光场载波-包络偏移相位的变化,且在最后一步引入了如下缩写:

$$\frac{1}{\widetilde{\sigma}^2(r)}=\frac{1}{\sigma^2}\left(1+\frac{r^2 \sigma^2}{w_0^2 \omega_0^2}\right) \tag{6.31}$$

与

$$\widetilde{\omega}_0(r)=\frac{\omega_0}{1+\frac{r^2 \sigma^2}{w_0^2 \omega_0^2}} \leqslant \omega_0 \tag{6.32}$$

显然,高斯光场的有效中心频率随着 r 的增加而逐渐向低频移动。此效应对参数 σ^2/ω_0^2 较大时愈发显著,也即在更短的光脉冲时更显著。但激光谱与频率之间存在着 $E_+(r,\omega)\propto\omega$ 关系,这将在一定程度上抵消有效中心频率下移效应,并导致轴上激光谱向高频移动。同时,在远离光轴 $r=0$ 的部分,有效光谱宽度 $\tilde{\sigma}(r)$ 随着 r 的增加而减小。

对单周期光脉冲情形,也即 $\sigma/\omega_0=2/(t_0\omega_0)=2\sqrt{\ln\sqrt{2}}/\pi=0.3748$(可与实例 2.4 做比较),$\left|\sqrt{r}E_+(r,\omega)\right|$ 量值如图 6.4 所示。这里选择绘制此参数值的原因是:在极坐标下其平方对 r 的积分正比于总功率谱。换句话说,我们可以从中估算各径向贡献的权重比例。图 6.5 给出了倍频程方形激光谱的情形。

直观地讲,这些相当弱的效应同样也源于折射效应的频率依赖性。焦平面处基频激光谱的径向变化无疑将导致谐波分量的变化,同时也将影响激光脉冲自相关测量过程或所谓的频率分辨光学选通法(FROG)的细节,即使测量过程中使用的是非常薄的倍频晶体。

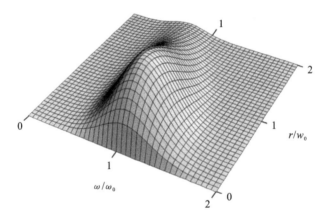

图 6.4　高斯激光脉冲高斯型束轮廓在焦平面处的电场的模 $\left|\sqrt{r}E_+(r,\omega)\right|$ 随光谱频率 ω
的变化关系

注:其中频率以激光载波频率 ω_0 为单位,径向位置坐标 r 以光束束腰 $w_0=w_0(\omega_0)$ 为单位。相关参数为 $\sigma/\omega_0=0.3748$,等价于单周期光脉冲。应注意的是,$r/w_0=0$ 处的光谱相对于 $\omega/\omega_0=1$ 出现了蓝移,而 $r/w_0=2$ 处的光谱相对于 $\omega/\omega_0=1$ 则出现了红移。对包含多个光场周期的光脉冲而言,此光谱的径向变化已不复存在。实际上,对于两个周期的高斯光脉冲,此径向变化特性已几乎不可辨别(这里没有示出)。

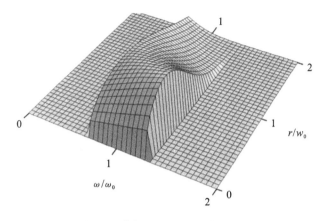

图 6.5　倍频程方形激光谱的情形

注:图 6.5 类同图 6.4,但考虑的是具有一倍频程光谱范围的方形入射光谱。这里光谱整形现象更加显著。

2) 情形(ii)

对此情形且采用如情形(i)中所用的高斯脉冲,则可得

$$\tilde{\sigma}(r)=\sigma \tag{6.33}$$

与

$$\tilde{\omega}_0(r)=\omega_0\left(1-\frac{1}{2}\frac{r^2\sigma^2}{w_0^2\omega_0^2}\right) \tag{6.34}$$

也即,其定性变化特性与情形(i)相同。由于瑞利长度与频率无关,所以轴上电场包络或激光谱的形状完全不随传播位置 z 而变化。

3) 情形(iii)

此情形中焦点处束腰的频率无关性显然意味着,入射的高斯激光束在透镜前端面处的脉冲包络随径向坐标而变化(如情形(ii))。在这个假设下,我们能够消除焦点处脉冲包络的径向变化(通过结构的改变),但轴上电场沿 z 的变化依然存在(可参阅式(6.21)中的 $1/\sqrt{\cdots}$ 因子)。倍频程方形激光谱在焦点 $r=0$ 处的这种依赖关系如图 6.6 所示,其低频端在 $\omega=2/3\,\omega_0$ 处,而高频端在 $\omega=4/3\,\omega_0$ 处。因此,在一个瑞利长度范围内,从低频端变化至高频端时轴上强度相对变化率为 $\left(\sqrt{1+(3/2)^2}\big/\sqrt{1+(3/4)^2}\right)^2=52/25\approx2$。然而,这种变化几乎不改变激光脉冲时域强度轮廓的半峰值全宽 FWHM(请认真核实这一点!),但的确影响着脉冲两侧尾翼部分。然而,对高阶谐波过程,只有脉冲中间部分真正起作用(例如可参阅问题 2.3)。

在同时考虑上述横向效应的条件下,通过采用适于极端非线性光学机制的标量近似一阶传播方程对波动传播进行的详细讨论,我们建议读者参阅文献[135]。此类讨论对描述源于原子的高阶谐波产生过程是非常有意义的。

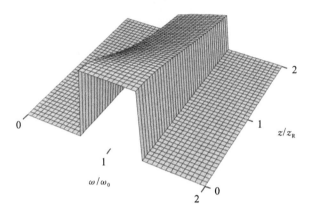

图 6.6　倍频程方形激光谱在焦点 $r=0$ 处的情形

注:图 6.6 为据式(6.21)得出的焦点处 $r=0$ 轴上电场的模 $|\boldsymbol{E}_+(0,0,z,\omega)|$ 随传播位置 z 的变化而变化的关系,其中 z 以瑞利长度 $z_R(\omega_0)$ 为单位,频率以激光载波频率 ω_0 为单位,这里仍然考虑的是具有一倍频程光谱范围的方形入射光谱。

第 7 章
半导体和绝缘体中的极端非线性光学

在固体物质中,原子按照周期性晶格(或称点阵)形式排列,晶格空间构型以晶格常数 a 来表征。固体中电子波函数的交叠使得分立原子能级之间出现了能级兼并现象,并最终形成了能带。此时固体中的电子波函数则呈现为具有特定色散关系的布洛赫波。图 7.1 为带隙为 E_g 的直接带隙半导体中此色散关系的示意图。在温度为 0 K 的条件下,半导体中的价带被电子完全占据,而导带则因无电子填充而形成完全的空带。外界光子通过两种方式与晶体电子作用:带间跃迁和带内跃迁。

1) 带间跃迁

在电子跃迁偶极矩动量不为零的条件下,外光场可以将价带中某一占有态的电子激发到导带中的某一空态。注意到光波长(μm 量级)要远远大于固体的特征晶格常数($a = 0.5$ nm),因而光波矢将远小于位于第一布里渊区边缘 $k = \pi/a$ 处的电子的波矢,则此电子跃迁过程从能带结构图上看来可近似认为是垂直跃迁。这即是说,能带结构图上价带和导带中波数同为 k 的两个态被耦合在一起。倘若仅考虑跃迁频率为 $\Omega(k)$ 的这两个态,那么这个问题无疑类似

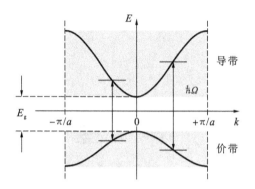

图 7.1　直接带隙半导体第一布里渊区价带和导带结构示意图

注：实际上这是一个紧束缚能带结构，也即波数 k 位于区间 $[-\pi/a, +\pi/a]$，a 为晶格常数。对每一个 k，相应的光学带间跃迁与二能级系统跃迁能为 $\hbar\Omega = E_c(k) - E_v(k)$ 的跃迁相类似。在靠近布里渊区的中心位置处，能带几乎为抛物线形且此时有效质量近似成立。E_g 为带隙能量。

于我们在 3.2 节所讨论的二能级系统的情形。基于此相似性我们可以认为，半导体带间的极端非线性光学现象正是来自于无数个彼此之间不存在耦合作用的二能级系统的贡献。实际上，第 3 章中我们正是经常将此结论应用于半导体，以描述半导体发射信号与跃迁频率 Ω 的依赖关系。但无疑的是，半导体带间的极端非线性光学分析本质上并非如此简单，相关深入讨论将在本章 7.1.4 节中展开。无论如何，此类极端非线性光学中激励光场的特征能量尺度即是拉比能 $\hbar\Omega_R$，当此能量可以与电子带间跃迁能 $\hbar\Omega$ 相比拟时，光场与半导体的相互作用才进入极端非线性光学机制，此时诸如载波拉比振荡和二阶谐波产生过程掩盖下的三阶谐波产生等物理效应都将出现。这两类物理效应将分别在 7.1 节和 7.2 节中给予论述。

为实际估算峰值拉比能 $\hbar\Omega_R = d_{cv}\widetilde{E}_0$ 的量值，我们需要知道给定波矢 k 处价带与导带之间带间跃迁的偶极矩阵元。在 $k \cdot p$ 微扰理论成立的条件下[22]，跃迁偶极矩阵元 d_{cv} 可近似认为与波矢无关，对给定的材料属性参数，其大小可由如下经验公式直接得出，即

$$|d_{cv}|^2 = \frac{\hbar^2 e^2}{2E_g}\left(\frac{1}{m_e} - \frac{1}{m_0}\right) \tag{7.1}$$

式中，m_e 为电子的有效质量，$m_0 = 9.1091 \times 10^{-31}$ kg 为电子的静止质量。

至此，如果将基于式（7.1）的拉比能表达式和由式（5.9）定义的 Keldysh 参量 γ_K（见 5.2 节）联系起来，那么下面的分析过程将变得更有物理意义。此

处 Keldysh 参量的引入意味着,我们将从价带到导带的跃迁过程视为晶态电子在激光场诱导下的势垒隧穿过程,势垒的宽度 E_b 即是半导体的带隙 E_g。据此可得

$$\frac{\hbar\Omega_R}{\hbar\omega_0}\gamma_K=\sqrt{1-\frac{m_e}{m_0}} \tag{7.2}$$

式中 $\hbar\omega_0$ 为载波光子能。式(7.2)是基于式(7.1)和式(5.9)推导得出的,同时也假定 d_{cv} 为实数并将式(5.9)中的 E_b 替换为 E_g。对 GaAs 半导体材料而言,有 $m_e/m_0=0.067$,因而式(7.2)右边的值近似为 1(实为 0.97)。对于其他诸多典型的常用半导体,尤其对本章接下来的论述中所涉及的半导体材料而言,其相应计算结果也近似为 1,因而式(7.2)可简化为

$$\frac{\hbar\Omega_R}{\hbar\omega_0}\approx\frac{1}{\gamma_K} \tag{7.3}$$

显然,式(7.3)将两个看似完全不相关的参数 Ω_R 和 γ_K 联系起来了。同时,按照 5.2 节的相关论述并应用式(5.9),我们也可在考虑其近似关系 $\Omega_R\approx\Omega_{tun}$ 的基础上将拉比频率 Ω_R 视为半导体中的电子隧穿频率 Ω_{tun}。实际上,我们在前面 5.2 节中已经注意到了此现象:通常情况下这两个常数值总是可以相比拟的。

2)带内跃迁

外界激励光场也可影响半导体导带(或价带)中的电子态。从经典力学的角度考虑,此物理实质为能带中电子的加速。在布里渊区的中心位置附近,能带近似为抛物线形结构,此近似下能带中的能态即为 Volkov 态(见 4.2 节)。当 Volkov 边带呈现相当大的强度时,半导体中的极端非线性光学效应即可出现。进一步讲,此现象只有在电子质动能 $\langle E_{kin}\rangle$ 可与载波光子能量 $\hbar\omega_0$ 相比拟的条件才能够发生。此时,半导体中的能带形成了一系列边带,边带之间的能量间隔为 $\hbar\omega_0$(如图 4.2 所示)。对给定的激励激光强度,因为电子的有效质量通常要比空穴小很多(为其量级的 1/10),因而半导体中电子相对空穴有大得多的质动能。联系图 4.2 易知,量值 $\langle E_{kin}\rangle/\hbar\omega_0$ 上的十倍差距意味着两者在其非线性光学效应方面具有极大的差异。除了能带中边带的形成,我们还可预测半导体光谱特性也将呈现相应的振荡特性——光谱图具有间隔为 $\hbar\omega_0$ 的边带。能量较低的边带位于半导体的带隙中,其存在将引起半导体带隙以下的诱导吸收现象,所有边带的贡献即构成了动态 Franz-Keldysh 效应。

那么,这里将自然产生一个问题:半导体中带间跃迁和带内跃迁究竟在怎样的条件下分别占据主导地位呢?在前面的论述中已经指出,拉比能正比于激励激光强度的平方根,而质动能则直接正比于激光强度。因而随着激光强度的增加,只要条件关系 $\hbar\Omega_R/\hbar\Omega \approx 1$ 或 $\langle E_{kin}\rangle/\hbar\omega_0 \approx 1$ 中的任何一个成立,其结果都意味着此两类跃迁中的一个将占据主导地位。由于量值 $\langle E_{kin}\rangle/\hbar\omega_0$ 反比于 ω_0^3,因而对半导体中的红外激发过程而言($\hbar\omega_0 \approx 0.1$ eV),带内跃迁的影响将是主要的。而对激励激光载波光子能量在 1.5～3.0 eV 范围、激光强度不是很高的条件下,量值 $\langle E_{kin}\rangle/\hbar\omega_0$ 通常将远小于 $\hbar\Omega_R/\hbar\Omega$,因而此时带间跃迁将占主导。这两类情形都将在本章后续章节给予论述。

与带内跃迁和质动能相关的另一方面因素是相对论效应。当电子质动能可与其有效静止能相比拟,以至于激励激光场归一化场强满足 $|\varepsilon| = 2\sqrt{\langle E_{kin}\rangle/(m_e c_0^2)} \approx 1$ 的条件时,相关相对论效应将变得非常显著。尽管此条件的满足较之条件 $\langle E_{kin}\rangle/\hbar\omega_0 \approx 1$ 的通常要求需要有高得多的激光强度,但是即便在电子速度并没有进入相对论性的机制条件下,诸如光子牵引等相关物理效应也因其特性而很容易被识别。同样,因为量值 $2\sqrt{\langle E_{kin}\rangle/(m_e c_0^2)}$ 反比于激励光场载波频率 ω_0,所以红外激励光场较容易引起显著的相对论效应。

半导体中上述各物理效应均可由彼此之间无相互作用电子的相关跃迁过程给予解释。但除此之外,半导体中的激子也能够呈现出与第 5 章所述原子的极端非线性光学非常类似的物理现象。在外界光激发形成带间跃迁之后,导带中带负电荷的电子与价带中带正电荷的空穴之间存在着库仑引力作用,此作用能够形成一类似于氢原子中电子所具有的束缚态,此即为激子。尽管激子相关方程与第 5 章相同,但其量值是不同的。半导体中激子束缚能的典型值在 10 meV 量级,而原子中电子的束缚能则在 10 eV 量级。因此,红外激发过程中的单位激子 Keldysh 参数 γ_K^X 可在相当低的激光强度下实现。在红外激励条件下,此物理机制可与上述 Volkov 边带效应相媲美。

7.1 载波拉比振荡

载波拉比振荡现象指的是,满足拉比频率 Ω_R,可与脉冲激励光场载波频率 ω_0 相比拟条件下的拉比振荡。对跃迁频率为 Ω 的二能级系统而言,当外界激励光场载波频率 ω_0 满足共振激发的条件 $\Omega/\omega_0 = 1$ 时即发生拉比振荡。在下面的分析中我们可看出,半导体带隙附近的跃迁过程在极大程度上决定着材料的非线性光学响应。对常用的 GaAs 半导体材料而言,其带隙能量 $E_g =$ 1.42 eV,因而钛宝石激光脉冲便因为条件 $\hbar\omega_0 \approx E_g$ 的满足而非常适用于作为产生拉比振荡的激励激光场。按照拉比振荡产生的条件,1.42 eV 的带隙能量对应的激励光场周期为 2.9 fs。载波拉比振荡已在 3.3 节做了详细的讨论,其所具有的特征为:如果拉比能可与载波光子能相比拟,也即满足条件 $\hbar\omega_0 = \hbar\Omega_R$ 时,则三阶谐波峰分裂为载波 Mollow 三重态,其相应峰值分别位于 $3\Omega + \Omega_R$、3Ω 和 $3\Omega - \Omega_R$ 处。对于拉比能量值不太大的情形,三重态因相隔太近而使得通常情况下只有外侧两光谱峰值可见。但随着拉比能量值的增大,三重态彼此之间的间隔也随之增加,以致在拉比能与外界激励激光场满足条件 $\Omega_R/\Omega = \Omega_R/\omega_0 = 1$ 时,三阶谐波三重态中位于 $3\Omega - \Omega_R$ 处的峰值可与基频光波三重态中位于 $\Omega + \Omega_R$ 的峰值相交叠,此交叠点正是光谱图上二阶谐波峰值的位置。由于所述相交叠的光场相位分别为 3ϕ 和 ϕ,因而它们的干涉必将具备对光场载波包络相位 ϕ 的依赖性。

1) 激光系统

至此,我们简单说明了在拉比频率 Ω_R 等于激励光场载波频率 ω_0 条件下半导体中将出现的相关物理效应。但按照相关固相准则易知,此条件的满足意味着激励光场要具有相当高的强度。尽管采用现有脉宽在几十个飞秒的脉冲激光技术可以最终达到这样的实验条件,但是在如此高沉积能量作用下半导体试样可能已经不复存在(注:沉积能量等于激光强度和脉冲宽度的乘积)。因此,此类实验往往采用非常短的激光脉冲做激励光场,尤其是脉冲宽度仅为 1~2 个载波光场周期大小的小沉积能量光脉冲。有关电介质材料的激光诱导损伤可参阅附录 B 文献[173]~[176]中的相关论述。

从锁模激光谐振腔直接输出的重复频率 $f_r = 81$ MHz、脉宽为 5 fs 的线偏振激光脉冲即可满足上述实验要求[177]。此类激光器平均输出功率的典型值为 120~230 mW。图 7.2(a)中给出了其典型的激光光谱,这是通过对热释电探测器记录的干涉图样进行傅里叶变换而获得的。此实验中,热释电探测器具有非常均匀的光谱响应特性,迈克尔逊干涉仪采用 100 μm 厚玻璃基片上蒸镀银膜而成的分束镜,且干涉仪经过精确的等光程调节。迈克尔逊干涉仪通过 Pancharatnam 螺杆进行动态锁定[178],这使得可在保持自身动态稳定的同时进行双臂时间延迟参数的连续扫描,其残余波动约±0.05 fs。图 7.2(a)中

显示的激光光谱翼带来源于激光器输出耦合系统的光谱特性,在假定此激光
光谱具有常数谱相的条件下,图 7.2(b)中测量所得的干涉自相关谱与据图
7.2(a)计算的理论结果几乎完全相同,这说明激光器输出的激光脉冲是近似
变换限制的(transform-limited)。同样在此假设下,计算所得的激光脉冲强度
轮廓如图 7.2(b)中内嵌图所示,激光脉冲宽度约为 5 fs。由于激光光谱的极
度不平滑性(近似为 0 阶平方函数),激光强度-时间包络图呈现主脉冲前后伴
随有卫星脉冲。在高数值孔径反射式显微物镜的作用下[179],这些脉冲可以被
聚焦成具有近似高斯型轮廓且 $r_{HWHM} = 1\ \mu m$(其定义如式 6.18)的单个激光脉
冲。此激光强度轮廓可在样品位置处由刀口技术测量所得(见图 7.5(a))。注
意,此样品位置正是自相关谱测量中根据群时延色散计算所得的倍频晶体的
位置。根据已知峰值激光强度,光电场包络 $\widetilde{E}_0$ 的峰值可据式(2.16)求得。为
进一步估算拉比频率和(或)包络脉冲面积 $\widetilde{\Theta}$ 的量值,我们还需要知道从价带
(v)至导带(c)光致跃迁的偶极矩阵元 d_{cv}。对 GaAs 半导体而言,相关文献报
道其 $d_{cv} = 0.3e$ nm[180] 或者 $d_{cv} = 0.6e$ nm。同时,倘若采用前述 GaAs 半导体
的典型参数 $E_g = 1.42$ eV、$m_e = 0.067m_0$,由 $\boldsymbol{k} \cdot \boldsymbol{p}$ 微扰理论计算所得 $d_{cv} =$
$0.65e$ nm。因而,在后续有关 GaAs 半导体论述中我们采用 $d_{cv} = 0.5e$ nm。

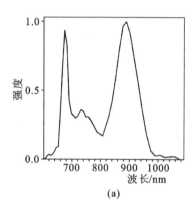
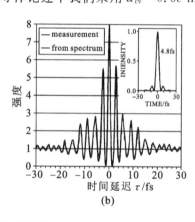

(a)　　　　　　　　　　　　(b)

图 7.2　实验结果

注:图(a)为测得的激光谱;图(b)为干涉自相关测量谱,其中的灰色曲线为激光谱具有常数谱相
位假设下计算得到的自相关谱(也即没有啁啾),内插图给出了此同样假设下计算得到的实时强度轮廓
半峰值全宽为 4.8 fs 的激光脉冲。图 7.2 的摘录得到附录 B 文献[54]相关作者 O. D. Mücke 的授权。

2) 实验样品

迄今,已有多种 GaAs 样品被用于光与半导体相互作用的实验中。一种采

用的是由金属有机物气相外延技术生长的 $Al_{0.3}Ga_{0.7}As/GaAs/Al_{0.3}Ga_{0.7}As$ 波导结构，GaAs 膜层的厚度为 $0.6~\mu m$，波导材料为 GaAs。在样品被粘固在蓝宝石原片上的同时要去掉 GaAs 基底，最后再蒸镀一层 $\lambda/4$ 增透膜即形成实验用样品。此类设计能够提供极高质量的 GaAs 实验样品[181]，但是在后面的叙述中我们将看到，基于此样品的实验将在一定程度上遭受传播效应的影响。另外一类则是利用分子束外延技术在蓝宝石基底上直接生长 GaAs 薄膜层[182]，层厚一般为 25 nm、50 nm 甚至 100 nm。虽然此类样品在线宽特性方面不能与上述 $GaAs/Al_{0.3}Ga_{0.7}As$ 双异质结样品相比，但在室温下的线性光透射实验中，层厚 $l = 100$ nm 的 GaAs 薄膜样品的确呈现出半导体材料所特有的吸收边特性（此处不再给出图示）。此类实验中当激励激光场相关能量值大于 0.1 eV 时，材料线宽特性方面的差异已不再那么显著。此时，源于此类样品结构方面缺点的材料表面二阶谐波产生效应开始凸显。

7.1.1 实验

这里我们首先讨论单脉冲与 GaAs 双异质结样品作用的实验。样品经外光场激发后的发射光场先经过预滤波处理，然后再由常用的光栅光谱仪进行光谱色散处理。图 7.3 给出了不同激光脉冲强度条件下相对于 GaAs 带隙频率的三阶谐波频率处的光谱，其中激光强度 I 以 $I_0 = 0.6 \times 10^{12}$ W/cm² 为单位

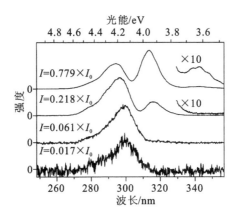

图 7.3　不同激光脉冲强度下相对 GaAs 带隙频率的三阶谐波频率处的光谱图

注：图 7.3 为实验结果图，即约在 GaAs 带隙频率三阶谐波频率处的前向发生光谱。光谱以线性坐标示出，纵向彼此错开且单独进行了归一化（相应峰值的每秒计数自上而下依次为 5664、439、34 和 4）。激发脉冲为 5 fs，强度分别在图中给出。（图片转载得到附录 B 文献[181]作者 O. D. Mücke 等人的授权）

强度。一次完整拉比振荡所要求的激光强度 $I=0.601×I_0$[181]。显然，两个光场周期内仅完成一次完整拉比振荡则意味着 $\Omega_R/\omega_0=1/2$。在较低激光强度比如 $I=0.017×I_0$ 时，光谱图上约 300 nm 处出现了一个峰值。此峰值可理解为来自于 GaAs 半导体中的三阶谐波产生过程，且其强度因材料吸收边而得到共振增强。随着激光强度的增大，单峰值出现了分裂且在长波边出现了另一个峰值。从定性角度分析，此分裂后的两峰值类似于 3.3 节述及的三阶谐波载波 Mollow 三重态中外侧的两个峰值。在下面分析中我们将看出，在此实验条件下 Mollow 三重态中位于中间的峰值即使在理论上也很难观测到。

为了对上述实验结果的内在动力学过程有略为深入的理解，我们以一对光脉冲为激励光场进行了对比实验。实验中所用的光脉冲对可通过上述记录干涉自相关谱的平衡态迈克尔逊干涉仪获得，两脉冲间的时间延迟为 τ。值得注意的是，对 $\tau=0$ 和 τ 为二倍光场周期的情形，由光场叠加关系易知，两种情况下的包络脉冲面积 $\widetilde{\Theta}$ 是相等的，但前者所对应的拉比频率是后者的二倍。对图 7.4(a) 所示的低激光强度情形，也即拉比频率低于光场频率时，样品中两光脉冲的干涉效应使得三阶谐波谱呈现为时间延迟 τ 的简单调制函数，调制周期约为 2.9 fs。与此相对比的高激光强度情形，分别如图 7.4(b)、图 7.4(c) 和图 7.4(d) 所示，此时拉比频率可与光场频率相比拟，三阶谐波谱的形状亦随脉冲时间延迟 τ 呈现出剧烈的变化。比如对图 7.4(b) 中所示的 $\tau=0$ 的情形，因两脉冲光场在样品中形成相长干涉，三阶谐波谱呈现出与图 7.3 中所示单脉冲情形相同的双峰值特点。而对 τ 较大，也即两脉冲时间延迟（简称时延）为 1 倍或 2 倍光场周期的情况，三阶谐波谱的双峰值特点消失，取而代之的是一个强度大得多的光谱峰值。对图 7.4(d) 中最高激光强度的情形，包络脉冲面积 $\widetilde{\Theta}$ 将大于 4π，三阶谐波谱在 $|\tau|<1$ fs 范围内还呈现出附加的光谱精细结构。同样应注意到，此时 $\tau=0$ 的三阶谐波谱很好地重现了图 7.3 中所示的三重态特性。

在此类实验的深层次动力学研究方面，研究人员以上述实验为基础又开展了相关探究性实验。实验中，通过在最佳位置处相对光束插入或者移开腔外 CaF_2 棱镜，以特意在激励光场中引入正或者负群速色散[181]。显然，此类设置并不影响激光脉冲的振幅谱。但是，群速色散的调制将使此实验过程迅速脱离载波拉比振荡物理机制。具体表现是：随着脉冲频谱啁啾关系的增强，$\tau=0$ 时的光谱分裂现象以及光谱形状对脉冲时延 τ 的依赖性关系也随之消失。这说明，影响载波拉比振荡效应发生与否的物理因素是激励光脉冲的宽度和强度，而不是脉冲的谱宽。

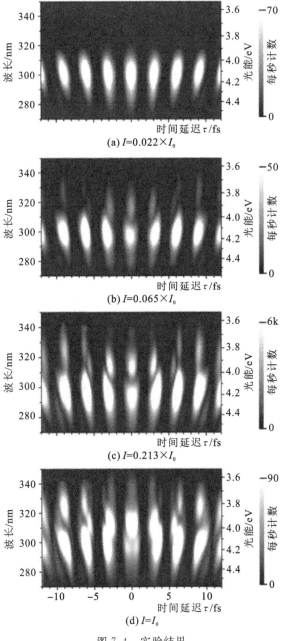

(a) $I=0.022 \times I_0$

(b) $I=0.065 \times I_0$

(c) $I=0.213 \times I_0$

(d) $I=I_0$

图 7.4 实验结果

注:图 7.4 与图 7.3 相类似,但采用的是一对相位锁定的 5 fs 光脉冲,其在 GaAs 带隙频率三阶谐波频率处的前向发生光谱。光谱以线性坐标示出,纵向彼此错开且单独进行了归一化(相应峰值的每秒计数自上而下依次为 5664、439、34 和 4)。激发脉冲为 5 fs,强度分别在图中示出。(图片转载得到附录 B 文献[181]作者 O. D. Mücke 等人的授权)

根据前述有关拉比振荡的讨论易知,此效应将在 GaAs 带隙处引起显著的诱导透明现象。图 7.5(a)示意性地给出了相关实验结构。为了不引入滤光片,实验中将实验样品沿着光束传播方向且在光束焦点两侧附近移动以改变激励激光的强度。图中 $z=0$ 即为光束焦点位置。同时,为提高图 7.5 中示出的不同位置处(也即不同激励激光强度)光透过率变化的可视性,引入了按式(7.4)定义的微分透过率参数

$$\frac{\Delta T}{T} = \frac{I_t(z) - I_t(z \to -\infty)}{I_t(z \to -\infty)} \tag{7.4}$$

式中,$I_t(z)$ 是实验样品位于 z 位置处的透射光强度。$z \to -\infty$ 在实验中对应于 $z=-20~\mu m$,因为此处的光束束斑轮廓相当大,以至于可认为此时仅发生线性光学现象。

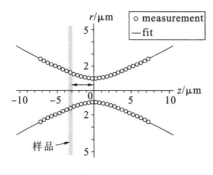

(a) z-扫描实验原理图

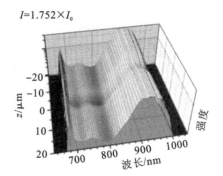

(b) 以对数坐标给出的透射光强度随样品位置 z 的变化而变化的关系图

图 7.5　实验原理及结果

注:图(a)测得的半径由公式 $r(z) = r_{HWHM}\sqrt{1+(z/z_R)^2}$ 做了数据拟合,其中 $r_{HWHM} = 0.97~\mu m$、$z_R = 2.9~\mu m$,见 6.3 节。图(b)中 $z=0$ 处的光强度为 $I = 1.752 \times I_0$。(图片转载得到附录 B 文献[54]作者 O. D. Mücke 的授权)

　　图 7.6 给出了三个不同入射激光强度下相应的实验结果,其中强度 I 仍以 I_0 为量度单位。对每幅图而言,$z=0$ 都具有相对最高的激光强度。据图首先可看出,所有的结果都近似关于 $z=0$ 对称。这说明在此实验条件下的激励光场与 GaAs 材料作用过程中,半导体中的光吸收效应占据主导地位。同时,此过程中样品材料折射率的变化会引起其中光束的聚焦或者散焦现象,这将最终导致透射光强度对样品位置 z 依赖关系的不对称性(这有些类似于通常所说的用于材料三维非线性测量的 z-扫描技术,详细论述见附录 B 文献[183])。其

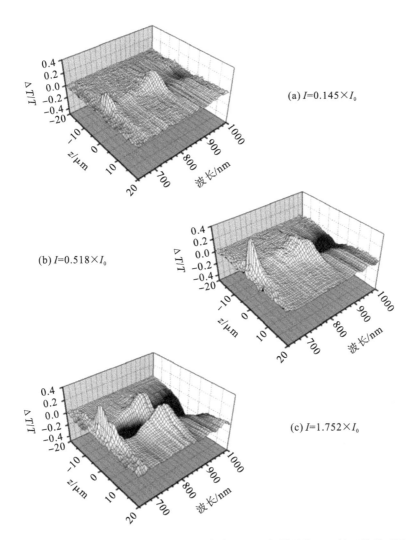

图 7.6　三个不同入射光强度下微分透射率 $\Delta T/T$ 与样品位置 z 的函数关系图

注:这里的强度指的是 $z=0$ 位置处。图(a),$I=0.145\times I_0$;图(b),$I=0.518\times I_0$;图(c),$I=1.752$
$\times I_0$。(图片转载得到附录 B 文献[54]作者 O. D. Mücke 的授权)

次亦可看出,对于图 7.6(a)中所示的激光强度较低的情形,当实验样品位于光
束聚焦点 $z=0$ 附近时,光谱图上波长小于 GaAs 吸收边(约 870 nm)的光谱区
域有相对较高的光场透过率。光谱图上 670 nm 附近的峰值来源于 GaAs 双异
质结中隔层材料 $Al_{0.3}Ga_{0.7}As$ 半导体的带隙漂白效应。实际上这个峰值只是
恰好与激光光谱在 680 nm 附近的峰值相重合而已。对图 7.6(b)中激光强度
较高的情形,$z=0$ 附近的透过率峰值变宽,且光谱图上波长大于 GaAs 吸收边

的光谱区域出现了显著的激光诱导吸收现象。而对图7.6(c)中的情形而言，激光诱导吸收现象已成为遍布几乎整个激光光谱范围的主要特点。尽管激励激光谱在780 nm(较 GaAs 非重整化带隙 $E_g = 1.42$ eV 高 170 meV)与700 nm (较 $E_g = 1.42$ eV 高 350 meV)之间有较大的光谱幅值，但是从图中可注意到此光谱区域内几乎没有激光诱导透明效应。此现象表明：在此实验条件下，相比位于 GaAs 半导体带隙附近的能态，其带间连续谱中的高能态必定经历了极强的倒空效应(相位弛豫)和/或能量弛豫效应。这一发现对相关理论模拟分析意义重大。

7.1.2 理论

在进行进一步实验探讨之前，这里我们需要知道相关的半导体理论能在怎样的程度上解释上述实验结果。理论分析中采用的相关近似为：忽略半导体中载流子之间的库仑作用、任何形式的带内光过程、声子以及声子与载流子之间的耦合作用，抑制载流子自旋指数，同时对电子波矢 $\boldsymbol{k}$ 处价带至导带的光跃迁过程采用已有的偶极矩近似[22]。基于此，我们可得如下的哈密顿函数：

$$\mathcal{H} = \sum_{k} E_c(\boldsymbol{k}) c_{ck}^{\dagger} c_{ck} + \sum_{k} E_v(\boldsymbol{k}) c_{vk}^{\dagger} c_{vk}$$
$$- \sum_{k} d_{cv}(\boldsymbol{k}) E(\boldsymbol{r}, t) (c_{ck}^{\dagger} c_{vk} + c_{vk}^{\dagger} c_{ck}) \tag{7.5}$$

这里，半导体能带结构示意如图 7.1 所示，$E_{c,v}(\boldsymbol{k})$ 是导带或价带中电子的单粒子能量；$d_{cv}(\boldsymbol{k})$ 是电子波矢 $\boldsymbol{k}$ 处带间跃迁的偶极矩阵元；$c^{\dagger}$ 和 c 分别为产生和湮灭算子，它们将在相应能带(价带或导带)中动量 $\boldsymbol{k}$ 处产生和湮灭晶体电子。半导体中的光学极化率可作如下表示：

$$P(\boldsymbol{r}, t) = \frac{1}{V} \sum_{k} d_{cv}(\boldsymbol{k}) (p_{vc}(\boldsymbol{k}) + c.c.) + P_b(\boldsymbol{r}, t) \tag{7.6}$$

其中，光致跃迁幅度 $p_{vc}(\boldsymbol{k})$ 为

$$p_{vc}(\boldsymbol{k}) = \langle c_{vk}^{\dagger} c_{ck} \rangle \tag{7.7}$$

这里，$p_{vc}(\boldsymbol{k})$ 不仅与时间 t 有关，而且还是空间坐标 $\boldsymbol{r}$ 的函数。按照常用的方法，式(7.6)中的求和项可在忽略半导体中各向异性特性的条件下，由复合态密度 $D_{cv}(E)$ 表述为 $\sum_{k} \cdots \rightarrow \int D_{cv}(E) \cdots \mathrm{d}E \rightarrow \sum_{n} D_{cv}(E_n) \cdots \Delta E$。有时，半导体材料的背景极化率 $P_b(\boldsymbol{r}, t)$ 可简单表示为 $P_b(\boldsymbol{r}, t) = \varepsilon_0 \chi_b(z) E(\boldsymbol{r}, t) = \varepsilon_0 (\varepsilon_b(z) - 1) E(\boldsymbol{r}, t)$。此表述可近似解释半导体中所有极高能量的光跃迁过

程,而此类过程并不能由式(7.5)给予显性解释。同样,背景极化率亦可由参数$\varepsilon_b(\boldsymbol{r})$作相应表述,但本节论述中我们将不采用此形式。

导带和价带的占据数可分别表示为

$$f_c(\boldsymbol{k}) = \langle c_{ck}^\dagger c_{ck} \rangle \tag{7.8}$$

$$f_v(\boldsymbol{k}) = \langle c_{vk}^\dagger c_{vk} \rangle \tag{7.9}$$

参数 $f_c(\boldsymbol{k})$、$f_c(\boldsymbol{k})$ 及 $p_{vc}(\boldsymbol{k})$ 与波矢(或动量)$\boldsymbol{k}$ 的动力学关系很容易由式(3.15)的海森博格运动方程得出。据反对易规则,有如下关系成立:

$$[c_{ck}, c_{ck'}^\dagger]_+ = \delta_{kk'}, \quad [c_{vk}, c_{vk'}^\dagger]_+ = \delta_{kk'} \tag{7.10}$$

且所有其他的反对易式均等于 0。根据上述所有相关关系式,可推导出我们熟悉的有关光致跃迁幅度的半导体布洛赫方程:

$$\left(\frac{\partial}{\partial t} + i\Omega(\boldsymbol{k}) \right) p_{vc}(\boldsymbol{k}) + \left(\frac{\partial}{\partial t} p_{vc}(\boldsymbol{k}) \right)_{rel}$$
$$= i\hbar^{-1} d_{cv}(\boldsymbol{k}) E(\boldsymbol{r}, t)(f_v(\boldsymbol{k}) - f_c(\boldsymbol{k})) \tag{7.11}$$

其中,光致跃迁能为

$$\hbar\Omega(\boldsymbol{k}) = E_c(\boldsymbol{k}) - E_v(\boldsymbol{k}) \tag{7.12}$$

导带占据数满足如下方程:

$$\frac{\partial}{\partial t} f_c(\boldsymbol{k}) + \left(\frac{\partial}{\partial t} f_c(\boldsymbol{k}) \right)_{rel} = 2\hbar^{-1} d_{cv}(\boldsymbol{k}) E(\boldsymbol{r}, t) \operatorname{Im}(p_{vc}(\boldsymbol{k})) \tag{7.13}$$

这里我们已同样假定偶极跃迁矩阵元为实数。$(1 - f_v(\boldsymbol{k}))$ 可以理解为价带中的空穴占据数,且满足与 $f_c(\boldsymbol{k})$ 相类似的关系方程。上述方程中含有"rel"字母下标的项是根据经验或者唯象理论引入的,它们分别表示参量所指物理状态的失相和弛豫过程。有关半导体中光散射过程的最新详尽描述,可参阅附录 B 文献[22]及文献[184]—[190]。在非常短的时间尺度内,此散射过程很弱因而可不予考虑。正如我们在第 3 章经常用到的那样,参数 $f_c(\boldsymbol{k})$、$f_c(\boldsymbol{k})$ 及 $p_{vc}(\boldsymbol{k})$ 与布洛赫矢量之间存在着如下制约关系

$$\begin{bmatrix} u \\ v \\ w \end{bmatrix} := \begin{bmatrix} 2\operatorname{Re}(p_{vc}(\boldsymbol{k})) \\ 2\operatorname{Im}(p_{vc}(\boldsymbol{k})) \\ f_c(\boldsymbol{k}) - f_v(\boldsymbol{k}) \end{bmatrix} \tag{7.14}$$

这其中用到了式(3.17)的运动方程($d \to d_{cv}$),以及拉比频率 $\Omega_R(t)$ 所满足的如下关系式:

$$\hbar\Omega_R(t) = d_{cv} E(\boldsymbol{r}, t) \tag{7.15}$$

对通常的半导体而言,其中电子和空穴之间的库仑作用力也是影响拉比频率的一个因素[22,191-198]。考虑此因素后的修正拉比频率(或称重整化拉比频率)可被理解为半导体内部场,此场叠加在外部激光场上。另外,此库仑作用力也会导致半导体中的散射效应、失相现象甚至能带中剧烈的能态移动,这几个方面是否相互关联则取决于所研究的问题。传统非线性光学中对这几个问题的探讨可参阅附录 B 文献[22]、[199]。

为验证上述相关理论的正确性,这里我们首先重复 3.3 节中的计算,且选择与上述 GaAs 实验更相近的物理参数(见图 7.7)。这里,ω 仍然代表的是光谱频率;ω_0 为激光场载波频率;$\Omega = \Omega(\boldsymbol{k}) = \hbar^{-1}(E_c(\boldsymbol{k}) - E_v(\boldsymbol{k}))$ 是半导体能带中电子能态跃迁频率;所有能态均假定具有相等的偶极跃迁矩阵元、相同的唯象弛豫动态描述,弛豫方程如下:

$$\left(\frac{\partial}{\partial t} p_{vc}(\boldsymbol{k})\right)_{rel} = \frac{p_{vc}(\boldsymbol{k})}{T_2} \tag{7.16}$$

失相时间 $T_2 = 50$ fs。另外也忽略了能态占据数的弛豫过程。在没有半导体带隙重整化的情况下,显然带隙能以下将没有能态(带隙能在图中以水平虚线示出)。然而此处我们考虑了重整化现象。激光场载波频率位于带隙能处,也即 $\hbar\omega_0 = E_g$;激光频谱在图 7.7 中各图右下角以灰色区域给出。$\hbar\omega_0 = \hbar\Omega = E_g$ 条件下的发射谱在图中以白线示出,这与单个二能级系统共振激发的结果是相同的。在较小包络面积 $\tilde{\Theta} = 0.5\pi$ 条件下,光谱图上位于 $\omega/\omega_0 = 3$、$\Omega/\omega_0 = 1$ 处出现一相当窄的峰值,其宽度与激光频率的宽度有关。此单峰值正是通常的经共振增强的三阶谐波。而 $\tilde{\Theta} = 1.0\pi$ 条件下的峰值则出现了收缩现象,光谱峰值类似于 $\tilde{\Theta} = 2.0\pi$ 条件下两个光谱峰值的反交叉,此时仅能在 $\hbar\Omega = \hbar\omega_0 = E_g$ 附近相当窄的光谱范围内观察到两个分立的光谱峰值。对于 $\hbar\Omega$ 量值较大的区域,则仅出现单个光谱峰值。同时我们也发现,高频跃迁对发射谱的贡献并不小。比如,对跃迁能 $\hbar\Omega = 2$ eV 的光致跃迁而言,其光谱强度实质上高于带隙 $\hbar\Omega = 1.42$ eV 处的跃迁。在更大的脉冲包络面积时这种趋势将更加明显(可参阅图 7.7(d) 中 $\tilde{\Theta} = 4.0\pi$ 的情形)。尽管发射谱中存在着显著的共振增强现象(可从图 7.7(a) 中清楚地看出),但是在较大的脉冲包络面积情形下,相关的共振跃迁已达完全饱和状态,这使得此时共振效应的贡献并不十分显著。

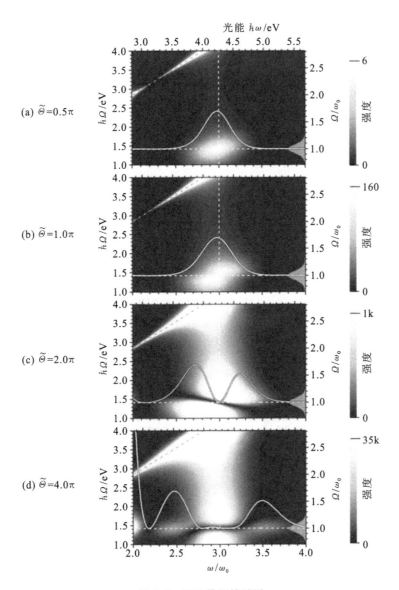

图 7.7 理论模拟结果图

注:图 7.7 为强度灰度图(p_{vc}的平方模),随光谱频率 ω 和跃迁频率 Ω(见图 7.1)的变化而变化的
函数变化关系图。光脉冲载波频率 ω_0(见右半边灰度图)位于半导体带隙频率处($\hbar\omega_0 = E_{\mathrm{g}}$),恰位于带
隙处的跃迁,即 $\hbar\Omega = E_{\mathrm{g}}$ 时的光谱以白色曲线强调给出的函数变化关系。对角线上的虚线对应于 $\Omega = \omega$
情形,激发光为 sech^2 型 5 fs 光脉冲。包络脉冲面积 $\widetilde{\Theta}$ 从图(a)至图(d)呈增加变化[269]。

实际的光谱信号是上述单个频率处光谱的积分求和,同时也要考虑到复
合能态密度的问题,最终光谱包括所有跃迁能所界定的能谱范围。显然,能带

中存在着甚至跃迁能 $\hbar\Omega=5\ \mathrm{eV}$ 的能级跃迁过程。但倘若同时考虑所有这些跃迁过程的贡献,比如对图 7.7(d)中 $\tilde{\Theta}=4.0\pi$ 的情形,那么此时观测到的将是两个而不是一个约位于 $\omega/\omega_0=3$ 处的光谱峰值。这个结论显然与已有文献中的实验结果不相符。然而前述透射实验已经说明(结果如图 7.6 所示),高能态的失相和弛豫过程较低能态快得多,因而与此相关的非线性响应则显然将受到抑制。而在低能态端,如此高载流子浓度情况下的带隙重整现象将变得相当显著,因而需要给予足够的重视。举例来说,在能带态密度为常数的假定下,如果积分求和跃迁能量 $\hbar\Omega$ 在 $1.2\sim1.6\ \mathrm{eV}$ 的发射光谱,则理论计算将能很好地重现出实验结果。尤为重要的是,此计算结果也显示:第二个光谱峰值的出现是一个渐变的过程,而非如在单个二能级系统中所观察到的通过光谱峰值瞬间分裂的方式。

　　理论验证的另一个重要方面是考察传播效应的重要性(有关传播效应的讨论可参阅第 6 章)。从切合实际的角度考虑,这里采用了由许多二能级系统构成的集合,且集合本身具备附录 B 文献[201]测得的 GaAs 线性介电函数的形状特性。文献[201]中测得的电介质函数在图 7.8(d)中给出。这意味着,在分析半导体中的高频跃迁时,并不是通过引入背景介电常数而将其视为一瞬态响应过程,而是认为此跃迁过程有一个合适的有限响应时间。GaAs 线性介电函数呈现出两个强的共振,即常说的 E_1 和 E_2 共振,这起因于其自身特定的能带结构形状。在布里渊区的大部分区域内,能带出现平行移动现象,这使得能带中有大的复合能态密度。据我们前面对高能跃迁的相关讨论可知,只需要考虑半导体带边跃迁的光学非线性效应,而其余跃迁过程均可视为线性效应。从数学计算的角度考虑,线性效应的实现仅需要将相应能态占据数设置为 0 即可。至此,即可数值求解相应的含有唯象失相率的一维耦合麦克斯韦-布洛赫方程[202]。无疑,这是一个相当具有挑战性的数值求解问题。对上述 GaAs 双异质结的计算结果如图 7.8 所示。其中,图(a)采用的是平方 sinc 型 5.6 fs 光脉冲;图(b)采用的是平方双曲正割型 5 fs 脉冲;图(c)采用的光脉冲具有与实验用光脉冲相同的光谱(见图 7.2(a)),且不存在频谱啁啾(相当于图 7.2(b)中的灰色曲线)[200]。同时,理论分析用样品的结构也在各图的右边示出。计算结果显示:当光脉冲在样品中传播时,其原有光谱发生了显著的改变。这使得光脉冲出现了时域展宽现象,也直接导致了光场幅值和拉比频率的降低。此效应对相应于实验用光脉冲的情形尤为显著,如图 7.8(c)所示,特别是激光谱

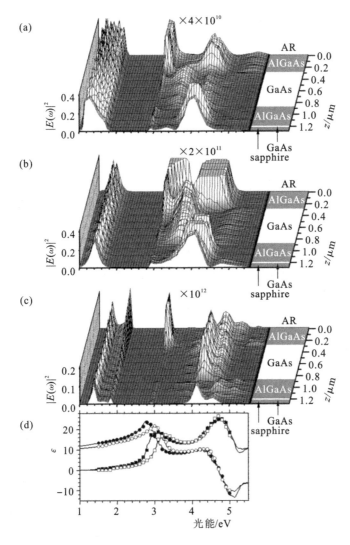

图 7.8　$|E(\omega)|^2$ 随 $\hbar\omega$ 及 z 的变化而变化的函数变化关系

注：以入射电场谱的峰值进行了归一化，其中 $\phi=0$。特别应注意随 z 的强烈变化关系。图(a) sinc^2 型 5.6 fs 脉冲，$\tilde{E}_0=3.5\times10^9$ V/m，GaAs 盖层的厚度为 $d_{cap}=30$ nm；图(b)类似于图(a)，但采用的是 sech^2 型 5 fs 脉冲，$\tilde{E}_0=3.5\times10^9$ V/m，$d_{cap}=10$ nm；图(c)类似于(a)，但采用的是与图 7.2(a)中所述实验相吻合的入射脉冲[200]，$\tilde{E}_0=3.5\times10^9$ V/m，$d_{cap}=10$ nm；图(d)则为方便比较起见，特给出了 GaAs(实心)与 Al$_{0.3}$Ga$_{0.7}$As(空心)的线性介电函数的实部(圆圈)和虚部(方形)，其中离散型标记代表的是来自附录 B 文献[201]的实验结果，连续曲线对应于我们的理论模拟。（图片转载得到附录 B 文献[202]作者 O. D. Mücke 等人的授权）

的高能峰值受到的影响更大。然而对图7.8(b)所示双曲正割型脉冲的情形而言,此效应则大致可以忽略。同时,源于线性介电函数的色散效应也进一步增强了脉冲展宽现象。上述两类效应共同导致了光谱图上三阶谐波谱附近Mollow 边带分裂现象的弱化,这通过比较图7.8(c)和图7.7即可看出。这个结论可用来解释上述实验结果和相关理论模拟的差别,如图7.3中所示的光谱分裂现象较之简单的理论模拟结果要弱很多,仅约为后者的一半。Mollow边带之间光谱分裂的弱化显然将极大地抑制相应光谱分量之间应有的干涉作用,这使得 GaAs 双异质结不适合作为观察半导体光学非线性对载波-包络相位依赖性的实验样品。同时据图7.8也可看出,三阶谐波频率处的光谱信号随光脉冲传播长度 z 而发生剧烈的变化。这主要是由于 GaAs 和 $Al_{0.3}Ga_{0.7}As$ 对三阶谐波的吸收系数在 10^{-1} nm 量级。二者吸收系数的量值可据图7.8(d)中的线性介电函数估算而得。据上述分析可得一重要结论:测得的光谱信号并非如先前所认为的那样来源于被双 $Al_{0.3}Ga_{0.7}As$ 阻挡层夹在中间的600 nmGaAs层[181],而是原本用作防氧化层的 GaAs 保护层。$Al_{0.3}Ga_{0.7}As$ 阻挡层的带边则导致产生一个非共振非线性信号,此信号可在图7.7中观察到。

分析了上述传播效应的影响之后,在此基础上进一步考察 GaAs 双异质结原本本质响应的复现条件将是很有必要的。图7.9(a)中是理论计算的采用不同激励场载波-包络相位 ϕ 时 GaAs 薄层的前向发射光谱,此时没有 $Al_{0.3}Ga_{0.7}As$ 阻挡层。在薄膜层厚度如此小的条件下,不同 Mollow 边带之间的相互交叠现象应可以看到,而且从图7.9(b)发射光的强度依赖性也可清楚地看出,并不是激励激光光谱与三阶谐波谱产生了干涉效应(这里激光光谱可近似视为一方波函数),真正出现干涉效应的乃是不同的 Mollow 边带之间的光谱。图7.10示出了与图7.9相同的理论计算结果,只不过是以灰度图像的形式示出。显然,据此所用参数相当接近实验条件的理论计算的结果知,三阶谐波 Mollow 三重态的中间峰值较外侧的两个峰值要弱很多。

图7.11(a)给出了前向发射光强度图与激励场载波-包络相位 ϕ 的关系,所用样品是介电常数 $\varepsilon_s = 1.76^2$、基底(如蓝宝石)上厚度 $L = 100$ nm 的 GaAs薄膜。由图可知,约在 $\omega/\omega_0 = 2.05 \sim 2.25$ 的范围内(约有 284 meV 或 38 nm宽的光谱范围)出现了较为明显的强度-相位依赖关系,且由于所考虑问题本身的反演对称性,此依赖关系的变化周期是由式(2.46)决定的量值 π,而

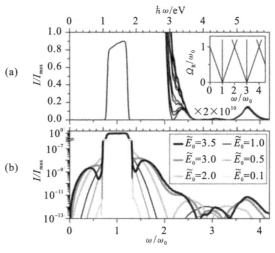

图 7.9 前向发射光谱

注:图(a)为不同载波-包络相位 ϕ 条件下前向发射光辐射信号随光谱频率 ω 的变化而变化的关系图。其中:信号强度以辐射激光谱的最大强度 I_{max} 进行了归一化,光谱频率 ω 以激光载波频率 ω_0 为单位。位于基底上厚度为 $L=20$ nm 的 GaAs 薄膜的两边没有 $Al_{0.3}Ga_{0.7}As$ 包层,但是具有前端增透膜,其中基底的介电常数 $\varepsilon_s=(1.76)^2$,激发光为双曲正弦型 5.6 fs 脉冲,$\widetilde{E}_0=3.5\times10^9$ V/m。内插图给出了当拉比频率 $\Omega_R=\hbar^{-1}d_{cv}\widetilde{E}$ 增加时,不同 Mollow 边带之间的干涉过程。图(b)类似图(a),但给出的是 $\phi=0$ 及不同入射电场振幅情况下以对数方式显示的信号强度,电场振幅以 10^9 V/m 为单位。(图片转载得到附录 B 文献[202]作者 O. D. Mücke 等人的授权)

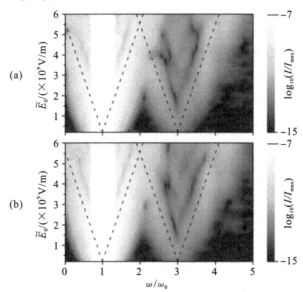

图 7.10 前向发射光辐射强度随入射脉冲场幅度变化的灰度图

注:此图对应于图 7.9 的内插图,相关参数与图 7.9(a)相同。其中图(a)$\phi=0$,图(b)$\phi=\pi/2$。(图片转载得到附录 B 文献[54]作者 O. D. Mücke 的授权)

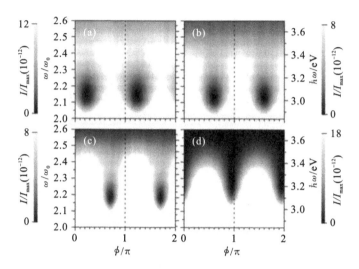

图 7.11　GaAs 薄膜的发射光辐射强度随光谱频率 ω 和载波-包络相位 ϕ 变化的灰度图

注:其中 GaAs 薄膜的厚度为 L,其两边没有 $Al_{0.3}Ga_{0.7}As$ 包层而是位于介电常数为 ε_s 基底上。图(a)$L=100$ nm,$\tilde{E}_0=3.5\times10^9$ V/m,$\varepsilon_s=(1.76)^2$;图(b)参数设置类似于图(a),但 $L=20$ nm;图(c)参数设置类似于图(b),但 GaAs 薄膜具有前端增透膜(如图 7.9 所述情形);图(d)参数设置类似于图(c),但 $\tilde{E}_0=4.0\times10^9$ V/m。(图片转载得到附录 B 文献[202]作者 O. D. Mücke 等人的授权)

不是据式(2.45)所得的 2π。换句话说,此前向发射光信号不依赖于激励光电场的符号(或方向)。图 7.11(b)是 $L=20$ nm 的情形。将图 7.11 的(a)与(b)对比可知,由于不同光谱分量具有相应不同的群速度和相速度,且高能跃迁并非如样品那样具有等效背景介电常数情况下的瞬态响应过程,从而表明样品的有限厚度尺寸已使(a)中所示的依赖关系出现了失真。图 7.11(c)中情形几乎与图 7.11(b)一样,唯一不同的是在 GaAs 薄膜前端面上镀了基频光的 $\lambda/4$ 增透膜。对比图 7.11(b)和图 7.11(c)可知,两者所示的前向发射光强度图像之间存在着相对的水平位移。这是因为在图 7.11(c)所示情况下,样品中的多重反射过程使得其中光脉冲相对初始入射脉冲发生了相应的变化。当然,此变化也可以归结为光场载波-包络相位 ϕ 的改变。图 7.11(d)中情形几乎与图 7.11(c)一样,唯一不同的是采用了不同的入射光场幅度。显然,光场幅度的变化同样也导致了强度图像的水平位移。此现象既存在有意义的一方面,同时又有让人感到困惑的地方。其中有趣的一方面是,在非共振微扰非线性光学机制下是不存在这样的强度依赖性的;但让人困惑的另一方面是,因为在极端非线性光学机制下为了利用此效应确定激励光场载波-包络相位,又需要精确测量入射光场的幅值,或者确切地讲是拉比频率。然而,激励光场载波-包络相位理论上可以通过 Mollow 边带的分裂来确定。

7.1.3　载波-包络相位依赖性

针对在上述 7.1.2 节中相关样品的理论分析,现在我们将探究其实验结果。图 7.12 给出了实验中测得的前向发射光谱,所用样品是用外延法在蓝宝石基底上生长的厚度 $L=100$ nm 的 GaAs 薄膜。图 7.12(a)对应于较低激励光强度的情形,(b)对应于较高光强度,两者在 $\tau=0$ 位置处的断面图如图 7.13 所示。在较高激励光强度条件下,位于 GaAs 带隙频率三倍频处的发射光出现光谱分裂现象,且分裂后的光谱与二阶谐波信号发生了交叠。从前向发射

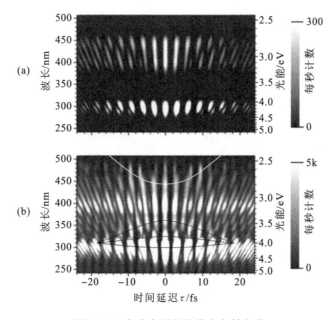

图 7.12　实验中测得的前向发射光谱

注:厚度 $L=100$ nm 的 GaAs 薄膜在一对 5 fs 激光脉冲共振激发下的前向发射光辐射谱,两光脉冲之间时间延迟为 τ,光脉冲载波-包络相位 ϕ 没有被锁定。图(a)的激发光脉冲强度 $I=0.24\times10^{12}$ W/cm²;图(b) $I=2.8\times10^{12}$ W/cm²,这里的光强均为 $\tau=0$ 时两束光的强度和。图(a)中心约位于 $\lambda=425$ nm 处的光谱成分是源于表面二阶谐波产生过程,图(a)中心约位于 $\lambda=300$ nm 处(即 GaAs 带隙的三阶谐波频率处)存在单个光谱峰值,其逐渐演化为图(b)中的三个峰值,即载波 Mollow 三重态,其中的三条黑色曲线为视图导航线。图(b)上部的白色曲线(也是视图导航线)指出了基频 Mollow 三重态中高能峰值的位置。针对图(b)中所述情况,我们可估算出 GaAs 薄膜内的峰值拉比频率为 $\Omega_R/\omega_0=0.76$,其中考虑了空气/GaAs 界面上的反射损失。(图片转载得到附录 B 文献[54]作者 O. D. Mücke 的授权)

光谱与样品厚度的依赖关系(此处没有给出)可总结出,二阶谐波信号的大部分来源于 GaAs 样品的表面效应(甚至可以说是完全在样品的两个表面上产生的),而三阶谐波信号则与样品体效应的结果相吻合。由图 7.13 可知,$\tau=0$ 时在三阶谐波频率处出现了三个光谱峰值。结合图 7.12 可知,此三个峰值也随着两个激励光脉冲的相对时延 τ 而变化。图中的实线是作为参照以显示光谱分裂现象随相对时延量值 $|\tau|$ 增加而减弱的特性。这三个光谱峰值可解释为载波 Mollow 三重态。同时也要注意到的是,在图 7.12(b)中的上部可观察到来自基频光场的贡献,这被认为是基频光 Mollow 三重态中的高能峰值。GaAs 薄膜厚度 $L=50$ nm 的情形与 $L=100$ nm 时的实验结果是相容的(包括图7.12(a)和图 7.12(b)所示)。然而,正如在上面已经论述的那样,$L=50$ nm 情形相比 $L=100$ nm 具有较突出的表面效应,因而此时信号中来自二阶谐波的贡献相对三阶谐波信号要更为显著。无疑,这将降低三阶谐波 Mollow 三重态中低能光谱峰值的可视性。

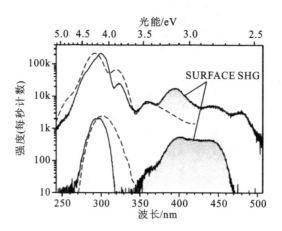

图 7.13　激光脉冲共振激发下的前向发射光谱

注:实验结果(实线):厚度 $L=100$ nm 的 GaAs 薄膜在一对彼此之间时间延迟 τ 为 5 fs 激光脉冲共振激发下的前向发射光辐射谱(图 7.12 中 $\tau=0$ 处的断面图)。对低激发强度 $I=0.24\times10^{12}$ W/cm² 情形(下部曲线),位于 GaAs 带隙频率二阶谐波和三阶谐波频率处出现了清晰可见的峰值。当强度增加到 $I=2.8\times10^{12}$ W/cm² 时(上部曲线,以相同的绝对坐标刻度),位于二阶谐波与三阶谐波以及基频波与二阶谐波之间的光谱深谷已被填充而不复存在,同时又出现了另外的光谱峰值。经估算我们认为,量值为 $I=2.8\times10^{12}$ W/cm² 的高强度意味着样品中对应的峰值电场为 $\widetilde{E}_0=2.1\times10^9$ V/m。理论模拟结果(虚线):据半导体布洛赫方程计算得到的 GaAs 样品分别在强、弱电场激发情形下的相应光辐射谱,所用峰值电场分别为 $\widetilde{E}_0=1.65\times10^9$ V/m 与 $\widetilde{E}_0=0.23\times10^9$ V/m。(图片转载得到附录 B 文献[182]作者 Q. T. Vu 等人的授权)

图 7.14 给出了图 7.12(b)中 $\tau=0$ 时前向发射光信号的实测射频功率谱，实验中射频波长取值间隔为 20 nm，相关中心波长如图中所示。图中频率 81 MHz 处射频功率谱的峰值来源于激光谐振腔的重复频率 f_r。据图 7.12 及图 7.13 中给出的光谱图像可知：基频光 Mollow 三重态的高能峰值谱分量与表面二阶谐波谱之间将在波长 $\lambda=465$ nm 处出现显著的干涉现象；同时表面二阶谐波谱与三阶谐波 Mollow 三重态的低能峰值谱分量之间将在波长 $\lambda=340$ nm 处有显著的干涉现象。在这些波长处，图 7.14 中也的确显示了在载波-包络相位偏移频率 f_ϕ 和差频 (f_r-f_ϕ) 处出现了两个强度峰值。为证实腔内色散对实验结果的影响，实验中特地移动并改变了激光谐振腔高反射镜附近腔内棱镜的位置，这使得激励光脉冲相关频率 f_ϕ 并不是固定不变的。而在图 7.14 所示的其他探测波长处，即使在信号强度较大的条件下（此时频率 f_r 处的峰值较高）也没有观测到相应的强度峰值。同时据图易知，上述两个信号峰值的强度都小于频率 f_r 处的峰值，且其差别均小于 8 dB。这说明，强度拍信

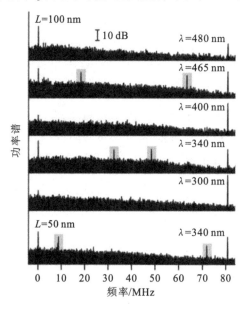

图 7.14　实测射频功率谱

注：实测结果为不同光探测波长 λ 及不同 GaAs 薄膜厚度 L 条件下的射频功率谱（对数坐标表示）。其中分辨率为 10 kHz，功率谱为视频带宽。为视图清晰起见，不同参数条件下的功率谱在纵轴方向上依次错开，相关激发场强度与图 7.12(b)中 $\tau=0$ 情形相当。位于载波-包络相位偏置频率 f_ϕ 及 (f_r-f_ϕ) 处的峰值以灰色区域强调示出。（图片转载得到附录 B 文献[54]作者 O. D. Mücke 的授权）

号对时间的相对调制深度高达 40%。对厚度 $l=50$ nm 的 GaAs 薄膜样品,也观测到了相似的实验结果,如图 7.14 中最下面图像所示。

7.1.4 半导体布洛赫方程

在上述图 7.13 中我们已看到,实验实测光谱与根据半导体布洛赫方程所作微观计算的结果是一致的[182]。其中理论结果在图中以虚线示出。在此多体系统计算中,采用的是完全紧束缚能带结构近似而非常用的等效质量近似,半导体载流子之间相互作用的分析基于 Hartree-Fock 理论,且其中没有应用旋转波近似,对与能量和载流子浓度有关的弛豫过程及失相过程的考虑则基于相关半唯象理论。尤其值得一提的是,失相率近似随载流子浓度的三次方根而增加[186,190];同时因具有大得多的最终态密度,失相率又随电子动量的增大而增加。从定性的角度考虑,这非常类似于著名的朗道-费米流体理论。另一方面,半导体中的传播效应以及表面二阶谐波产生过程(此为非本质效应)在理论计算过程中已被忽略。在所述近似下,实验实测和理论分析结果的比较也只能在三阶谐波谱方面,同时半导体的带内跃迁过程(见 4.2 节)都将被忽略。实际上,在图 7.13 及图 7.16 相关计算中采用的峰值电场 $\tilde{E}_0=1.65\times10^9$ V/m 条件下,电子质动能 $\langle E_{kin}\rangle=0.37$ eV 进而有 $\langle E_{kin}\rangle/\hbar\omega_0=0.27$(可比较实例 4.1),这个结果在 $d_{cv}=0.5e$ nm 的假定下仅相当于 $\hbar\Omega_R/\hbar\omega_0=0.60$。此比较结果可以证实此时半导体带内跃迁可被忽略的理论近似成立。由图 7.13 中实验和理论分析相吻合的事实,同时也考虑到相关峰值电场 $\tilde{E}_0$ 的量值,我们可以得出:在电子能态以半导体中能带而非分立能级形式出现的情形,前述将三阶谐波谱附近光谱峰值视为载波 Mollow 三重态的观点依然是正确的,只是由于半导体带隙重整化效应,此三重态中心频率相对光子能量 $\hbar\omega=3E_g=4.26$ eV 出现了红移。

对半导体中带间跃迁的直观理解可由连续波激发获得,如图 7.15 所示,其中图 7.15(a)给出了相应的基本二能级系统 Mollow 三重态。对半导体中带内跃迁而言,相应的分析模型为起因于光致带隙的双能带 Mollow 三重态[203-206],此光致带隙在图 7.15(b)中以灰色区域显示。半导体光致带隙(如导带中光致带隙)的出现,源于半导体原初导带与价带单光子边带之间形成的交叉过渡区,相应的 Hopfield 系数决定着导带附加能态的数量[182]。有一点至关重要的是,这些附加能态可有限甚至远离交叉过渡区的虚拟交叉点。尽管在拉比能 $\hbar\Omega_R$ 较小的情况下此能态偏离可以忽略,但是在拉比能与激励光子

能量 $\hbar\omega_0$ 相近的情形,此现象表现得尤其突出。更为重要的是,由于此有限附加能态的存在,相关能带之间的光致跃迁在大部分动量空间内都是可能发生的。因此,此时半导体中的跃迁过程将对应于更宽的光谱成分。在四组可能的光致跃迁中,有两组是高度简并的且呈现为三重态的形式。对于图 7.15 中所示的 Mollow 三重态的低能峰值而言,其光致跃迁过程将在半导体原初带隙能以下形成诱导吸收阱。从定性的角度考虑,这与图 7.6 所示实验结果是相符的。

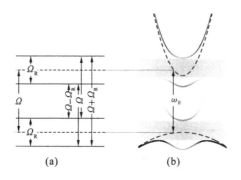

图 7.15　Mollow 三重态示意与光诱导带隙的形成

注:图(a)为共振激发($\Omega=\omega_0$)情形下二能级系统 Mollow 三重态示意图,可与图 3.15 加以对比。图(b)为光诱导带隙的形成(灰色区域),这与半导体中带间跃迁相类似。所致四个能带(频率随电子波数的对应变化)Hopfield 系数的平方模以灰度级形式叠加到这两个光诱导带隙上,1 对应于灰度级中的黑色,0 对应于白色。计算中采用了 GaAs 相关参数,拉比能量为 $\hbar\Omega_R/E_g=0.5$,激发光场载波光子能量为 $\hbar\omega_0/E_g=1.1$。其中的虚线分别显示的是原初导带和价带,图(a)和图(b)均基于旋转波近似,假定光激发属于单色场激发情形且其中相关阻尼过程可以忽略不计。可将图(b)与图 4.2 所示的带内跃迁过程加以比较,但要注意两者的灰度级表示是相反的。(图片转载得到附录 B 文献[182]作者 Q. T. Vu 等人的授权)

在相对非重整化带隙能 E_g 具有各种光余能量值的光场激励情形下,图 7.16 给出了半导体导带与价带相对集聚数密度反转对时间的理论变化关系,计算中所用参数与图 7.13 中高光强度激发情形相同。由于激励光场载波振荡的存在,图中曲线呈现出具有二倍于光场载波频率的变化结构。正如在上面讨论的那样,这些结构与三阶谐波产生过程密切相关。在光余能较小的情形下(接近半导体带边),在光脉冲前沿的持续时间内($t<0$),此集聚数密度反转形成了首个完整的拉比振荡;第二个拉比振荡约出现于 $t=-1$ fs 与 $t=6$ fs 之间,但是其强度相比首个振荡受到了较严重的抑制;在脉冲后沿的尾场时间内,分散动力学取代相关过程而占据主导地位,因而最终的结果是低能态被占

据。在光余能较大的情形下,此时失相效应要更强,因而在光脉冲的整个持续时间之内集聚数密度反转量值将持续增加,在光脉冲消失之后其电子-空穴对密度将高达 $n_{\text{eh}} = 1.1 \times 10^{20}$ cm^{-3}。这意味着,$t \approx -7$ fs 时的半导体材料在 $t \approx -4$ fs 时将变化为金属材料,其所用时间刚好为一个光周期。

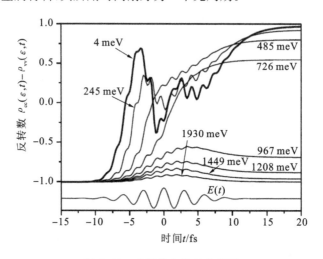

图 7.16　半导体布洛赫方程图

注:该图显示出了各种余能量 ε 情形下反转数随时间 t 的变化关系。其中所用峰值电场为 $\widetilde{E}_0 = 1.65 \times 10^9$ V/m,高斯型 7 fs 光脉冲载波光子能量为 $\hbar\omega_0 = 1.38$ eV,载波-包络相位 $\phi = 0$,相应激光电场 $E(t)$ 在图下部示出。建议与图 7.13 加以比较。当 $t = 20$ fs 时,载流子浓度高达 $n_{\text{eh}} = 1.1 \times 10^{20} / \text{cm}^3$。(图片转载得到附录 B 文献[182]作者 Q. T. Vu 等人的授权)

7.2　外现为二阶谐波的三阶谐波产生过程

极端非线性光学机制下的另一个值得注意的效应便是二能级系统中的倍频过程,此现象甚至可以出现在具有反演中心的介质中。在 3.4 节中我们已经看到,对于跃迁频率 Ω 二倍于光载波频率的情形,也即 $\Omega/\omega_0 = 2$,此现象将更加突出。如果载波光子能 $\hbar\omega_0 = 1.5$ eV,那么此现象对应的跃迁能为 3 eV。在不具备反演对称特性的介质中,此外现为二阶谐波的三阶谐波产生过程将叠加在源于 $\chi^{(2)}$ 二阶非线性效应的经典二阶谐波产生过程上。

7.2.1　相关样品

ZnO 为直接带隙半导体,其室温下的带隙能 $E_{\text{g}} = 3.3$ eV。让人感到惊讶的是,有关此半导体带隙准确值的探索在学界经历了较长时间的讨论,直至最近得到此结果[207]。ZnO 在其 c 轴方向上不具备反演对称性,但却具备双折射特性(也即光电场 $\boldsymbol{E} \parallel c$ 和 $\boldsymbol{E} \perp c$ 情形是不同的)。对 ZnO 单晶片而言(这里厚度约 100 μm),c 轴位于单晶片平面内;而对本书讨论中常引述的厚度为 350 nm 的 ZnO 外延膜,c 轴垂直于薄膜表面。ZnO 的带间跃迁偶极矩阵元要小于 GaAs,据式(7.1)中给出的 $\boldsymbol{k} \cdot \boldsymbol{p}$ 微扰理论,前者的偶极矩阵元 d_{cv} =0.19e nm。

7.2.2　相关实验

在以 ZnO 为分析样品的实验中[208],相关参数与前述 GaAs 实验是完全相同的。这包括载波光子能 $\hbar\omega_0 \approx 1.5$ eV 的 5 fs 激光系统、双臂锁定的迈克尔逊干涉仪及光学聚焦系统,且迈克尔逊干涉仪单臂参考光强度具有相同的定义和量值 $I_0 = 0.6 \times 10^{12}$ W/cm^2。样品前向发射光光谱分析可经滤波作用(采用 3 mm Schott BG39 滤光片)除去基本的激励激光谱,然后直接送入后接 CCD 相机的焦距为 0.25 m 的光栅光谱仪;也可使前向发射光在通过一组滤光片后(3 mm Schott BG39,3 mm Schott GG455,以及样品为 100 μm ZnO 单晶时要采用的截止波长为 480 nm 的 Coherent 35-5263-000 干涉滤光片,或者样品为 350 nm ZnO 外延膜时要采用的截止波长为 500 nm 的 Coherent 35-5263-000 干涉滤光片),送入终端匹配电阻为 50 Ω 的光电倍增管上(Hamamatsu R4332,双碱光阴极),其输出信号由射频光谱分析仪接收(Agilent PSA E4440A)。

图 7.17 给出了测得的前向发射光谱与干涉仪双臂相对时延 τ 的关系,其光谱波长小于激励激光谱(短波截止波长高于 650 nm),同时发射光子能要小于 ZnO 的带隙能 $E_{\mathrm{g}} = 3.3$ eV。其中:图(a)为低激励光强度的情形;图(b)和图(c)为相同高激励光强度的情况,但为了突出光谱细节,两者采用了不同的饱和度。图中光谱强度由每秒钟实际的计数来表征,每个计数对应于约两个光子。图 7.17 中所示的光谱分量因处于可见光谱范围,因而用肉眼也可很容易观察到。如果将 ZnO 样品移离激励光聚焦点几十个微米的距离,那么此时图 7.17 中显示的所有光谱成分将不复存在,这说明所述光谱并非直接来自于激光场。同时,相同条件下的偏振依赖性实验也表明,所有这些光谱分量都具有与激励光脉冲相同的线偏振特性。在图(a)中,波长位于 390～470 nm 范围内的发射光成分来自于二阶谐波产生(SHG)过程,而波长在 500 nm 以上的光谱分量则来自样品中的自相位调制(SPM)效应。有趣的是,单独测得的激

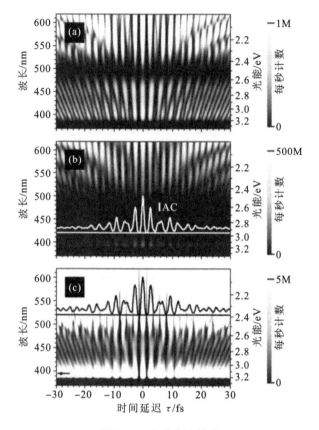

图 7.17 相关实验结果

注：该实验结果图示出了厚度为 $100\ \mu m$ 的 ZnO 单晶的前向发射光谱随迈克尔逊干涉仪两臂时间延迟 τ 的变化关系,其中电场 $\boldsymbol{E}\perp c$。图(a)$I=0.15\times I_0$;图(b)$I=2.04\times I_0$;图(c)类似于图(b),但灰度级表示形式的饱和度不同。在 ZnO 带隙 $E_g=3.3$ eV 附近光强度出现了衰减。图(b)中标识为 IAC 的白色曲线是用 BBO 晶体独立测得的干涉自相关谱,而图(c)中的黑色曲线是 ZnO 实验数据在 395 nm 处的端面(见箭头所指位置)。(图片转载得到附录 B 文献[208]作者 O.D. Mücke 等人的授权)

光脉冲干涉自相关谱与 ZnO 样品前向发射光谱在 395 nm 处的断面是几乎相同的。其中:前者如图 7.17(b)中标有 IAC 的曲线,它是通过在迈克尔逊干涉仪单臂中引入 BBO 倍频晶体而得到的;后者为图 7.17(c)中的黑色曲线。对比结果表明,ZnO 晶体中的光脉冲并没有因为诸如群速色散等效应而出现严重的脉冲展宽现象。与此同时,源自二阶谐波产生过程的光谱宽度也说明了这样一个事实:在 ZnO 样品的二阶谐波产生过程中,相位匹配效应并不是一个主要的影响因素。考虑到实验中所用显微镜的瑞利长度仅在几个微米量级

（参见图 7.5(a)），对这个结果的理解应该没有多少难度。当激励光强度较高时，SHG 和 SPM 两物理过程的光谱交叠现象立刻变得较为显著，此光谱区出现了丰富的与时延参数 τ 有关的光谱精细结构，如图 7.17(c) 所示。将此干涉光谱区的光谱分量输入射频谱分析仪，我们发现在载波-包络偏移频率 f_ϕ 处存在清晰可辨的峰值（如图 7.18 所示）。此峰值出现的物理机制是：由于激光脉冲在谐振腔中每往返一周所经历的群延时间和相延时间是变化的（见 2.3 节），因而锁模激光谐振腔输出光脉冲的载波-包络偏移相位也是随时间变化的，其变化频率即为 f_ϕ。为进一步核对此结论，我们也绘制了激光腔端面镜位置略微不同时相应的射频谱，如图 7.18 所示。显然，此时频率 f_ϕ 以及 $(f_r - f_\phi)$ 的值都有了相对的变化。对于图 7.18(b) 中样品为 350 nm ZnO 外延膜的情形，位于 f_ϕ 和 $2f_\phi$ 处的两峰值仍然可见，且更加值得注意的是，后者的峰值甚至要强于前者。与此相比，样品为 ZnO 单晶情形下 $2f_\phi$ 处峰值的强度相对要小得多，此时样品厚度要远大于相应的瑞利长度（如图 7.5(a) 所示）。此差别可能是源于由 Gouy 相位导致的激励光场在其传播方向上的载波-包络相位变化（见 6.3 节）。由于此效应对 $2f_\phi$ 处峰值的影响较为显著，因而当样品为 350 nm ZnO 外延膜时其影响可以忽略不计。

如果我们不仅要确定前向发射光对入射激励光场载波-包络相位 ϕ 的依赖性，同时也要测量入射光脉冲的载波-包络相位 ϕ，那么这显然相当于要明确这样一个问题：入射光脉冲场在样品中传播时，其相位 ϕ 是否因各种原因而发生相应的变化？此问题的提出和探索正如我们在 7.1.2 节对 GaAs 样品已涉及的那样。除了刚才提及的 Gouy 相位，光脉冲场在样品中传播时有两个效应可导致其载波-包络相位的改变：线性光传播效应和非线性光学效应。相比 GaAs 材料的情形，ZnO 样品处于非共振激发状态，这使得此时其线性光传播效应的量值非常容易估算。换句话说，此时吸收现象对载波-包络相位没有影响。在这些条件下，对于载波频率为 ω_0 以及真空中心波长 $\lambda_0 = 2\pi c_0 / \omega_0$ 的激励光场而言，由于在样品中传播时具有不同的群速度和相速度，因而光脉冲在传播距离 l 后其载波-包络相位的变化量为

$$\Delta\phi = 2\pi \frac{\left(\dfrac{l}{v_{\text{group}}} - \dfrac{l}{v_{\text{phase}}}\right)}{2\pi/\omega_0}$$

$$= -2\pi \frac{\mathrm{d}n(\lambda_0)}{\mathrm{d}\lambda} l \tag{7.17}$$

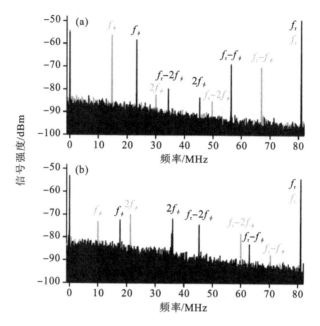

图 7.18　实验结果:射频谱

注:10 kHz 分辨率及视频带宽,$\tau = 0$ fs(等价于样品前端的平均功率为 64 mW)。图(a)厚度为 100 μm 的 ZnO 单晶,电场 $E \parallel c$,对应于图 7.17(b)和(c)的情况,光滤波器大致范围为 455~480 nm。图(b)厚度为 350 nm 的 ZnO 外延层,电场 $E \perp c$,光滤波器大致范围为 455~500 nm。位于脉冲重复频率 f_r、载波-包络偏移频率 f_ϕ、偏移频率二倍频 $2f_\phi$ 及和频成分 $f_r - f_\phi$ 和 $f_r - 2f_\phi$ 处的峰值已在图中标出,其中黑色和灰色曲线数据分别对应于激光器端镜位置略微不同时的情况。当移动腔内色散材料为 GaF$_2$ 时,f_ϕ 及 $2f_\phi$ 处的峰值向左侧移动,而 $f_r - f_\phi$ 和 $f_r - 2f_\phi$ 处的峰值则向右边移动。(图片转载得到附录 B 文献[208]作者 O. D. Mücke 等人的授权)

式中,$n(\lambda)$ 为样品材料与真空波长相关的折射率,第二个等号后面最终结果的求得利用了一些直接的数学定理。对许多材料而言,折射率色散依赖关系 $n(\lambda)$ 可据常用的 Sellmeier 公式[①]而作如下表达

$$n^2(\widetilde{\lambda}) = \varepsilon(\widetilde{\lambda}) = \mathcal{A} + \frac{\mathcal{B}\widetilde{\lambda}^2}{\widetilde{\lambda}^2 - \mathcal{C}^2} + \frac{\mathcal{D}\widetilde{\lambda}^2}{\widetilde{\lambda}^2 - \varepsilon^2} \qquad (7.18)$$

这里 $\widetilde{\lambda} = \lambda/(0.1 \text{ nm})$。对于相关波长 λ,据式(7.18)所得折射率为实数。对 ZnO 样品 $E \perp c$ 的情况,Sun 和 Kwok 确定了式(7.18)中相应的拟合参数

---

① 简单来说,它为两个共振过程和效应的介电函数,比如为光学布洛赫方程外加一个常数项的形式。

值[209]：$\mathcal{A}=2.0065$，$\mathcal{B}=1.5748\times10^6$，$\mathcal{C}=10^8$，$\mathcal{D}=1.5868$，$\varepsilon=2606.3$，且此参数值仅适于光谱中的可见光谱部分。对波长 $\lambda_0=826$ nm 的激励光场而言（相当于 $\hbar\omega_0=1.5$ eV），根据式（7.17）且经过繁琐的数学推导可得

$$\Delta\phi_{ZnO,\lambda_0=826\,nm}=0.013\times2\pi l/(100\,\text{nm}) \tag{7.19}$$

对于上述样品为 100 μm ZnO 单晶片的实验，激励光场与样品的有效作用长度 l 为聚焦光场焦深［见图 7.5(a)］。光场焦深在 5 个微米量级上，因而据式（7.19）可得此时样品中光场载波-包络相位发生了显著的变化，变化量为 $\Delta\phi=0.7\times2\pi$。然而对样品为 350 nm ZnO 外延膜的情形，$\Delta\phi$ 仅为 2π 的 4.6%，在多数应用中此量值都可认为是足够小的。

7.2.3　相关理论

根据我们在 2.6 节的讨论易知，射频功率谱中 f_ϕ 处的峰值来自于基频激励光场和二阶谐波场的干涉效应，而 $2f_\phi$ 和 f_r-2f_ϕ 处的峰值则源于基频激励光场和三阶谐波场的干涉效应。这看起来的确有些不可思议！因为基频光场与三阶谐波场中心波长的间隔甚至为激光载波频率的两倍，但两者彼此之间却发生了干涉效应。在此问题上，式（2.37）给出的基于非线性光学极化率的非线性光学极化描述此时是不是行得通？为了考察此描述的合理性，我们同时数值求解了式（2.37）和一维麦克斯韦方程（见 6.1 节），也即，我们没有采用慢变包络近似而是考虑了实际光电场的情形，所进行的分析也是基于实际的样品结构——半无限蓝宝石基底上厚度 $l=350$ nm 的 ZnO 薄层。前者的介电常数 $\varepsilon_s=(1.76)^2$（可比较 7.1.2 节），也就是说其光学非线性已被忽略；而对后者的描述我们使用非线性光学极化率 $\chi^{(2)}$ 和 $\chi^{(3)[67]}$，包括四阶在内的更高阶非线性效应忽略不计。基于这样的既定条件，理论模拟结果（此处不再图示给出）与已有实验测得的前向发射光谱几近吻合，据式（2.50）和式（2.52）计算所得的射频功率谱仅在频率 f_ϕ 处出现一峰值，而在 $2f_\phi$ 处则无峰值存在（同样，此处不再图示给出相应的计算结果）。然而已有的实验结果则是，$2f_\phi$ 处的峰值甚至要强于频率 f_ϕ 处［见图 7.18(b)］。至此，我们可以得出结论：ZnO 射频功率谱中 $2f_\phi$ 处的峰值绝对不能由微扰非共振非线性光学相关理论给予合理的解释。

对"$2f_\phi$ 处射频峰值"难题的解释[67]实际上已体现在图 3.7 和 3.8 中。图 3.7 中位于 $\Omega=\omega$ 线处的光谱信号实质上可作为一既定的参考，其准确位置依

赖于拉比频率。下面的讨论中我们将考虑位于此既定参考光谱信号以上的部分,且跃迁频率 Ω 位于激光场载波频率 ω_0 的二倍频处,也即图 3.7(a)中的情形 $\Omega/\omega_0=2$,此时我们看到光谱图上频率恰好位于 $\omega=2\omega_0$ 处存在一显著的峰值,如图中白色曲线所示(它是该图所示二维光谱在 $\Omega/\omega_0=2$ 处的断面,以线性坐标表示)。那么此光谱峰值的物理本质是什么呢? 部分来源是基频光场三阶谐波低能端的共振增强效应。对光脉冲包络中包含多个光场周期的情形,由于三阶谐波响应函数和共振响应的交叠部分很小(因后者在疏周期光脉冲机制下较为显著,如图 3.7(b)中其对光脉冲宽度的依赖性关系),这使得最终的共振增强效应将不复存在。来自三阶谐波贡献的部分,其相关光谱相位必为 3ϕ——即使光谱峰值恰位于 $\omega=2\omega_0$ 处,且其光谱信号强度近似正比于激励激光强度的三次方根。既定参考位置以下来自 $\Omega=\omega$ 光谱贡献的部分可被解释为共振增强的自相位调制效应,这是由于基频激励激光谱高能端处的光子吸收过程,其相位为 ϕ。此部分光谱信号的强度近似正比于激励激光强度。由于这两部分贡献对相关参数的不同依赖性,因此在增加激光强度或者增大拉比能 Ω_R 时,来自三阶谐波贡献的部分将获得相对较大的比重,如图 3.6 和图 3.8 所示。

图 3.7(c)给出了跃迁频率 $\Omega/\omega_0=2$ 时发射光谱对激励光场载波-包络相位 ϕ 的依赖性关系,其他所有参数与图 3.7(a)相同。由图易知,有部分光场干涉现象出现在基频 $\omega/\omega_0=1$ 与二倍频 $\omega/\omega_0=2$ 之间的光谱范围。同时也可注意到,光谱信号对相位依赖性的变化周期为 π 而不是 2π,这意味着其相应射频谱上频率为 $2f_\phi$ 处将出现峰值。与外现为二阶谐波的三阶谐波产生过程相比,来自于通常的二阶谐波产生过程的光辐射也位于此光谱范围,但是其相位为 2ϕ 而不是 3ϕ,因此二阶谐波与基频场之间干涉形成的频率拍将导致射频谱上频率 f_ϕ 处峰值的出现。图 3.7(c)中另一部分干涉现象出现在 $\omega/\omega_0=2$ 与 $\omega/\omega_0=3$ 之间的光谱范围,这说明图 3.7(a)中位于 $\omega/\omega_0=2$ 处的峰值实质包含了共振增强自相位调制(SPM)效应和共振增强三阶谐波产生(THG)过程。

图 3.6 描述了发射光谱对拉比能的依赖性关系。对图 3.6(d)所示拉比能较大的情形,所述"外现为二阶谐波的三阶谐波产生过程"已成为决定发射光谱特点的主要因素,如图中 $\Omega/\omega_0=2$ 处的黑色曲线所示。图中激光载波频率处,也即 $\omega/\omega_0=1$ 处光极化率 P 的量值异乎寻常地小,这是由于载波拉比振荡

效应(可参阅 3.3 节)。实际上在约束条件 $\Omega/\omega_0 = 2$ 下,即使对非共振型跃迁而言,反演数 w 也是以 -1 为起始值、以 $+1$ 为最大值,且在激励光脉冲持续时间结束时又近似重新回到起始值 -1。此变化规律说明了这样一个事实:倘若拉比能大于载波频率相对共振激发的失谐量,那么此失谐量将是可以忽略不计的。

在图 3.7(a)中,如果我们将跃迁能 $\hbar\Omega$ 理解为半导体的带隙能 E_g,那么位于由线 $\Omega = \omega$ 形成的图中右下角三角形内的光谱频率将经历较强的带间再吸收效应,而左上角三角形内的光谱频率则位于半导体非共振透明区,外现为二阶谐波的三阶谐波产生过程所致辐射谱与此线是相交的。为研究相应的再吸收和相位匹配效应,我们利用时域有限差分法给出了一维耦合麦克斯韦-布洛赫方程的数值解。其中没有采用旋转波近似和慢变包络近似,且考虑了实际的实验用样品结构尺寸,也即介电常数 $\varepsilon_s = (1.76)^2$ 的蓝宝石基底上厚度为 350 nm 的 ZnO 样品,而且对半导体而言,其能级为连续能带而非单个二能级系统。这就意味着,在实际分析当中要考虑光极化率 P 沿图 3.7(a)纵轴的积分。为使理论分析模型与实际实验情况相接近,我们采用 45 个二能级系统的组合以在较宽的频率范围内拟合已测得的 ZnO 半导体的线性介电函数[210],如图 7.19 所示。其中二能级系统的能级间隔在 3.3~3.9 eV 范围内。然而,激励光子能量较高时的光致跃迁过程对频率 $\omega/\omega_0 = 2$ 处的辐射信号是没有贡献的,比如图 3.7(a)中 $\hbar\Omega = 4\sim6$ eV 范围内的跃迁过程(这里已假定 $\hbar\omega_0 = 1.5$ eV)。但是在另一方面,这些高光子能量跃迁却对三阶谐波产生过程和自相位调制过程有贡献。从本质上讲,在这些条件下此类跃迁过程仍旧充当着非共振三阶非线性极化的作用。我们已经知道,三阶非线性极化作用(连同二阶非线性极化)在相同的条件下并不能产生相同的实验数据。因此我们可得结论:高能跃迁对非线性光响应仅有较小的贡献。这与我们对 GaAs 半导体的研究结果是相符合的:由于库仑作用以及高能态具有的极强的倒空和弛豫过程,跃迁能接近带隙能的跃迁过程对半导体非线性光学响应有着主要的贡献。正因此,在此 ZnO 半导体模型的理论分析中,跃迁能在带隙能 $E_g = 3.3$ eV 与 3.4 eV 范围内的光跃迁过程由完全布洛赫方程给予描述,其中 ZnO 偶极矩阵元 $d_{cv} = 0.19e$ nm、$T_1 = \infty$ 以及 $T_2 = 34$ fs;而具有更高跃迁能的光跃迁过程的非线性响应则通过将布洛赫方程中相应的反演数设置为 -1 而得到抑制(如对 GaAs 半导体的情形)。如此一来,线性光学传播效应仍能够得到准确的分析。另外，ZnO 不具备反演对称性因而其二阶非线性极化率不为 0。但为简单起见，这里我们引入与频率无关的等效体二阶非线性极化率 $\chi^{(2)} = 1 \times 10^{-13}$ m/V。这里需要提请注意的是，我们考虑的是 $\boldsymbol{E} \perp \boldsymbol{c}$ 的情形，且此时厚度为 350 nm 的 ZnO 薄膜的表面二阶谐波产生效应非常显著。同时，我们采用的跃迁激励光场为两个相同且共线传播的光脉冲，脉冲之间相对时延为 τ，脉冲形状与相关对比实验完全相同[200]（见 7.1.2 节），脉冲重复频率 f_r 与载波-包络偏置频率 f_ϕ 之比设置为 $f_r/f_\phi = 5$，且 $f_r = 81$ MHz。

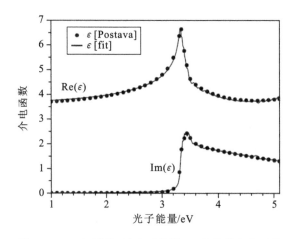

图 7.19　ZnO（谱仪）随光子能量 $\hbar\omega$ 变化的介电函数

注：以点状表示的数据来自于附录 B 文献[210]，而实线为用 45 个具有不同跃迁频率的二能级系统集合的拟合结果。图 7.20 相关计算也采用了此系统集合[269]。

图 7.20(a) 给出了计算出的不同脉冲时间延迟 τ 的发射光谱，所有的光谱分量都是在 350 nm ZnO 薄膜层中产生的，而并非直接来自于入射光脉冲场。其中，波长约在 520 nm 以上的光谱分量主要来源于自相位调制效应；在 365 nm 与 455 nm 之间的光谱分量则主要源于传统的二阶谐波产生过程和外现为二阶谐波的三阶谐波产生过程；而在这两个区域之间的光谱范围内，干涉效应使得光谱呈现出对光场载波-包络偏移相位 ϕ 的依赖性。实际上，滤出此中间区域并计算相应的射频谱即可发现：正如据上述分析过程可推知的那样，光场载波-包络偏移频率 f_ϕ 及 $2f_\phi$ 处分别出现一个峰，如图 7.20(b) 所示。

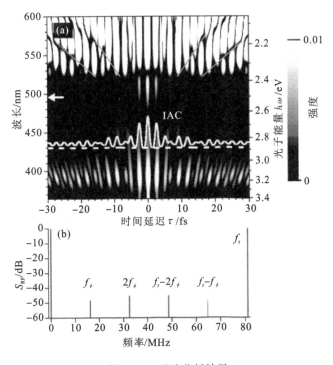

图 7.20 理论分析结果

注:$\tau = 0$ 时峰值电场强度 $\widetilde{E}_0 = 8 \times 10^9$ V/m(空气中)。图(a)为前向光辐射强度(归一化)随谱仪光子能量 $\hbar\omega$ 和时间延迟 τ 的变化关系灰度图,数据是从 $\phi = 0$ 至 $\phi = 2\pi$ 的平均值,其中的细白线为视图导航线,标识为 IAC 的白色曲线是激光脉冲干涉自相关谱。图(b)为图(a)中左侧箭头所指光谱位置处光辐射强度的射频功率谱 S_{RF},其中 $\tau = 0$ [269]。

图 7.21 给出了与图 7.20 相对应的实验结果。很显然,无论在发射光谱还是在射频谱方面两者都吻合得很好。这里尤其需要注意的是,理论和实验结果都显示:射频谱中频率 f_ϕ 及 $2f_\phi$ 处两峰的高度是可以相比拟的。此结果表明,此条件下传统二阶谐波产生过程与外现为二阶谐波的三阶谐波产生过程在强度上是可以比拟的。而且,从定性的角度考虑图 7.21(a)中以白色细线示出的光谱节线也是与图7.20(a)中的理论模拟结果相吻合的。然而,如果介质中的非线性响应是以非共振微扰三阶非线性响应过程来描述,那么图中所示节线将近似是相同的(这里没有示出)。相比之下,如果用非共振微扰三阶非线性过程取代布洛赫方程,那么 $\tau = 0$(此时干涉谱仪将产生最大的峰值强度)时在 520 nm 附近出现的光谱窄峰将不再出现(此结果这里不再给出)。因此可以说,这个在实验(图 7.21(a))和理论分析(图 7.20(a))结果中都出现的

光谱峰值无疑是此条件下极端非线性光学的另一个例证。

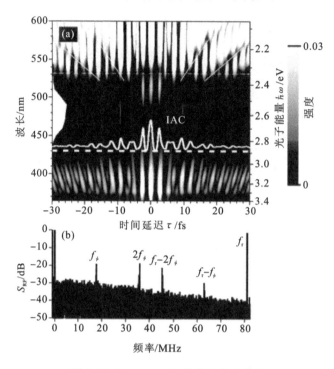

图 7.21　350 nmZnO 薄膜的实验结果

注：其中 $\tau=0$ 时峰值电场强度 $\widetilde{E}_0=8\times10^9$ V/m（空气中）。图(a)为前向光辐射强度（归一化）随谱仪光子能量 $\hbar\omega$ 和时间延迟 τ 变化的灰度图，ϕ 没有被固定。其中的细白线为视图导航线，标志为 IAC 的白色曲线是利用 BBO 倍频晶体独立测得的激光脉冲干涉自相关谱。图(b)为图(a)中左侧灰色区域所指光谱范围处光辐射强度的射频功率谱 S_{RF}，其中 $\tau=0$。这里要注意的是，所示实验结果与相同条件下理论计算的结果有着较好的吻合度（图 7.20）。（图片转载得到附录 B 文献［67］作者 T. Tritschler 等人的授权）

7.3　动态 Franz-Keldysh 效应

这里我们首先回顾一下常规的静态 Franz-Keldysh 效应，然后再进入到极端非线性光学的另一个实例——动态 Franz-Keldysh 效应——的研究中，后者在新近实验上首次被观察到。

7.3.1　静态场近似

Franz［211］和 Keldysh［212］早在 1958 年就已作出了重要的理论预言：在大的直接带隙半导体上施加强度量级在 $10^7\sim10^8$ V/m 范围的静态电场时，半导体在其带隙以下将出现呈指数变化的吸收尾。在此之后,又发现了在半导体带隙以上也存在着附加的光谱分布。所有这些不寻常的光谱分布均可由激励光场作用下电子从价带至导带的隧穿过程得到解释:考虑沿 x 方向存在一静态场 $\widetilde{E}_0 > 0$ 的情形,此时一维静态薛定谔方程可作如下表述:

$$-\frac{\hbar^2}{2m_e}\frac{\partial^2}{\partial x^2}\psi(x) + xe\widetilde{E}_0\psi(x) = E_e\psi(x) \tag{7.20}$$

这里 E_e 为电子能量。引入参量

$$X = x\left(\frac{2em_e\widetilde{E}_0}{\hbar^2}\right)^{1/3} - \frac{2m_eE_e}{\hbar^2}\left(\frac{2em_e\widetilde{E}_0}{\hbar^2}\right)^{-2/3} \tag{7.21}$$

则式(7.20)可化为如下的标准非线性微分方程

$$\frac{d^2\psi(X)}{dX^2} = X\psi(X) \tag{7.22}$$

此方程的解为 $\psi(X) = Ai(X)$,这意味着在 X 为正数时其值呈指数衰减,而在 X 为负数时则呈现出周期性变化,变化周期正比于 $1/\sqrt{|X|}$。有关艾里函数的其他特性可参考数学教科书[80]。这里我们要用到的此函数特性的重要方面是,该波函数存在一延伸至半导体带隙内的衰减尾,如图 7.22 所示。因此,对于能量间隔小于半导体带隙 E_g 的电子波函数和空穴波函数而言,电子和空穴在同一位置出现的概率将不为 0。所施加的外电场越强,电子与空穴波函数之间的交叠现象就越显著,这使得跃迁能位于带隙以下 $\hbar\omega < E_g$ 的光致跃迁得以发生。在有效质量近似下,此时半导体吸收谱 $\alpha(\hbar\omega)$ 为[199]

$$\alpha(\hbar\omega) \propto |\widetilde{E}_0|^{1/3}\left(\widetilde{\omega}(Ai(-\widetilde{\omega}))^2 + (Ai'(-\widetilde{\omega}))^2\right) \tag{7.23}$$

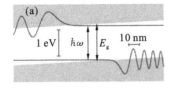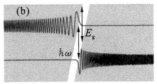

图 7.22　静态电场 $\widetilde{E}_0$ 作用下半导体中光子能量为 $\hbar\omega$ 的光跃迁过程的电子和空穴的波函数示意图

注:采用了室温下 GaAs 样品的相关参数,$E_g = 1.42$ eV,$\hbar\omega = 1.3$ eV。其中,图(a)$\widetilde{E}_0 = 2\times10^6$ V/m;图(b)$\widetilde{E}_0 = 2\times10^8$ V/m(相同坐标刻度)。灰色区域代表的是倾斜了的能带[268]。

其中 $Ai'(X)$ 为艾里函数的导数,$\widetilde{\omega}$ 为如下表述的归一化光谱频率:

$$\tilde{\omega} = \frac{\hbar\omega - E_{\mathrm{g}}}{E_{\mathrm{b}}} \left(\frac{E_{\mathrm{b}}}{er_{\mathrm{B}}|\tilde{E}_0|} \right)^{2/3} \tag{7.24}$$

这里，E_{b} 为激子束缚能（或里德伯能），r_{B} 为激子玻尔半径。在上式的求解过程中，我们已利用了这样的物理事实：在具有反演对称性的半导体中，电场 $\tilde{E}_0$ 的符号并不影响其中的光致跃迁过程。吸收谱如图 7.23 所示，显然在低于带隙 E_{g} 的频率处光谱为一指数衰减尾（Franz-Keldysh 效应），而在带隙以上则呈现出振荡特性，且振荡特性的可视性随频率的增加而减弱。这可以与有效质量近似下三维半导体中通常的吸收谱（也即无场情况下）加以对比：

$$\alpha(\hbar\omega) \propto \Theta(\hbar\omega - E_{\mathrm{g}}) \sqrt{\hbar\omega - E_{\mathrm{g}}} \tag{7.25}$$

如图 7.23 中灰色区域所示。

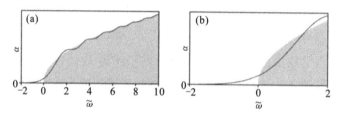

图 7.23　静态电场作用下三维半导体随归一化光谱频率 $\tilde{\omega}$ 变化的吸收谱

注：其中静电场和归一化频率分别由式(7.23)和式(7.24)给出。比如，对 $\tilde{E}_0 = 10^8$ V/m（等价于光强度为 $I = 1.3 \times 10^9$ W/cm^2）且考虑 GaAs 样品的相关参数，即激子束缚能和玻尔半径分别为 $E_{\mathrm{b}} = 4$ meV 和 $r_{\mathrm{B}} = 20$ nm，与 $\tilde{\omega}$ 量值为 1 的变化相对应的实际光子能量 $\hbar\omega$ 的变化为 0.25 eV。$\tilde{\omega} = 0$ 意味着 $\hbar\omega = E_{\mathrm{g}}$。其中的灰色区域指的是由式(7.25)描述的无场吸收谱。图(a)和图(b)显示的是以不同坐标尺度给出的 $\alpha(\tilde{\omega})$ 的普遍特性[268]。

　　如果施加的是"慢变"谐波电场而非真正意义上的静态场，也即 $\tilde{E}_0 \rightarrow \tilde{E}_0 \cos(\omega_0 t + \phi)$，则此时半导体的吸收效应将在一个谐波振荡周期 $2\pi/\omega_0$ 内发生变化，其中某一频率 ω 处的光场将经历其光场周期内的平均吸收效应，也即其吸收系数为周期平均量值 $\langle \alpha(\hbar\omega) \rangle$。如此一来，不同频率电场的有效平均效应将使得其最终光谱结构变得模糊。

　　在严格静态场的情形，也即 $\omega_0 = 0$，电子质动能与载波光子能量的比值为无穷大 $\langle E_{\mathrm{kin}} \rangle / \hbar\omega_0 = \infty$。对仍旧适用于静态场近似的慢变谐波频率 ω_0 而言，即使在峰值电场强度 $\tilde{E}_0$ 不太大的情况下，此比值也很容易达到远大于 1 的数值。这就是说，此类物理效应很容易进入极端非线性光学机制。

7.3.2 动态 Franz-Keldysh 效应

据上面的静态场近似分析及相关讨论,我们自然会提出这样的问题:究竟在怎样的载波频率处静态场近似将不再适用? 在 4.2 节中我们已得出,对一谐波变化电场而言[213],Volkov 态是有效质量近似下时变薛定谔方程的解(注意,不是艾里波函数与 $\exp(-i\hbar^{-1}E_e t)$ 的乘积),Volkov 态的能谱由一组等间隔的电子能量-动量关系抛物线组成,间隔为载波光子能 $\hbar\omega_0$(如图 4.2 所示)。因此从理论上而言,对于足够大的载波频率 ω_0,这些边带在吸收谱上将仍然体现为一系列等间隔的吸收峰[86,87]。但实际上,只有在下述四类条件同时满足的情况下,这些等间隔吸收峰才可能在实验中观察到:(1)$\hbar\omega_0$ 必须要远大于光谱的特征展宽量值 $\hbar/T_2$。在室温条件下,$\hbar/T_2$ 通常在 10 meV 量级甚至更大,这意味着需要更大的载波频率 ω_0。(2)仅在比值 $\langle E_{kin}\rangle/\hbar\omega_0$ 等于甚至大于 1 的条件下,边带才可以获得相当可观的强度。此条件的满足需要较小的载波频率值。(3)半导体带间跃迁绝对不能出现。这意味着载波频率要满足条件 $\hbar\omega_0/E_g \ll 1$(同样要求较小的频率值),同时激励光场强度要保证条件 $\hbar\Omega_R/E_g \ll 1$。反之,半导体带间的多光子跃迁效应将出现(参阅 3.5 和 3.6.1 节)。根据关系式(7.3)知,这等同于要求 Keldysh 参量 γ_K 满足条件式 $\gamma_K \gg \hbar\omega_0/E_g$,此关系式在 $\gamma_K \gg 1$ 时将自动成立。(4)同时,电子质动能 $\langle E_{kin}\rangle$ 不能比 0.1 eV 大很多,否则电子的有效质量近似将不再成立。由于空穴的有效质量通常情况下都远大于电子,因而空穴的质动能可采用一阶近似而最终得到单个抛物线型价带。如果载波光子能 $\hbar\omega_0$ 和电子质动能 $\langle E_{kin}\rangle$ 均在几十个 eV 量级(中红外区域),那么对常用的半导体而言,上述四个条件都能得到很好地满足。同时,这也能大大避免纵向光声子的直接激发。因为光声子将经弛像过程而转化为声学声子而使样品温度升高,并最终导致半导体带隙以下的诱导吸收现象发生。例如,GaAs 半导体中的纵向光声子能为 36 meV。

7.3.3 相关样品

截至目前,已在实验中观察到了室温下如下样品中的动态 Franz-Keldysh 效应[88]:厚度 $l=350~\mu m$ 的半绝缘体 GaAs 晶体($E_g=1.42$ eV),厚度 $l=3$ mm的多晶 ZnSe($E_g=2.7$ eV)和 ZnSe 晶体($E_g=2.3$ eV)。如此厚的样品将导致半导体带隙以下的透过率大大降低,而在带隙以上这些样品则是完全透明的,样品厚度对吸收效应的影响很小以至于无法由实验测得。另外,也有

学者采用了更薄 $l=2\ \mu m$ 的晶态体 GaAs 样品[214]。

7.3.4 激光系统

为了用近红外光场激发半导体,并同时探索由此导致的光频率在半导体带隙附近的光场的透过率变化,从再生放大钛宝石激光谐振腔中输出的 100 fs 光脉冲可被采用以在蓝宝石片上产生白光连续谱,以此作为光探针。同时,此光探针的另一部分分束光被直接输入光参放大器中,其与起初脉冲之间的差频效应产生了可调谐的脉宽在 1 ps 量级的强中红外脉冲,用以激发半导体样品。比如,在 6 μm 波长处(等价于 $\hbar\omega_0=0.2$ eV),中红外脉冲的脉宽相当于光场周期的 50 倍。

7.3.5 相关实验

由动态 Franz-Keldysh 效应导致的半导体样品中透过率变化出现的条件是,样品中泵浦光和探测光在时域上有交叠的部分。但在此条件下,当探测光在中红外泵浦光之后一定的时间延迟 τ 时,半导体中同时也存在着热效应。有关此条件下的具体实验结果已被研究过[88],发现此时的热效应可以得到很好的抑制。图 7.24 给出了实际测得的厚度为 $l=350\ \mu m$ 的 GaAs 样品中的透射谱[214],位于半导体带隙以下的线性透射谱的透过率高于 40% (如图 7.24 中虚线所示)。如果考虑到光场在 GaAs 与空气界面所具有的约 30% 的反射率,那么这样的结论将很容易理解。在存在光激发的条件下(图中实线),低于 GaAs 吸收边的光谱区域呈现出显著的光场诱导吸收现象。进入 Volkov 态中 $N=-1$ 抛物线能谱区域的吸收现象(请参阅图 4.2)实质是源于双光子吸收效应,其中光谱所在频率光子能量 $\hbar\omega$ 与中红外激励光场光子能量 $\hbar\omega_0$ 的和大于半导体带隙 E_g。在这里所研究的条件下,双光子吸收效应并非如微扰机制下正比于中红外激励场强度,而是由 $\langle E_{kin}\rangle\approx\hbar\omega_0$ 机制下 Volkov 边带的振幅 a_N 所决定。然而,图 7.24 中的吸收谱并没有直接明确地反映此约束关系,这与基于 Volkov 态的相关理论描述是相吻合的[88]。在此分析中我们要牢记的是,锐利的 Volkov 边带仅在连续波或方形脉冲激励条件下出现,而通过类比我们在 3.6 节的相关论述可知,高斯型脉冲激励将使得此边带结构变得模糊。同时对半导体而言,与 Volkov 边带相关的多光子吸收效应的发生通常总是不会很显著。将图 7.24 与图 7.23(b)所示结果相比较可知,静态场近似甚至可用来定性地描述此实验特征。基于更薄 GaAs 样品的进一步探究实验也已见诸相关文献[214]，其中引入了微分透过率参量 $\Delta T/T$，其定义为有/无中红外泵浦激励场条件下光场透过率差与无泵浦场时透过率的比值。其中在半导体带隙以上的光谱区域也观察到了另外的透明加剧现象[214]（这里不再给出），这是一个在微扰机制下很难理解的光谱特征。但在 Volkov 态理论框架下，这是由于基本的 $N=0$ 抛物线能谱区域被上移了单位质动能量值 $\langle E_{\text{kin}}\rangle$（可参考图 4.2）。然而，在静态场近似下半导体原初带隙以上的此类诱导透明现象同样也将出现（可参考图 7.23(b)）。

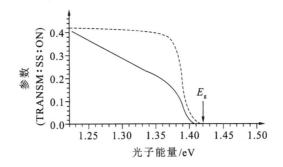

图 7.24 有/无中红外激发情况下测得的厚度 $l=350~\mu\text{m}$ 的 GaAs 样品的
透射谱

注：其中，以上两种情况分别以实线和虚线形式示出，激发场的载波光子能量 $\hbar\omega=0.2~\text{eV}$（等价于波长为 6.2 μm），激发场强度为 $I=3\times10^9~\text{W/cm}^2$（对应于 $\langle E_{\text{kin}}\rangle\approx\hbar\omega_0$）。建议参阅附录 B 文献[88]。

对中红外激发但光场强度在 $10^{11}~\text{W/cm}^2$ 及更高量级的情形，已经观察到了探测光场光子与中红外光场甚至其高阶谐波光子（可高达 $N=7$）的混频效应[215]。在这些条件下，电子质动能已相当高（几个电子伏特），以致此时有效质量近似已不再成立。而且在上述激励光场强度下，条件 $\hbar\Omega_{\text{R}}/E_{\text{g}}\ll1$ 也已不再满足，这相当于说半导体带间多光子跃迁开始出现（详细可参阅 3.5 节和 3.6.1 节基于二能级系统的相关论述）。

如果激发场载波光子能量接近 1s→2p 的激子跃迁能，那么半导体中的激子效应将变得非常显著。在 GaAs 量子阱中（$E_{\text{b}}\approx10~\text{meV}$），在约单位激子 Keldysh 参量 γ_{K}^x 情况下，在 THz 光谱频率范围（$\hbar\omega_0=0.5\sim20~\text{meV}$）的确出现了激子效应[216]。

7.4　光子牵引或动态 Hall 效应

在 4.4.1 节中我们已经知道,光子牵引效应仅起因于牛顿第二定律在洛伦兹力中磁力部分的应用,且可视为自由电子相对论性极端非线性光学的前兆。粗略地讲,此效应中光子推动电子沿着光场波矢方向运动(有关辐射压力的讨论可参阅附录 B 文献[217]~[219])。然而,在理解此效应的过程中我们应知道,当光强度为常数时并不会出现电子加速现象,也即电子将保持恒定的漂移速度。或者从另一角度考虑,光子牵引可被理解为动态 Hall 效应[220],彼此之间相互垂直的静态电场与静态磁场的共同作用,使得其中带电粒子运动方向与电场-磁场所在平面相垂直。有关光子牵引效应的非相对论性量子力学分析给出了同样的结果[221]。尽管光子牵引电流与半导体中纯位移性光电流的纵向分量均与光场强度成正比,但绝对不能将两者相混淆,后者起源于光整流效应作用下的电荷运动(见 2.4 节)。在具备反演对称特性的介质中,纯位移性光电流将严格为 0,而光子牵引电流通常情况下则不为 0(可参阅 2.5 节中有关 $\chi^{(2)}$ 和 $\chi_L^{(2)}$ 的讨论)。

在问题 4.4 中我们已进一步看到,由于固体中的围观散射过程,晶体中必然出现的电子阻尼现象仅使得光子牵引效应描述方程的前因子发生改变。在微扰机制下($\varepsilon^2 \ll 1$),根据式(4.55)可知,光子牵引电流密度 j_{pd} 正比于光强度且随 ε^2 变化(无量纲场强 ε 的定义见式(4.44))。由定性关系式 $\varepsilon^2 \propto 1/\omega_0^2$ 及 $\varepsilon^2 \propto 1/m_e^2$ 易知,在激励场载波频率 ω_0 位于红外波段以及有效电子质量(或静止质量)m_e 较小的半导体中(见表 4.1),光子牵引效应更为显著。利用此工作机制,光子牵引效应当前已被应用于商业化的在室温条件下工作的高速红外锗光探测器中,此类探测器并不需要外加偏压。通常情况下,此类光探测器被用于研究 CO_2 激光器中波长为 $10.6\ \mu m$ 的光谱信息。

应该注意到,上面的分析实际上是限定在半导体中 $\varepsilon^2 \ll 1$ 的微扰机制下。比如,对 $m_e/m_0 = 0.1$ 且不考虑激光载波频率依赖性的情形,据式(4.76)知 $\varepsilon^2 = 10^{-4}$ 将对应于电子质动能 $\langle E_{kin} \rangle = 1.27$ eV(其中已将 m_0 替换为 m_e)。这个量值已可与半导体导带宽度相比拟,因而此时有效质量近似已不再成立(见 4.3 节)。因此,在达到非微扰机制条件 $\varepsilon^2 \approx 1$ 之前,所涉及的物理过程可能是 4.3.2 节中所述的载波布洛赫振荡,也可能所用激励光场已经超过了相关样品的损伤阈值。

半导体中的光子牵引电流密度是电子和空穴贡献的总和。据式(4.55)可知,由于电流密度正比于电荷的三次方,因而这两部分贡献所致电流的符号正好相反。同时,按照问题 4.4 分别给电子(e)和空穴(h)引入一有限的(归一化的)阻尼时间 τ,类比式(4.55)我们可以得到

$$j_{\mathrm{pd}} = \left(-\underbrace{\frac{\tau_{\mathrm{e}}^2}{1+\tau_{\mathrm{e}}^2} \frac{N_{\mathrm{e}} e^3}{2Vm_{\mathrm{e}}^2 c_0 \omega_0^2}}_{\geqslant 0} + \underbrace{\frac{\tau_{\mathrm{h}}^2}{1+\tau_{\mathrm{h}}^2} \frac{N_{\mathrm{h}} e^3}{2Vm_{\mathrm{h}}^2 c_0 \omega_0^2}}_{\geqslant 0} \right) \widetilde{E}_0^2 \begin{array}{c} \lessgtr \\ > \end{array} 0 \qquad (7.26)$$

因此,如果式(7.26)中的第一项与第二项相抵消,则显然此时总电流密度将为 0。此为一个假设的巧合,由于通常情况下都采用的是掺杂半导体样品(如图 7.25 所示),其中电子(或空穴)的数量将远大于另外一种载流子,因而在实际的实验研究中此巧合是不会出现的。为实际测量半导体中的光子牵引电流,晶体表面的制作必须满足欧姆接触,且测量电路要采用短路条件设置。另一方面,在电路处于开路状态时,光子牵引效应使得电子和空穴在半导体内部空间出现了分离,这使得半导体中出现了内建电场,也即所谓的牵引场。

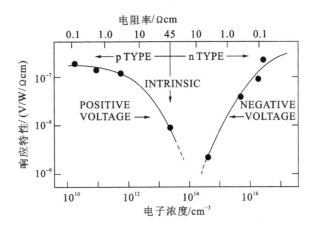

图 7.25　8 个不同的锗光子牵引光探测器在开路状态下随电子浓度变化的响应
　　　　特性(以点状示出)

注:其中左边对应于 p 型材料、右边对应于 n 型材料。(图片转载自附录 B 文献[222],得到了美国物理协会(American Institute of Physics)的授权)

在光子牵引效应中,通常情况下,牵引场或者牵引电流都不平行于激发光场的波矢[223]。从微观角度考虑,此现象起源于电子和空穴有效质量的各向异性特性。表 4.1 给出的锗原子有效电子质量数据显示其非均匀性特点。粗略地讲,电子或空穴漂移方向实质是光场波矢方向与较小有效质量所在方向的

折中。有关光子牵引电流密度矢量的通用数学描述形式如下(可同时参阅问题 7.2):

$$j_{pd} = \begin{pmatrix} j_1 \\ j_2 \\ j_3 \end{pmatrix}, j_i = \sum_{j,k,l=1}^{3} \mathcal{T}_{ijkl} \hat{K}_j \hat{E}_k \tilde{E}_l \tag{7.27}$$

这里 $\hat{K} = K/|K|$ 是单位光场波矢, $\mathcal{T}$ 为一四阶张量,线偏振激光光场波矢为

$$E(t) = \begin{pmatrix} \tilde{E}_1 \\ \tilde{E}_2 \\ \tilde{E}_3 \end{pmatrix} \cos(\omega_0 t + \phi) \tag{7.28}$$

例如,在具备反演对称特性的体介质(如锗)中,光子牵引张量仅有的几个非零元素为[224]

$$\begin{aligned} \mathcal{A} &= \mathcal{T}_{1111} = \mathcal{T}_{2222} = \mathcal{T}_{3333} \\ \mathcal{B} &= \mathcal{T}_{1122} = \mathcal{T}_{1133} = \mathcal{T}_{2233} = \mathcal{T}_{3311} = \mathcal{T}_{3322} = \mathcal{T}_{2211} \\ \mathcal{C} &= \mathcal{T}_{2323} = \mathcal{T}_{3131} = \mathcal{T}_{1212} \end{aligned} \tag{7.29}$$

且 $\mathcal{T}_{ijkl} = \mathcal{T}_{jikl} = \mathcal{T}_{ijlk} = \mathcal{T}_{jilk}$。再利用电场波矢与光场波矢相垂直的特点,也即 $\tilde{E} \cdot \hat{K} = 0$,则式(7.27)可简化为

$$j_i = \hat{K}_i (\mathcal{B}(\tilde{E}^2 - \tilde{E}_i^2) + (\mathcal{A} - 2\mathcal{C})\tilde{E}_i^2) \tag{7.30}$$

其中, $\tilde{E}^2 = \tilde{E}_1^2 + \tilde{E}_2^2 + \tilde{E}_3^2$。此时,光子牵引电流仅由两个独立的材料参数 $\mathcal{B}$ 和 $(\mathcal{A} - 2\mathcal{C})$ 所决定。

这里我们考虑两类具有不同构型的实例:

(1) $\hat{K} = (0, \cos\varphi, \sin\varphi)^T$ 及常用的条件设置 $\tilde{E} = \tilde{E}(1, 0, 0)^T$,此时由上述理论描述即得,对任意的 φ、$\mathcal{B}$ 和 $(\mathcal{A} - 2\mathcal{C})$ 都有 $j_{pd} \parallel K$;(2) $\hat{K} = (0, \cos\varphi, \sin\varphi)^T$ 及 $\tilde{E} = \tilde{E}(0, \sin\varphi, -\cos\varphi)^T$,此时我们进一步可得

$$\begin{pmatrix} j_1 \\ j_2 \\ j_3 \end{pmatrix} = \tilde{E}^2 \mathcal{B} \begin{pmatrix} 0 \\ \cos\varphi (\cos^2\varphi + \mathcal{D}\sin^2\varphi) \\ \sin\varphi (\sin^2\varphi + \mathcal{D}\cos^2\varphi) \end{pmatrix} \tag{7.31}$$

其中,我们已引入了无量纲参数 $\mathcal{D} = (\mathcal{A} - 2\mathcal{C})/\mathcal{B}$。对 φ 取 $0, \pi/4, \pi/2, \cdots$ 等值时,对任意的 $\mathcal{D}$ 值我们同样得到 $j_{pd} \parallel K$。通常情况下,光子牵引电流和光波矢之间会存在一个角度 θ。对给定的 φ 值,θ 值将仅依赖于参数 $\mathcal{D}$,且 θ 值可通过

点乘关系 $\boldsymbol{j}_{pd} \cdot \boldsymbol{K} = |\boldsymbol{j}_{pd}||\boldsymbol{K}|\cos\theta$ 确定。当 $\mathcal{D}=1$ 时,可求得对任意的 φ 值都有 $\theta=0$(等价于 $\boldsymbol{j}_{pd}\parallel\boldsymbol{K}$);当 $\varphi=0.478$(也即 27.4°)时 θ 将达到最大值 $\theta=0.340$ (也即 19.5°)。当 $\mathcal{D}\to\infty$ 时,从纯数学意义上讲 $\theta=\pi/2$ 也是可能的,也就是说, 光子牵引电流原则上甚至可以与光场波矢相垂直。对 p 型掺杂锗半导体,实际高达 $\theta=0.157$(也即 9.0°)的角度已在实验上被证实[224]。

在 2.5 和 4.4 节中我们已经知道,光子牵引与光极化的纵向分量密切相关,光极化过程的振荡频率 $2\omega_0$ 是激发光场载波频率的 2 倍。在反演对称性弱化的晶体中,类比式(7.27)对光子牵引的描述,来自光极化纵向分量的贡献可概括为

$$\boldsymbol{P}(t) = \begin{pmatrix} \tilde{P}_1 \\ \tilde{P}_2 \\ \tilde{P}_3 \end{pmatrix} \sin(2\omega_0 t + 2\phi), \tilde{P}_i = \sum_{j,k,l=1}^{3} \widetilde{T}_{ijkl}\hat{K}_j\tilde{E}_k\tilde{E}_l \qquad (7.32)$$

这里,我们已假定电子阻尼可以忽略。在考虑阻尼效应时,将出现一附加的相移。此时由于 $\boldsymbol{P}$ 与 $\boldsymbol{K}$ 之间可能存在着夹角 θ,这使得即使在反演对称晶体中,此光极化形式也将具有一个表征二阶谐波产生过程的横向分量。

? 问题 7.1

在空间反演条件下讨论式(7.27)。

? 问题 7.2

类比在 4.4.1 节的相关讨论,用电子(或空穴)有效质量张量替代各向同性有效质量,从牛顿第二定律推导出式(7.27)。

7.5 圆锥形二阶谐波产生

光子牵引效应对二阶谐波产生过程的纵向贡献,使得在各向同性固体介质中同样存在着二阶谐波产生过程。另一个物理机制完全不同但却具有相同物理结果的物理效应是圆锥形谐波产生过程[225]。与光子牵引效应相比,它是通过 $\chi^{(5)}$ 直至最低阶非线性过程而产生的物理效应。其中,四个来自频率为

ω_0 基频光场的光子与一个来自频率为 ω_0 二阶谐波场的光子经过差频混频效应,产生了频率为 $4\omega_0 - 2\omega_0 = 2\omega_0$ 的光极化效应,光极化强度正比于基频光场包络的四次方及二阶谐波场包络,光极化效应通过波动方程驱动二阶谐波产生过程。在慢变包络近似下(可参见 6.2 节),我们可近似沿用式(6.7)、式(6.8)及式(6.9)中的相关描述,其中这三个关系式都假定基频光波($N=1$)的倒空效应可以忽略。对二阶谐波场($N=2$)我们有

$$2\mathrm{i}K_2 \mathrm{e}^{\mathrm{i}K_2 z}\frac{\partial \widetilde{E}_2(z,t)}{\partial z} = -\mu_0 (2\omega_0)^2 \varepsilon_0 \chi_{\mathrm{SHG}}^{(5)} \widetilde{E}_1^4 \mathrm{e}^{\mathrm{i}4K_1 z}\widetilde{E}_2^* \mathrm{e}^{-\mathrm{i}K_2 z} \qquad (7.33)$$

其中,我们已引入了参量 $\chi_{\mathrm{SHG}}^{(5)} = \chi^{(5)} 5/2^5$,$\chi^{(5)}$ 由式(2.37)定义。在满足相位匹配条件 $\Delta K = 4K_1 - 2K_2 = 0$ 时,也即 $c(\omega_0) = c(2\omega_0)$,上式可进一步化为

$$\frac{\partial \widetilde{E}_2}{\partial z} = +\mathrm{i}g\widetilde{E}_2^* \qquad (7.34)$$

其中,我们已将相关前因子合并为一实系数 $g \propto \chi_{\mathrm{SHG}}^{(5)} \widetilde{E}_1^4$。至此,我们便可直接求得上述方程的如下通解:

$$\widetilde{E}_2(z,t) = \mathcal{A}_+ (1+\mathrm{i})\mathrm{e}^{+gz} + \mathcal{A}_- (1-\mathrm{i})\mathrm{e}^{-gz} \qquad (7.35)$$

式中,实系数 $\mathcal{A}_+$ 和 $\mathcal{A}_-$ 可由初始条件 $\widetilde{E}_2(0,t) = (\mathcal{A}_+ + \mathcal{A}_-) + \mathrm{i}(\mathcal{A}_+ - \mathcal{A}_-)$ 求得。对于特殊情况 $\mathcal{A}_+ = \mathcal{A}_-$,式(7.35)可进一步简化为

$$\widetilde{E}_2(z,t) = \widetilde{E}_2(0,t)(\cosh(gz) + \mathrm{i}\sinh(gz)) \qquad (7.36)$$

另外,对较大的传播距离 $|gz| \gg 1$,二阶谐波场包络 $\widetilde{E}_2$ 及强度 $I_{\mathrm{SHG}}(l) \propto |\widetilde{E}_2(z=l,t)|^2$ 都呈指数增长趋势,其中 l 为介质样品的厚度。对于特殊情况 $\mathcal{A}_+ = \mathcal{A}_-$,二阶谐波强度为

$$I_{\mathrm{SHG}}(l) = I_{\mathrm{SHG}}(0)(\cosh^2(gl) + \sinh^2(gl)) \qquad (7.37)$$

这与低泵浦倒空近似下源于 $\chi^{(2)}$ 非线性效应的相位匹配二阶谐波产生过程形成了鲜明的对比,后者二阶谐波强度与介质长度之间满足二次方关系 $I_{\mathrm{SHG}} \propto l^2$（见式(6.10)所示)。对 $\widetilde{E}_2(0,t) = 0$,也即在样品触光面处没有种子二阶谐波场信号输入,则样品中将不会有二阶谐波场产生;但是另一方面,只要存在很小的种子场信号,则样品中较高的光增益(因 $|gl| \gg 1$)将使得输出面处有相当可观的二阶谐波场信号出现。按照量子力学相关理论,介质中的量子涨落可以提供所需的种子信号。

但应注意的是,在色散介质中相位匹配条件 $c(\omega_0) = c(2\omega_0)$ 通常是不满足

的。一般情况下,总有 $c(\omega_0) > c(2\omega_0)$ 成立。在传统非线性光学中,我们可利用双折射现象以实现相位匹配条件。显然此现象在各向同性介质中是不存在的。但是,如果波矢 $\boldsymbol{K}_1 \parallel (0,0,0)^T$ 与 $\boldsymbol{K}_2$ 不平行而是存在夹角 θ,其中 $|\boldsymbol{K}_1| = \omega_0/c(\omega_0)$、$|\boldsymbol{K}_2| = 2\omega_0/c(2\omega_0)$,那么相位匹配条件 $4\boldsymbol{K}_1 - 2\boldsymbol{K}_2 = 0$ 便可以得到满足。如果这两个波矢的 z 分量满足关系式 $4(\boldsymbol{K}_1)_z - 2(\boldsymbol{K}_2)_z = 4|\boldsymbol{K}_1| - 2|\boldsymbol{K}_2|\cos\theta = 0$,也即

$$\cos\theta = \frac{c(2\omega_0)}{c(\omega_0)} \tag{7.38}$$

在等式右边量值不大于 1 时,我们总可以找到一 θ 值以使等式成立。这意味着,二阶谐波场信号位于沿着基频光波矢且孔径角为 θ 的圆锥面上,因此称为"圆锥形二阶谐波产生过程"。在介质材料的输出面处,圆锥形二阶谐波场表现为一亮圆环。如图 7.26 所示。

总的说来,通过 $2N$ 个基频场光子与一个 N 阶谐波光子的差频混频 $\chi^{(2N+1)}$ 非线性过程,上述圆锥形相位匹配过程可产生任意奇数或偶数 N 阶谐波。

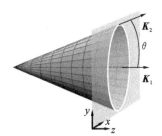

图 7.26　各向同性材料中的锥形二阶谐波产生过程发射特性示意图

注:二阶谐波波矢 $\boldsymbol{K}_2$ 与基频光波矢 $\boldsymbol{K}_1$(中心轴)所成的角为 θ,这里所示的 $\theta = 0.35(20°)$ 对应着 $c(2\omega_0) = 0.94\, c(\omega_0)$。锥形二阶谐波产生是一个五阶非线性过程。

圆锥形二阶谐波产生过程在实验上还未见诸文献报道,但是基于 $\chi^{(7)}$ 非线性过程的圆锥形三阶谐波产生实际上已被观测到[225]。其中,基于 $\chi^{(3)}$ 非线性过程的三阶谐波(相位未匹配)提供了所需的种子信号。在此类实验中,蓝宝石被 10 μJ、中心波长为 1.5 μm 的 50 fs 光脉冲激发,相位匹配圆锥孔径角 θ 为 12°。据附录 B 文献[225]估算其光斑半径为 10 μm,以此推知其光场峰值强度在 $I = 6 \times 10^{13}$ W/cm^2 量级,这相当于真空中光场 $\widetilde{E}_0 = 2 \times 10^{10}$ V/m。

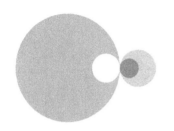

第8章
原子与电子的极端非线性光学

在前述 5.4 节、4.4 节以及 4.5 节中我们已分别详细阐述了原子、电子以及真空系统极端非线性光学的相关理论基础。从中可以看出:对原子系统而言,当电子在外场中的质动能可与其束缚能相比拟时(也即 $\gamma_K \approx 1$),原子系统与外场相互作用即进入极端非线性光学机制;对自由电子,极端非线性光学机制发生的条件则变为电子在外场中的质动能可与其静止能相比拟(也即 $|\varepsilon| \approx 1$);而对真空而言,诸如正负电子对产生过程的极端非线性光学机制发生的条件则为电子在其康普顿波长空间范围内的势能降可与其静止能相比拟。同时,其所对应的典型激光强度值分别大致在 10^{14} W/cm^2、10^{18} W/cm^2 与 10^{30} W/cm^2 量级。

要获得如此高强度的激光,激光放大系统的采用是非常有必要的。在此方面,啁啾脉冲放大技术被投入了较多研究精力并取得了巨大的进步[16,17]。可以说如果没有此核心技术,激光强度(不是指脉冲能量)将仍停留在仅能损伤光学元件这个强度量级上。在啁啾脉冲放大技术应用过程中,待放大脉冲首先在时间域内得到极大程度的拉伸,此过程中脉冲宽度一般有几个数量级的变化(理想状态下,脉冲的振幅谱并不受影响);此后在保持脉冲峰值强度低于激光增益介质损伤阈值的条件下,拉伸后的激光脉冲即可被放大以获得较

高的脉冲能量;此高能量脉冲将经历时域脉冲压缩过程而最终获得高强度激
光脉冲。

8.1 原子系统中的高阶谐波产生过程

在 5.4 节中我们已经提到,原子与高强度激光脉冲相互作用可产生高达
几百阶的高阶谐波,这些高阶谐波可导致极紫外辐射孤立单阿秒脉冲[226,227]或
阿秒脉冲群[228,229]的出现。图 8.1 中给出了此类实验中常用的三种作用结构。
有关此高阶谐波产生过程的微观描述,常采用的办法是求解时变薛定谔方程。
为了将实验结果与理论描述作直接的比较,实验结构的设计需考虑两个方面:
具有孤立偶极子近似且要尽可能避免高次谐波产生过程的传播效应。基于这
样的考虑,图 8.1(a)中的低浓度气体结构可近似视为满足此类要求。当然,如
果拟获得具有最高强度的极紫外辐射,则需采用具有较大有效作用长度的结
构设计。根据 6.2 节中基于一维慢变包络近似的相关讨论可知,由式(6.12)
定义的相干长度 $l_{coh}(N)$ 给出了此有效作用长度的上限。而在实际实验过程
中,如再吸收、自散焦以及 Gouy 相位色散等附加物理效应则将进一步限制此
有效相干作用长度。当前,依据详细的理论分析[135],学者们普遍认为:对于疏
周期激光脉冲场,图 8.1(a)中的低浓度气体结构对高阶谐波产生过程更为

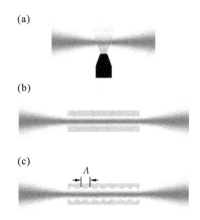

图 8.1 用于原子高阶谐波产生过程的结构设计(示意图,未按尺寸)

注:图(a),激光脉冲与来自气体阀的原子作用(许多研究人员常采用此结构);图(b),原子位于中
空气体毛细管中[230,231],此结构有助于相位匹配;图(c),原子位于空间调制性毛细管中[232],此结构可
实现准相位匹配,其中 Λ 为调制周期。

有利,而图 8.1(b)或(c)所示的结构则适合较长激光脉冲时采用。尽管如此,目前典型的高阶谐波转换效率约在 10^{-5}。而在传统非线性光学机制下,二阶谐波产生过程中的转换效率则近似为 100%。

下面我们将在 8.1.1、8.1.2 与 8.1.3 节中依次详细讨论上述三种结构。

8.1.1 气体阀

作为示例,图 8.2 中给出了 200 fs 光脉冲与氖气原子作用产生的高阶谐波谱。其中,可清晰分辨的谐波阶数直至第 101 阶,这略高于按照 5.4.1 节相关结论计算所得的截止高阶谐波阶数——第 95 阶。有关此方面的更多实例可参阅附录 B 文献[233]~[244]及相关评论[245,246]。采用氦气为作用介质、载波光子能量 $\hbar\omega_0 = 1.5$ eV 的激光脉冲作激励光源,如今已在实验上产生了光子能量高达 $\hbar\omega \approx 0.5$ keV(波长为 2.5 nm)的高阶谐波,其谐波阶数近似为 $N \approx 333$。这些实验结果不仅与由式(5.19)决定的截止谐波阶数 N_{cutoff} 与原子电离能 E_b 之间的线性依赖关系相吻合,而且也说明了氦原子相对表 5.1 中所列气体原子具有较大的原子电离能。相比图 8.2 中的情形,此实验在采用较低光脉冲强度的条件下却产生了更高阶的谐波成分,其中原因是相关作者采用

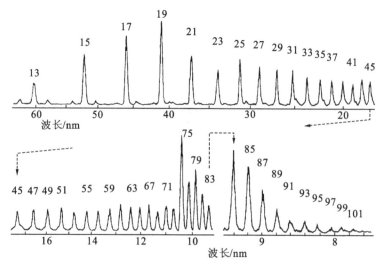

图 8.2 高阶谐波谱实例

注:这里,压强为 20000 Pa(200 mbar)的氖气受到 200 fs 强度为 $I = 3 \times 10^{15}$ W/cm^2 激光脉冲的作用,光场载波光子能量 $\hbar\omega_0 = 1.6$ eV,所用光与物质作用结构如图 8.1(a),各谐波成分以其阶数 N 标出。其中未标注的峰值是源于光谱仪光栅的二阶次衍射过程。(图片转载得到附录 B 文献[242]作者 K. Miyazaki 和 H. Takada 的授权)

了脉冲宽度小得多的光脉冲[243,244]。根据 5.4 节的分析结果,具备这样特性的
光脉冲场将在低电离度的条件下,使得电子在电离后的第一个光场周期内具
有较高的质动能 $\langle E_{kin} \rangle$(参阅图 5.12 和式(5.19))。截至目前已有从氦原子中
产生光子能量甚至高于 0.7 keV 谐波辐射场的文献报道[247],其采用了基于
Gouy 相位频率依赖性的部分高阶谐波相位匹配技术(参阅 6.3 节)。

为具体理解高阶谐波谱型的成因并优化谐波产生过程中的转换效率,必
须考虑高阶谐波产生过程中的相位匹配效应。针对此方面内容,在前述 6.2
节中已给出了基于一维慢变包络近似的相关讨论分析,这里我们将以此为基
础作进一步的阐述。据前述分析可知,第 N 阶谐波分量的相干长度如下[参
阅式(6.12)]:

$$l_{coh}(N) = \frac{\pi}{|\Delta K|} \qquad (8.1)$$

显然,它与基频激励光场与 N 阶谐波分量场波矢的失配量 ΔK 有关。ΔK
的定义请参阅式(6.11),以折射率为参量此式可重写为

$$\Delta K = \frac{N\omega_0}{c_0} \big[n(\omega_0) - n(N\omega_0) \big] \qquad (8.2)$$

对于与基频激励光场作用的原子系统而言,其总波矢失配量主要由三部
分组成:来自未电离原子的波矢失配量 ΔK_{atom},来自原子电离自由电子的波矢
失配量 ΔK_e,以及来自原子系统所用波导的失配量 ΔK_{wg}。严格来讲,总波矢
失配量需要在综合考虑这三部分作用过程相应线性光学极化率的基础上,通
过计算总折射率差而最终由式(8.2)给出。倘若考虑到所有相关的折射率均
非常接近于 1 这个物理条件,总波矢失配量求解的复杂物理过程则可以作适
当的简化。涉及的相关近似如下:

$$n(\omega) = \sqrt{\varepsilon(\omega)} = \sqrt{1 + \sum_i \chi_i(\omega)} \approx 1 + \sum_i \chi_i(\omega)/2 \approx 1 + \sum_i [n_i(\omega) - 1]$$

与此相应,总波矢失配量可视为上述三部分贡献的简单线性合成,也即

$$\Delta K = \Delta K_{atom} + \Delta K_e + \Delta K_{wg} \qquad (8.3)$$

这里,我们采用了与上述简化过程相辅相成的近似——原子和(或)自由电子
的折射率不影响承载原子系统所用波导的特性。未电离原子系统的折射率为
$n_{atom} = \sqrt{\varepsilon} = \sqrt{1+\chi}$,一般来讲极化率 χ 包含一系列共振跃迁的贡献。这里需要
说明的是,式(3.3)(也可参阅图 3.1)仅仅考虑了共振跃迁频率为 Ω 的情形。
通常共振跃迁频率的变化范围为 $\omega_0 < \Omega < N\omega_0$,这说明在原子系统高阶谐波产

生过程中基频光折射率远大于 1 而高阶谐波的折射率则非常接近 1。因此,通常有如下关系成立:

$$\Delta K_{\mathrm{atom}} > 0 \qquad\qquad (8.4)$$

由上述分析易知,这部分贡献随着气体压强的增大而增加($\propto N_{\mathrm{atom}} = N_{\mathrm{osc}}$,据式(3.3))。但对于给定的气体压强,此贡献又随着原子电离度的增加而减小,也即随着激励光强度的增大而减小。但此时来自原子电离自由电子的贡献则呈增加态势,其折射率 $n_{\mathrm{e}} = \sqrt{\varepsilon} = \sqrt{1+\chi}$ 可依据式(4.2)由自由电子极化率(或德鲁德极化率)直接得出(也可参阅图 4.1)。通常情况下,原子电离自由电子浓度低于 10^{20} cm^{-3},由式(4.3)知等离子体振荡频率 ω_{pl} 远小于基频激励脉冲光场载波频率 ω_0,因此有 $0 < \varepsilon < 1$ 且基频场折射率为小于 1 的正实数。同样,高阶谐波场折射率仍然为非常接近于 1 的数。因此有如下关系成立:

$$\Delta K_{\mathrm{e}} < 0 \qquad\qquad (8.5)$$

如果要产生更高阶的谐波分量,也即要求截止阶数 N_{cutoff} 更大一些,那么由式(5.19)知这意味着更大的电子质动能 $\langle E_{\mathrm{kin}} \rangle$ 或更高的激励光强度 I。在这样的激励条件下无疑有更多的原子被电离,因而来自自由电子的波矢失配量将增加,这对于激励光场包含几个甚至较多光场周期的情形尤为明显(参阅图 5.12)。这里需特别提请读者注意的是,在光脉冲与原子系统相互作用的过程中,自由电子浓度随时间呈增加态势,这就要求其中的相位匹配条件也要随时间做相应的调整。

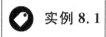 **实例 8.1**

假定式(8.3)中来自自由电子的波矢失配量为主要部分,考虑自由电子浓度为 $N_{\mathrm{e}}/V = 10^{18}$ cm^{-3} 的情形。根据式(4.3)知,此时等离子体能量 $\hbar\omega_{\mathrm{pl}} = 0.037$ eV。倘若此自由电子来自完全单电子电离气体原子,则根据理想气体方程易知此气体在温度 $T = 300$ K 时的压强为 4141 Pa(即 41 mbar)。同时设激励光场载波光子能量 $\hbar\omega_0 = 1.5$ eV、待考察谐波阶数 $N = 101$。由式(8.2)可知,基频光及第 101 阶谐波的折射率分别为 $n_{\mathrm{e}}(\omega_0) = 0.9997$ 和 $n_{\mathrm{e}}(N\omega_0) = 1.00000$。据此可求得此高阶谐波分量的相干长度 $l_{\mathrm{coh}}(101) = 13.6$ μm。而对于其他阶数满足 $N \gg 1$ 的较高阶谐波,相干长度将反比于其阶数 N。

在一维平面波近似相关讨论之外,仍有两个附加物理效应也影响着高阶谐波谱。上面提到的 Gouy 相位色散已在 6.3 节略微提及,其内在物理机制与气体毛细管的特性直接相关。下面我们将给予详细讨论。再者,作用光束光场在焦点处的横向分布特性(如高斯分布)也使得其中电子分布呈现出相应的特点:中心处光场强度较高,因而原子电离度较大、电离产生电子浓度也较高,而边翼处则正好相反。此电子浓度分布特性使得中心处自由电子折射率较小而边翼处折射率较大,这最终导致作用激光光束的散焦。无疑,这严重地缩短了激励激光场与气体相互作用的有效长度。

8.1.2　中空波导

首先,我们将区别两类情况:情形(Ⅰ)和情形(Ⅱ)。对情形(Ⅰ),式(8.3)中来自自由电子的贡献相比原子可以忽略,也即 $|\Delta K_{atom}| \gg |\Delta K_e|$,其常发生在仅产生较低阶谐波的条件下;而对情形(Ⅱ),来自自由电子的贡献则远大于原子部分,也即 $|\Delta K_{atom}| \ll |\Delta K_e|$,此情形常发生在激光场较强因而产生谐波阶数也较高的条件下。本部分将重点讨论前者,后者将在稍后章节涉及。

在情形(Ⅰ)中,来自波导色散效应的贡献必须能够补偿正的原子波矢失配。也就是说,正的原子波矢失配量 $\Delta K_{atom} > 0$ 要求能够提供负的等值波导色散波矢失配 $\Delta K_{wg} < 0$,以达到完全($\Delta K = 0$)或近似完全波矢匹配($\Delta K \approx 0$)。鉴于此,物理上常采用如图 8.1(b)所示的中空气体波导结构。实际上,由于光场在其中传输时存在着损耗(如与气体原子作用过程的光吸收效应),上述结构并不满足严格意义上的波导。然而,根据几何光学相关理论及分析可知,以近掠入射方式入射到玻璃微管波导(典型折射率为 1.5)中的光线将在其中经历光学反射过程,且其每次反射仅有百分之几的极低损耗。为计算其中的光场分布并最终讨论光场沿波导传输时的色散关系,需要给定光波的具体特性。此电磁场问题已在许多年前被研究过[248],其电磁场分布可由贝塞尔函数表示。

从直观上考虑,这里我们仍然能够遵循沿用 6.3 节中对 Gouy 相位的分析思路:根据测不准原理,波导模式在横向受到的约束作用将直接导致其横向动量的弥散。而对于给定频率的光场的波矢模量 $|\boldsymbol{K}| = \sqrt{K_x^2 + K_y^2 + K_z^2} = \omega/c_0$ 为常数,横向分量 K_x 和 K_y 的弥散将使得沿毛细管轴向的纵向分量 K_z 减小。倘若考虑纵向波矢在横向的差别,可通过适当的均值计算法而引入有效纵向

波矢分量轴向分量 K_z^{eff}，也即传播常数。如此一来，中空波导的有效折射率 n_{wg} 可由电磁光场色散关系直接得出：

$$\frac{\omega}{K_z^{\mathrm{eff}}} = c = \frac{c_0}{n_{\mathrm{wg}}(\omega)} \tag{8.6}$$

由于 $K_z^{\mathrm{eff}} < |\boldsymbol{K}|$，则据式(8.6)可知：对任意频率 ω，都有关系式 $n_{\mathrm{wg}}(\omega) < 1$ 成立。这意味着此中空波导中光场的相速度均大于其在真空中的传播速度 c_0。实际上，文献[248]（见附录 B)中的完整计算结果给出了如下的频率依赖关系：

$$n_{\mathrm{wg}}(\omega) = 1 - \frac{\omega_{\mathrm{crit}}^2}{\omega^2} \tag{8.7}$$

对较大的光场频率 ω，其波长将远小于毛细管的直径，此时光场在波导中的传输过程将几乎不受波导约束效应的影响，也即达到了几何光学的极限。据此可得 $n_{\mathrm{wg}}(\omega \to \infty) \to 1$。将式(8.7)代入式(8.2)可得

$$\Delta K_{\mathrm{wg}} < 0 \tag{8.8}$$

而基频光频率 ω_0、临界频率 ω_{crit} 和毛细管半径 r_{cap} 之间存在着关系 $\omega_0 \gg \omega_{\mathrm{crit}} \propto 1/r_{\mathrm{cap}}$，这即是说 ΔK_{wg} 的大小可由毛细管半径来调节。原理示意如图 8.3。如果同时联系前面已得结论——原子波矢失配量 ΔK_{atom} 与气体压强密切有关，则综合上述论述易知：高阶谐波产生过程中的相位匹配条件 $\Delta K = \Delta K_{\mathrm{atom}} + \Delta K_{\mathrm{wg}} = 0$ 可通过气体压强调节来实现。

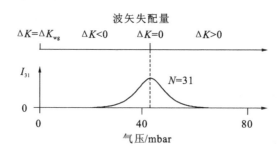

图 8.3　中空波导中氩气原子的第 $N = 31$ 阶谐波强度（线性坐标尺度）随气体压强的变化关系

注：所用波导形状如图 8.1(b)。压强调谐曲线是依据附录 B 文献[230]而给出的示意图，其中采用了载波光子能量 $\hbar\omega_0 = 1.55$ eV、强度 $I = 2 \times 10^{14}$ W/cm² 的 20 fs 光脉冲以激发氩气原子，后者位于直径 150 μm、长度为几个厘米的中空毛细管中。简单地想，或许有人会认为此时将观察到由式(6.10)所述正比于 sinc²($\Delta K\,l/2$) 的相位匹配函数的侧瓣，这里由式(8.3)可知 ΔK 为气体压强的线性函数。然而，吸收效应和不同程度电离的共同作用却抹掉了这些结构，同时也使得相关峰值得到展宽。因此，上述所述 ΔK 应被理解为有效平均量值。

同时,相关的实验结果已说明中空波导的采用也有助于改善高阶谐波的空间相干性[249]。

8.1.3　空间调制型毛细管中的准相位匹配

对产生阶数非常高的高阶谐波的情况,来自自由电子的波矢失配贡献 ΔK_e 已非常显著甚至远大于 ΔK_{atom},也就是上述 8.1.2 节中所指的情形(Ⅱ)。显然此时来自自由电子的波矢失配不能被上述所及的中空波导所补偿,而且因为两类波矢失配参数的固有正负特性 $\Delta K_e<0$、$\Delta K_{wg}<0$,此情形下倘若照搬采用上述中空波导将会使波矢失配总量更大。值得注意的是,在发明红宝石激光器的两年之后,也就是 1962 年,Bloembergen 和他的同事引入了准相位匹配的概念[250],而这里将讨论的情形(Ⅱ)的相位匹配问题恰好用到了此物理概念。假定存在一有限波矢失配量 $\Delta K<0$,如果基频光波和高阶谐波共同传播的长度为 l,那么两者获得的附加相位差为 $l\Delta K$。无疑当 $l=l_{coh}$ 时 $l\Delta K=\pi$。倘若保持传播条件不变而使两者继续传播第二个相干长度,则高阶谐波场将经历相消干涉作用,其结果为当完成此相干长度穿越时高阶谐波场完全变为 0 (参见式(6.10))。然而,如果能够改变高阶谐波场在第二个相干长度内非线性的符号,也即 $\tilde{\chi}^{(N)} \rightarrow -\tilde{\chi}^{(N)}$,则第二个相干长度内将出现完全不同于相消干涉的相长干涉。这意味着要求的空间周期为

$$\Lambda = 2l_{coh} \tag{8.9}$$

此即为准相位匹配的基本物理思想。针对本节阐述的物理情形,这里并不能完全照搬此物理思想而试图周期性调制气体的非线性特性。但一个极为相关的物理思想是周期性调制高阶谐波产生过程的量值[232],此方法虽效率不高但却奏效。在前述 5.1 与 5.3 节中我们已经提到,高阶谐波产生过程对激励光强度和光场载波包络相位非常敏感,因而即使气体毛细管半径的微小变化都可以产生根本性的影响,如导致此谐波产生过程的发生和淬灭[参阅图 8.1(c)]。从本质上讲,此类物理效应属于非微扰光学机制(见 5.3 节),因而严格意义上并不能通过非线性光学极化率参数来描述。但尽管如此,我们仍可通过此参数大致了解气体毛细管半径尺寸的调制作用。根据式(6.8),如果基频激励光场包络 $\tilde{E}_1$ 仅仅减小 2%,则对阶数为 $N=170$ 的高阶谐波而言,表征其强度的参数项 $\tilde{\chi}^{(N)}\tilde{E}_1^N$ 将减小为原来的 1/29。这里我们假定 $\tilde{E}_1$ 近似为

常数,无疑在第一个相干长度范围内,此高强度激励激光场将诱发高阶谐波产生过程,而在随后第二个相干长度内 $\tilde{E}_1^N$ 近似为 0,因而此空间范围内几乎没有高阶谐波产生过程发生。但由于在经历一个长度为 $\Lambda=2l_{coh}$ 的空间周期之后,激励基频光场与高阶谐波场的获得性相位差为 $\pi+\pi=2\pi$,因而相邻空间周期内产生的高阶谐波场之间将发生相长干涉作用。如果考虑基频激励光场包络的空间变化特性,也即 $\tilde{E}_1=\tilde{E}_1(z)$,则由式(6.8)积分易得:只要保持气体毛细管空间调制周期 $\Lambda=2l_{coh}$ 不变,则基频光场包络空间变化特性将不会对上述准相位匹配的结果产生任何影响。根据相干长度 $l_{coh}=\pi/|\Delta K|$ 与原子浓度(同理,也可说自由电子浓度)之间的依赖关系,对于既定的调制周期 Λ,准相位匹配条件 $\Lambda=2l_{coh}$ 总可以通过调节气体压强而得以实现。正如在前面已经指出的那样,高阶谐波产生过程中产生的自由电子的浓度 $N_e(t)$ 随作用时间 t 单调增加(见图 5.12),这意味着准相位匹配条件 $\Lambda=2l_{coh}[N_e(t)/V]$ 仅在很小的时间间隔内成立。因此理论上而言,即使对于包含多个载波光场周期的光脉冲,此准相位匹配条件的时间特性也使得高阶谐波产生过程只能产生单个孤立的极紫外阿秒脉冲,而不是图 5.1 所示的阿秒脉冲群。

采用上述空间调制型气体波导结构,文献[251]证实了高度电离的氩气中可实现相当有效的高阶谐波产生过程,高阶谐波光子能量最高可达 250 eV,这相当于光子能量为 1.5 eV 基频光的第 167 阶谐波分量。当然,Ar^+ 离子相比 Ar 原子具有更高电离能的特点也是导致此实验结果出现的另一方面原因(两者的电离能分别为 27.6 eV 和 15.8 eV)。根据式(5.19)易知,较高的电离能直接意味着较高的截止谐波阶数。附录 B 文献[251]中所用相关参数为:激发光脉冲脉宽为 22 fs,峰值光强度为 1.3×10^{15} W/cm^2,气体压强为 933 Pa(9 mbar),波导调制周期 $\Lambda=250\ \mu m$。通常情况下,此类实验中毛细管直径的调制度仅为 5%~10%(见图 8.1(c))。

8.1.4 载波-包络相位依赖性

疏周期光脉冲引起的高阶谐波产生过程强烈地依赖于脉冲光场的载波-包络相位,由前述各相关章节的论述可知,此依赖性可在不同的难易层次上得到解释。如果采用基于非线性光学极化率的唯象方法,载波-包络相位的影响是通过光谱上毗邻的谐波分量之间的干涉作用(参阅图 5.2);而在 5.3 节所述静电隧穿近似下,此依赖性则起源于直接引起物质原子隧穿电离过程的瞬时激光电场的时间依赖性(参阅图 5.6)。迄今为止,此载波-包络相位依赖性已在文献[252, 253]中做了详尽的理论分析,同时也得到了相关实验上的证实[254]。

1) 激光系统

在诸如文献[254]中的高阶谐波产生过程实验中,研究人员总是相继进行几个几乎是程序性的相关环节:采用载波-包络相位锁定的锁模激光器,然后将光脉冲能量放大至几个毫焦量级,再通过充满氖气的中空波导中的自相位调制作用尽可能展宽其频谱,以产生"白光型"连续体谱,接着压缩此频谱展宽后的光脉冲,以产生宽度为 5 fs 左右的超短脉冲,最后将此超短脉冲聚焦在 2 mm 长的氖气样品上以激发产生高阶谐波,此时焦点处的激光强度约为 7×10^{14} W/cm^2。令人惊奇的是,只要锁模激光器载波-包络相位的相对抖动保持在 50 mrad 以内(也即相位变化小于 1%),则经上述几个光学调制环节而最终产生的光脉冲的载波-包络相位将被证明也是锁定的。这在另一方面也意味着,在从初始激光谐振腔到高阶谐波产生用气体样品的整个穿越过程中,光脉冲场实际相位的变化总是 2π 的整数倍。

2) 相关实验

文献[254]中测得的高阶谐波谱如图 8.4 所示。很显然,高阶谐波谱对激发光场的载波-包络相位有着强烈的周期性依赖关系,且因为作用气体所具有的反演对称性,此变化周期为 π(而不是 2π)。对载波-包络相位 $\phi=0$ 和 π 的情形(见图 8.4(b)),位于谐波谱高能量端(120~130 eV)的各高阶谐波峰消失而合并为一连续体谱,这一点也可由图 5.2 推知,然而对 $\phi=\pm\pi/2$ 的情形,此处的高阶谐波峰清晰可见。相比图 5.2,图 8.4 则显示具有较低光子能量的各高阶谐波峰在任何载波-包络相位设置下都不会合并为一连续体谱。实际上当考虑到不同光子能量的高阶谐波的来源时,它们在载波-包络相位依赖性方面的这种差异便不难理解了:根据图 5.6 知,谐波谱截止频率附近的各高阶谐波是由位于脉冲周期中心处的特定光场所唯一产生的,而阶数较低的谐波分量则来自于其他光场强度相同但出现时刻不同的光场部分。同时,图 8.4 也显示了光子能量位于 90~120 eV 的各高阶谐波峰随着载波-包络相位的不同,其位置也发生相应的变化,也即其谐波频率并不总是满足关系 $\hbar\omega_N = N\hbar\omega_0$ 而位于激励基频光频率的奇数倍高阶谐波频率处。也正因此,当载波-包络相位不锁定时,此类较低阶谐波峰将变得模糊甚至不可分辨(见图 8.4(e))。另一方面也可看出,各高阶谐波峰之间在能谱上是等间距的,且间距约为 $2\hbar\omega_0 =$ 3 eV。基于上述讨论,各高阶谐波峰的位置可作如下定义[①]:

$$\omega_N = N\omega_0 + \Delta_N(\phi) \tag{8.10}$$

这里谐波阶数 N 为奇数,频移 $\Delta_N(\phi)$ 由激励光场载波-包络相位 ϕ 和谐波阶数 N 共同决定。对 $\Delta_N(\phi) = \omega_0$ 的情形,各谐波分量都将是激励基频光场的偶数阶次高阶谐波(参见 3.4 节)。式(8.10)所界定的频率关系很容易使人联想到锁模激光谐振腔中的频率梳现象(参见 2.3 节),极为类似的是,如式(2.31)所示频率梳中各相关频率值可通过载波-包络相位变化频率 f_ϕ 进行变化调制。在时域内,频移 $\Delta_N(\phi)$ 意味着两相邻阿秒脉冲并非是完全相同的,其彼此之间的阿秒载波光场振动相对于阿秒包络的相位 ϕ_{as} 存在着相应的变化。这完全类似于我们在上述 2.3 节中所讨论的锁模激光脉冲的情形(可与图 2.2(a)和(b)比较)。实际上在等价的意义上也可认为,相邻两个半光场周期内产生的各高阶谐波在相位上是不相同的。在不同光场载波-包络相位 ϕ 设置条件下,与高阶谐波产生过程密切相关的原子电离及谐波传播过程无疑存在着较大的差异(如图 8.4 中示出的)。倘若以此为基础,那么相邻阿秒脉冲之间在其光场载波-包络相位 ϕ_{as} 方面的变化便可得到直观的理解。但不管怎样,利用旁轴近似下的三维波动模型[255]及 ADK(Ammosov-Delone-Krainov)原子电离概率理论(见问题 5.1),此类相位依赖关系已由原子电离数值解做了相应的预言(见5.3 节)。另外,文献[254]也重现了此高阶谐波产生过程的相位依赖性,同时其也考虑了高阶谐波产生过程中的传播效应。

  最近,以载波-包络相位未锁定的多周期脉冲作激励光场,在单次激发模式下也观察到了上述高阶谐波产生过程的载波-包络相位依赖性效应[256]。实验中,氩气原子在光子能量 $\hbar\omega_0 = 1.55$ eV 的 20 fs 光脉冲单次激发下发生高阶谐波产生过程,且各高阶谐波之间发生了干涉现象。如,第 19 阶和第 21 阶谐波在两者频率带翼交叠区中第 20 阶谐波中心频率处发生了光场干涉现象。另外,射频脉冲激发下的里德伯原子也被发现呈现出了载波-包络相位依赖性[257]。

---

  ① 文献[254]中的作者已避开将图 8.4 所示的频谱峰称为高阶谐波。然而,如果按照本书中对某一阶次,比如第 N 阶谐波的定义(见 2.4 节),那么这些频率峰的确对应着高阶谐波。但是这样的说法并不意味着高阶谐波可以位于任意频率处。此外,有关这方面内容的相关阐述也可参阅 3.4 节。

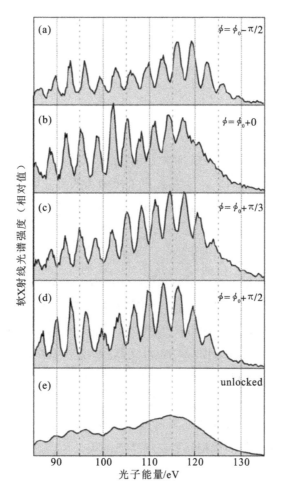

图 8.4　从压强为 16000 Pa(160 mbar)氖气中测得的 EUV 谱

注:其中激发光为载波光子能量 $\hbar\omega_0 = 1.5$ eV,强度 $I = 7 \times 10^{14}$ W/cm² 的 5 fs 光脉冲。图(a)~图(d)对应于图中所示量值不同但均处于锁定状态的 CEO 相位,而图(e)中 CEO 相位未锁定。其中的 ϕ_0 不确定。建议与图 5.2 和图 5.6 加以比较。(图片转载自附录 B 文献[254],得到了 Macmillan Publishers Ltd. 的授权)

8.2　相对论性非线性汤姆森散射

在 8.1.3 节中我们已经看到,来自激光场电离原子所产生自由电子的线性相位贡献能显著地影响高阶谐波产生过程的相位匹配。但尽管在其所述激光强度 $I < 10^{16}$ W/cm² 的条件下,依据式(4.44)知激光场的归一化场强也仅为 $|\varepsilon| < 0.1$,因而由这些自由电子所引起的相对论性非线性汤姆森散射效应

也完全可以忽略。然而,如果激光强度再高一个或者两个数量级,那么在真空中的情形将完全不同:此非线性响应将由原子电离自由电子所决定。联立式(4.44)和式(2.16)并直接带入相关物理常数的值,可得如下归一化场强表达式:

$$|\varepsilon| = 8.55 \times 10^{-10} \frac{\lambda}{\mu m} \sqrt{\frac{I}{W/cm^2}} \qquad (8.11)$$

此式直观地显示了归一化场强与激光强度的定量关系。其中,λ 是载波频率为 ω_0 的激光场的真空波长。对于包含多个光场周期的光脉冲,λ 近似等于激光的中心波长。文献[258]认为,此时自由电子与带正电离子之间库仑引力可以忽略。

8.2.1 相关实验

针对相对论性非线性汤姆森散射效应(有关此效应的详细讨论可参阅4.4.1节),尽管早期有关自由电子与光场相互作用的实验研究已观察到了包括二阶谐波在内的谐波产生现象[259-261],但此效应导致的阶次数分别为 $N = 1, 2, 3$ 的谐波的特征发射图样则是由文献[110]首先在实验上给予报道的。这里值得注意的是,图4.5中谐波辐射图样的绘制是基于非相对论机制,因而图4.5(b)中阶次数 $N = 2$ 的谐波辐射图样因为电子的相对论性运动而变得有些失真。定性而言,实际的谐波辐射图样沿着平行于光场波矢的电子漂移方向被拉伸(这类似于同步辐射),并且由于光电场矢量主要指向 x 方向,辐射图样沿光场波矢方向的圆柱对称性已不复存在。另外要谨记的一点是,4.4节的讨论也仅仅考虑了单个电子的非线性效应。对于平面电磁波与空间均匀分布电子气相互作用的情形,谐波产生过程中的相位匹配条件总是无法得到满足(有关相位匹配的讨论请参阅6.2节),因而严格来说各阶谐波强度均为0。然而,在一个如激光聚焦点大小的有限作用区域内,谐波产生强度将很小但不为0。此时的谐波辐射图样相当于单个电子的情形,有时常被称为实验上观察到的实际谐波辐射图样的非相干背景辐射。图8.5中给出的是基于氦气气体阀的结果。实验中,光脉冲前沿已使作用气体完全电离,这使得光脉冲主要是与自由电子相互作用。图中极坐标中的每一个实心圆点都分别对应于单个光脉冲。尽管二阶谐波产生过程非常微弱,但这已足以证明非线性汤姆森散射效应的存在:谐波强度对方位角的依赖性即是相对论性效应的结果。

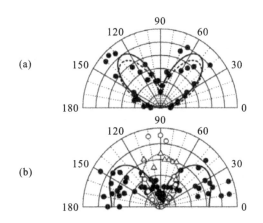

图 8.5　自由电子的相对论性非线性汤姆森散射

注:极坐标显示了二阶谐波($N=2$)产生过程随方位角 φ 的变化关系,其中方位角为 x 轴与探测方向在 xy 平面内投影方向的夹角。应记住的是,按照本书的惯用法,激光电场矢量 $\boldsymbol{E}$ 的偏振方向沿 x 方向,入射光波矢 $\boldsymbol{K}$ 沿 z 方向,如图 4.5 所示。$\boldsymbol{K}$ 与探测方向所成的夹角 θ 的值为:(a)为 $90°$;(b)为 $129°$。其中实心符号所示对应于实验结果,而曲线则是理论计算(据 4.4.2 节)结果。(b)中空心符号及虚线所示对应于基频光场($N=1$),这可与图 4.5(a)相比较。实验相关参数为:$I=3.5\times10^{18}$ W/cm^2;$\hbar\omega_0=1.2$ eV(波长为 $1.053\ \mu$m),因而 $|\varepsilon|=1.5$[110];钕玻璃激光系统输出脉冲宽度为 400 fs;电子浓度为 $N_e/V=6.2\times10^{19}$ cm^{-3}。(图片引自附录 B 文献[110],得到了 Macmillan Publishers Ltd. 的授权)

与上述非相干背景辐射相对比,来自相对论性自由电子的满足相位匹配条件的圆锥形三阶谐波产生过程也已经在实验上得到实现[262](有关圆锥形二阶谐波产生过程可参阅 7.5 节)。

近来,在激光强度达 $I=1\times10^{19}$ W/cm^2 的实验条件下已观察到了阶数高达 $N=30$ 的偶数阶谐波[263],而在激光强度更高、光与气体相互作用采用前向散射结构设置的条件下,实验上也已观测到了宽连续谱[264](可以与图 4.8 所示的后向散射结构加以比较)。在后一种情形中,钛宝石激光系统输出脉宽为 30 fs、单脉冲能量为 1.5 J 的光脉冲被聚焦在超声氦气阀的前端面上,聚焦光斑直径为 6 μm。据此推算,焦点处的光强为 $I=0.7\times10^{20}$ W/cm^2、归一化场强 $|\varepsilon|=5.6$。然而如果考虑到光脉冲聚焦过程中的相对论性自聚焦效应,焦点处光强可能会更高,归一化场强将高达 $|\varepsilon|\approx10$。根据已有光场参数可知,光场与气体作用区域电子浓度 N_e/V 将达到 10^{18} cm^{-3} 甚至超过 10^{19} cm^{-3}。在上述条件下,文献[264]的作者在光子能量为 150 eV 附近观察到了一峰值谐波发射,其所在宽连续谱一直延伸到光子能量 $\hbar\omega=2$ keV 处。

8.2.2 相关理论

基于相对论性非线性汤姆森散射效应,相关学者甚至已在不同复杂程度上预言从中可以产生阿秒光脉冲。Lee 等人[258]通过数值求解相对论性牛顿定律(见式(4.40))得出,脉宽有限、归一化场强 $|\varepsilon| \approx 10$ 的光脉冲可通过非线性汤姆森散射效应产生阿秒 X 射线脉冲;而 Naumova 等人[265]则是自洽求解麦克斯韦方程和电子及离子的相对论性运动方程,认为归一化场强 $|\varepsilon| \approx 3$ 的光脉冲通常可以产生阿秒光脉冲。尤其值得注意的是,上述学者都认为此过程能有效地产生单个阿秒光脉冲(转化效率约为 10%),光脉冲能量在 mJ 至 J量级。

最后需要提请注意的是,前述从式(4.56)至式(4.58)直至本章节的相关论述,均假定光场与气体原子相互作用过程中电离电子的初始速度为 0。可以想象,实际情况并非如此。对于电离电子具有有限甚至是相对论性初速度的情形,描述非微扰机制下光场与物质相互作用过程的通用表述式可以在诸如文献[113]等相关论著中找到。此时,相对论性非线性汤姆森散射将对应于康普顿散射,其中将发生从电子向发射光子的动量和能量转移现象。采用一个归一化场强 $|\varepsilon| = 1$ 的光脉冲场及一个相向传播的相对论性电子束,同时使用后向散射作用结构设置,便有可能产生高功率的 X 射线源[112]。

基于原子或电子极端非线性光学效应的紧凑型极紫外或软 X 射线源有诸多的应用领域,如纳米光刻、飞秒 X 射线结晶学及高分辨率成像等。

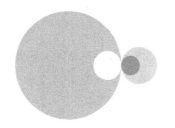

问 题 解 答

第 1 章

问题 1.1　对处于室温条件下的"暗室"而言,其仍然存在着不可避免的黑体辐射。其中相应电磁辐射的强度 I 由普朗克定律给出:

$$I = \int_0^\infty \frac{h}{c_0^2} \frac{f^3}{\mathrm{e}^{hf/k_\mathrm{B}T} - 1} \mathrm{d}f = \frac{h}{c_0^2} \left(\frac{k_\mathrm{B}T}{h} \right)^4 \frac{\pi^4}{15}$$

当参数 $T = 300$ K 时,我们由上式可得 $I = 0.7 \times 10^{-2}$ W/cm²。然而,此强度中只有极小的一部分来自可见光(光子能量 hf 在 1.5～3.0 eV 间隔内)。为粗略地估算此部分的强度,我们应该牢记的是本部分光辐射来自于可见光谱的长波端。这里我们可假定光子能量来自于能量范围 1.5～1.6 eV。对于光子能量位于此范围的光辐射,其中心频率为 $f = 3.7 \times 10^{14}$ Hz,光谱宽度为 $\mathrm{d}f = 2.4 \times 10^{13}$ Hz,从而可得此部分光辐射的强度为 $I = 10^{-23}$ W/cm²。这个量值相当于在 6 小时时间内通过你的指尖仅有大约一个光子通量,显然在室温条件下这个强度已极其低。

应注意到这个强度量级上的变化,在上述暗室光辐射强度与太阳在地球上辐射强度之间有 22 个数量级的变化,而我们在本书中所要讨论的强度与后者相比则要再增大 29 个数量级。

第 2 章

问题 2.1 在这些条件下,空气与电介质中强度的表达式 $I \propto \sqrt{\varepsilon} \tilde{E}_0^2$ 是相同的 (见式(2.16)),两者的相对介电常数分别为 $\varepsilon = 1$ 和 $\varepsilon = 10.9$。由此可推知,电介质汇总相应的包络峰值 $\tilde{E}_0 = 4 \times 10^9$ V/m$/\sqrt{\sqrt{10.9}} = 2.2 \times 10^9$ V/m。

问题 2.2 不确定问题没有唯一的答案。理解这个问题的最严格的方法是,脉冲所有频率成分必须位于可见光谱区,也即大致位于光子能量在 $1.5 \sim 3.0$ eV 这样一个倍频程光谱范围内。这里我们假定所有的频率成分都具有相同的幅度和相位,此时脉冲具有最小的脉宽。此"矩形谱"的谱宽(FWHM)为 $\hbar \delta \omega = 1.5$ eV,也即 $\delta \omega = 2.28$ fs^{-1},这对应着宽度为 $\delta t = 2\pi \times 0.8859/\delta \omega = 2.44$ fs 的 $\mathrm{sinc}^2(t)$ 型光脉冲(可参阅 2.3 节有关脉宽-谱宽乘积的脚注)。当载波光子能量为 $\hbar \omega_0 = 2.25$ eV,也即光场周期为 $2\pi/\omega_0 = 1.84$ fs 时,此光脉冲宽度仅为 1.3 个光周期。$\delta \omega / \omega_0 = 2/3$ 条件下光脉冲的电场与图 2.3 所描述的结果非常接近,其中 $\delta \omega / \omega_0 = 0.6$。

顺便提一下,锁模的数目由光谱宽度与相邻模间距的比值给出,也即等于 $\delta \omega / \Delta \omega$。针对实例 2.2 中的参数 $\Delta \omega = 2\pi \times 100$ MHz,上述谱宽 $\delta \omega = 2.28$ fs^{-1} 范围内将有 3.6×10^6 个模。

问题 2.3 我们想要计算源于 $\chi^{(N)}$ 非线性过程的 N 阶谐波的傅立叶变换(Fourier transform, FT),其正比于 $(\tilde{E}(t))^N \cos(N\omega_0 t + N\phi)$ 的傅立叶变换。应注意的是,此包络 $\tilde{E}(t)$ 应当"相当规整"。具体而言,此包络可以包括高度不同的极大值和(或)极小值,但其最大的极大值必须位于 $t = 0$ 附近。要保证此条件,关键是要使 $\tilde{E}(t)$ 的 N 次方在约 $t = 0$ 处有一个显著的时间窗。例如,如果包络在此时间窗边缘可降至其峰值的 90%,则其 51 次方已经降至可忽略的程度 $0.9^{51} = 0.0046$。如此一来,我们便可得到包络在 $t = 0$ 附近的截断型泰勒展开式,即

$$(\tilde{E}(t))^N = \left(\tilde{E}_0 + \underbrace{\frac{1}{1!}\frac{\mathrm{d}\tilde{E}}{\mathrm{d}t}(0)}_{=0} t + \underbrace{\frac{1}{2!}\frac{\mathrm{d}^2 \tilde{E}}{\mathrm{d}t^2}(0)}_{=: -C\tilde{E}_0 \leq 0} t^2 + \cdots \right)^N$$

$$\approx (\tilde{E}_0(1 - Ct^2))^N$$

$$= \tilde{E}_0^N \sum_{n=0}^{N} \underbrace{\binom{N}{n}}_{\approx \frac{N^n}{n!}, \, n \ll N} (-Ct^2)^n$$

$$\approx \widetilde{E}_0^N \sum_{n=0}^{\infty} \frac{1}{n!} (-NCt^2)^n, \quad N \to \infty$$

$$= \widetilde{E}_0^N \, \mathrm{e}^{-NCt^2}$$

此高斯型函数的时间宽度显然正比于 $1/\sqrt{NC}$，且完全由参数 $C \geqslant 0$ 决定，而参数 C 正比于光场包络最大值处的曲率。同时，此高斯型函数的傅里叶变换仍旧是高斯型的，宽度正比于 $\sqrt{NC}$。值得注意的是，上述推理对于方形脉冲[①]或者平顶脉冲是不成立的，后者对应于 $C=0$ 的情况。因此，我们应在上述"形状规整"脉冲的类别中加上 $C \neq 0$ 的情况。比如，无论有没有附加的任何形状的时间卫星脉冲，sinc 型、洛伦兹型或者双曲正割型包络都应属于"形状规整"脉冲的范畴。

从另一个角度考虑，我们也可以在频域进行讨论以得到相同的结论：N 阶谐波谱正比于激励激光谱与其自身的 N 重卷积，而当 N 较大时其也将呈现为高斯型。

问题 2.4 我们可以一脉冲序列为出发点（不一定是周期性脉冲序列），脉冲的 CEO 相位 ϕ 可以随机波动。但另一方面，脉冲的包络和相应光谱被假定是稳定的。当然，此脉冲序列也可替换为另一个已由自相位调制（SPM）进行了频谱展宽的脉冲序列，但其 CEO 相位不受此非线性效应的影响。因而我们可以得到这样的思路：如果我们能利用最终相位为 $\phi - \phi = 0$ 的差频混频过程，则激励光场载波包络相位 ϕ 的影响显然将不再存在。为此，我们可从原初光谱中过滤出两部分光谱分量：一部分位于低频端，载频为 ω_1；另一部分位于高频端，载频为 ω_2。它们分别对应于时域脉冲包络 $\widetilde{E}_1$ 和 $\widetilde{E}_2$。显然，这两个脉冲都比原初脉冲要长，但它们却都具有相同的 CEO 相位 ϕ（或者说，依赖于载频 ω_1 与 ω_2 的不同选择，CEO 相位等于 ϕ 与某个常数相移的和，但为简便起见此相移可忽略不计）。将这两个脉冲送入二阶非线性 $\chi^{(2)}$ 介质，即可产生如下电场[见式(2.39)]：

$$E^{(2)}(t) \propto \chi^{(2)} \frac{\partial^2}{\partial t^2} (\widetilde{E}_1(t)\cos(\omega_1 t + \phi) + \widetilde{E}_2(t)\cos(\omega_2 t + \phi))^2$$

$$= \chi^{(2)} \frac{\partial^2}{\partial t^2} (\widetilde{E}_1(t)\widetilde{E}_2(t)\cos((\omega_2 - \omega_1)t + (\phi - \phi)) + \cdots)$$

$$\approx -\chi^{(2)} \omega_{\mathrm{DFG}}^2 \widetilde{E}_1(t)\widetilde{E}_2(t)\cos(\omega_{\mathrm{DFG}}t + 0) + \cdots$$

---

① 对于任意的 N，方形脉冲场的 N 次方同样还是方形场分布。因而强度谱中所有的谐波场都具有相同的 $\mathrm{sinc}^2(t)$ 型分布。

$$= \tilde{E}_{\mathrm{DFG}}(t)\cos(\omega_{\mathrm{DFG}}t + 0) + \cdots$$

这里,我们同样忽略了非线性介质中的传播效应,且从上式第二行开始我们也省去了除载频为 $\omega_{\mathrm{DFG}} = \omega_2 - \omega_1$ 的差频产生(DFG)过程;在从第二行向第三行过渡的过程中,我们也忽略了脉冲包络的时间导数;在第四行我们将所有的前因子合并为有效差频产生过程包络 $\tilde{E}_{\mathrm{DFG}}(t)$。很显然,差频产生过程所致光脉冲的相位为 0,也即为常数,即便是对于相位 ϕ 存在波动的情况也是如此。此效应与二阶谐波产生过程及和频产生过程之间可通过光波矢而加以区别。如果原初脉冲光谱范围大于一倍频程,即 $\omega_2 > 2\omega_1$,则差频 $(\omega_2 - \omega_1) > \omega_1$ 甚至仍然位于原初光谱范围内。

相应的利用种子光参放大器的实验方案已在文献[38]中做了讨论,这种方案对于放大了的激光脉冲非常有用。采用直接从激光谐振腔输出且已由自相位调制效应实现光谱展宽的激光脉冲为激励光场的物理实验,也已经见诸相关文献[39]。

问题 2.5 时域激光脉冲 $E_{\phi=0}(t)$ 对应于傅里叶频域的频谱 $E_{\phi=0}(\omega)$(也可参阅实例 2.4),因而我们可以得到这样的物理结果:激光场 CEO 相位 ϕ 对应着频谱域中的相位因子,即:

对 $\omega \geqslant 0$ 有

$$E_{\phi=0}(\omega) \rightarrow E_{\phi\neq0}(\omega) = E_{\phi=0}(\omega)\mathrm{e}^{-\mathrm{i}\phi}$$

对 $\omega \leqslant 0$ 有

$$E_{\phi=0}(\omega) \rightarrow E_{\phi\neq0}(\omega) = E_{\phi=0}(\omega)\mathrm{e}^{+\mathrm{i}\phi}$$

将上述频谱变换至时域即可得到所求的激光电场 $E_{\phi\neq0}(t)$。需要注意的是,这样的求解过程仅需要两次(数值)傅里叶变换过程,其中并没有显性地将脉冲分解为包络和载波振荡,且我们甚至不必要指定载波频率 ω_0 的值。然而,此分析过程已默认假定上述正、负频率成分之间不存在光谱重叠。此假定条件通常能够得到满足,即使是单周期激光脉冲的情形(见实例 2.4),但值得注意的一个例外情形是 3.5 节讨论的方形脉冲。

问题 2.6 在窄带或者长脉冲极限下,当光脉冲从真空进入电介质中时其形状及时域持续时间 Δt 是不改变的。对一个沿着 z 方向传播的平面波,其持续时间与真空和电介质中脉冲包络的轴向范围相关,关系分别为 $\Delta z_{\mathrm{vac}} = c_0\,\Delta t$ 与 $\Delta z_{\mathrm{med}} = v_{\mathrm{group}}\,\Delta t$。因而,在电介质中关系因子 $v_{\mathrm{group}}/c_0 \leqslant 1$ 将使脉冲在实空间出现压缩,其能量密度相应增加:按照常用规律,单位体积内的电磁能量为

$1/2(\boldsymbol{D}\cdot\boldsymbol{E}+\boldsymbol{B}\cdot\boldsymbol{H})=\varepsilon_0\varepsilon E^2$。如果我们忽略电磁波能量在空气/电介质界面的吸收和反射,那么无论脉冲完全位于真空中还是电介质中,其总能量是相等的。因此,我们可得到:

$$\varepsilon_0\widetilde{E}_{0,\text{vac}}^2\Delta z_{\text{vac}}=\varepsilon_0\varepsilon\,\widetilde{E}_{0,\text{med}}^2\Delta z_{\text{vac}}$$

$$=\varepsilon_0\widetilde{E}_{0,\text{vac}}^2 c_0\Delta t=\varepsilon_0\varepsilon\,\widetilde{E}_{0,\text{med}}^2 v_{\text{group}}\Delta t$$

这里,$\widetilde{E}_{0,\text{vac}}$ 与 $\widetilde{E}_{0,\text{med}}$ 分别为真空中和电介质中光电场包络的峰值。求解 $\widetilde{E}_{0,\text{med}}^2$ 可得

$$\widetilde{E}_{0,\text{med}}^2=\frac{1}{\varepsilon}\frac{c_0}{v_{\text{group}}}\widetilde{E}_{0,\text{vac}}^2$$

由式(2.16)可得相应的峰值强度为

$$I_{\text{med}}=\frac{1}{\sqrt{\varepsilon}}\frac{c_0}{v_{\text{group}}}I_{\text{vac}}=\frac{v_{\text{phase}}}{v_{\text{group}}}I_{\text{vac}}$$

另外计算界面上的反射损失也是非常简单的,在窄带近似下其仅经由菲涅尔系数依赖于 $\varepsilon(\omega_0)$(与 v_{group} 不相关)。对"慢光",也即 $v_{\text{group}}\rightarrow 0$ 的情形,电介质中的峰值电场及强度要远大于真空中的量值,这增强了介质中的有效光学非线性。对特殊情况 $v_{\text{group}}=v_{\text{phase}}=c_0/\sqrt{\varepsilon}$,我们可得到 $I_{\text{med}}=I_{\text{vac}}$ 与 $\widetilde{E}_{0,\text{med}}=\widetilde{E}_{0,\text{vac}}/\sqrt{\sqrt{\varepsilon}}$(见实例2.1)。

第3章

问题3.1 将斯托克斯阻尼系数 γ 引入到牛顿第二定律式(3.1),可得折射率的实部

$$n(\omega)=\text{Re}\left(\sqrt{1+\chi(\omega)}\right)$$

其中,极化率 $\chi(\omega)$(可与式(3.3)比较)为

$$\chi(\omega)=\underbrace{\frac{e^2 N_{\text{osc}}}{\varepsilon_0 V m_{\text{e}}}}_{:=\omega_{\text{pl}}^2}\frac{1}{\Omega^2-\omega^2-\text{i}\gamma\omega}$$

吸收系数为

$$\alpha(\omega)=2\frac{\omega}{c_0}\text{Im}\left(\sqrt{1+\chi(\omega)}\right)$$

根据常用表示关系,相速度和群速度可由频率 ω 和波数 K 的实部分别表达为

$$v_{\text{phase}}(\omega)=\frac{\omega}{K}=\frac{\omega}{\frac{\omega}{c_0}n(\omega)}=\frac{c_0}{n(\omega)}$$

$$v_{\mathrm{group}}(\omega) = \frac{\mathrm{d}\omega}{\mathrm{d}K} = \frac{1}{\dfrac{\mathrm{d}K}{\mathrm{d}\omega}} = \frac{1}{\dfrac{\mathrm{d}}{\mathrm{d}\omega}\left(\dfrac{\omega}{c_0}n(\omega)\right)} = \frac{c_0}{n(\omega) + \omega\dfrac{\mathrm{d}n}{\mathrm{d}\omega}}$$

题图 3.1 所示的群速度呈现出相当复杂的变化形态,而折射率分布 $n(\omega)$ 则保持常态。在接近谐振条件 $\omega \approx \Omega$ 时,图中显示将出现反常色散 $\mathrm{d}n/\mathrm{d}\omega < 0$。这将 $v_{\mathrm{group}}(\omega)$ 表达式中的分母减小为小于 1,最终导致了超光速群速度。当反常色散负斜率较小时,群速度自身甚至都会变为负值。这里我们将集中讨论使得群速度满足条件 $v_{\mathrm{group}}(\omega) > c_0$ 或者 $v_{\mathrm{group}}(\omega) < 0$(题图 3.1 中的暗灰色区域)的频率范围。要注意的是,此光谱区域有强烈的吸收现象。例如,在题图 3.1 的条件下且 $\hbar\Omega = 1.5$ eV 时,吸收长度仅仅为 $0.2~\mu\mathrm{m}$。对于频谱较窄且中心位于此光谱区的长高斯脉冲,同时考虑厚度仅为几个吸收长度的介质,那么实际上此脉冲在介质中将以超过 c_0 的速度传播,并近似保持其形状(下面我们将给出直观的解释),但传播过程中其幅度则呈指数衰减。这就是已在实验上[43]观察到的 Garrett 和 Mc Cumber 效应[41,42]。对于短高斯脉冲而言,其频谱涵盖了共振区域[43],某些频率成分将以超光速传播,而其他部分在极小的衰减下以光速或者亚光速传播。如此一来,我们便可实现重要的脉冲频谱整形。在此宽带条件下,特定频率(比如载波频率)处的群速度 $v_{\mathrm{group}}(\omega_0)$ 已失去其应有的物理意义。这里提请注意的是,群速度的概念通常是由色散关系 $K(\omega)$ 的泰勒展开式或者通过考虑两临近频率成分的拍频而引入的。

在宽带高斯型脉冲条件下,脉冲中心速度 v_{centro}[44] 是一个有用的延伸概念。

它与色散介质中光脉冲的平均能流相关,但与能量传输速度[45]是不同的。对于波矢 $\boldsymbol{K}$ 沿 z 坐标方向且 $\boldsymbol{E}$ 与 $\boldsymbol{H}$ 分别沿 x 和 y 方向的平面波,我们可以定义其中心速度为

$$v_{\mathrm{centro}} = \frac{z}{\bar{t}(z)}$$

这里,$\bar{t}(z)$ 为脉冲从 0(比如样品介质的前端面)至坐标 z 处(比如介质的后端面)传播时的"体中心"时间,定义如下:

$$\bar{t}(z) = \frac{\displaystyle\int_{-\infty}^{+\infty} t\,S(z,t)\,\mathrm{d}t}{\displaystyle\int_{-\infty}^{+\infty} S(z,t)\,\mathrm{d}t}$$

$S(z,t)$ 是坡印廷矢量沿 z 方向的分量。应注意的是,脉冲中心速度指的是一

可能的度量参数。可以证明[44]，延迟 $\bar{t}(z)$ 由两部分组成：一部分是净群延，其本质上是脉冲光谱加权平均后的群延 $z/v_{group}(\omega)$；另一部分是所谓的源于频率依赖性透射的整形延迟。由上述讨论可知，对于光谱较窄的光脉冲且作用介质厚度仅有几个吸收长度的情况，整形延迟将消失为 0，因而 $v_{centro} = v_{group}(\omega_0)$。而对宽带光脉冲情形，显然 $v_{centro} \neq v_{group}(\omega_0)$，文献[44]中给出了基于洛伦兹谐振子模型的相关讨论。

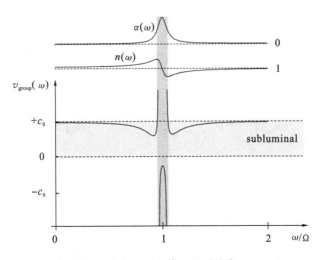

题图 3.1　洛伦兹谐振子模型的群速度 $v_{group}(\omega)$

注：上面的两条曲线分别表示吸收光谱 $\alpha(\omega)$ 和折射率谱 $n(\omega)$，两条水平虚线分别对应于 $\alpha=0$ 和 $n=1$。相关参数为：$\gamma/\Omega=1$，$\omega_{pl}^2/\Omega^2=0.05$。随着阻尼率 γ/Ω 的减小，暗灰色区域（对应于反常色散）的宽度将收缩。

现在我们将给出前面提到的要对高斯型窄带脉冲及薄样品介质极限下相关现象的直观解释，此时时间延迟 $\bar{t}(z)$、脉冲中心速度以及群速度都可能为负值（参见题图 3.2 中的精确数值解）。根据上述定义可知，负时间延迟 $\bar{t}(z)$ 出现的条件为：透射光脉冲"体中心"从介质中穿出的时间要早于入射光脉冲"体中心"进入样品介质的时间。这似乎违背物理学中的因果关系，即使此结果的获得是基于满足因果关系的麦克斯韦方程。这里我们将从时域来讨论这个问题。首先应记住的是，当谐振子在激发源的作用下有相应的 $\pi/2$ 相移时，样品介质中才出现吸收现象。当满足条件 $\omega_0 \approx \Omega$ 的共振脉冲接近样品介质表面时，其前沿首先激发介质中的谐振子。在约等于阻尼率倒数的时间尺度内，谐振子的相移将不同于 $\pi/2$，因而此时部分光可以通过样品介质。当时间较长以至于接近入射光脉冲的"体中心"时，$\pi/2$ 相移已完全形成，此时入射光脉冲将受到强烈的吸收，这最终削弱了入射光脉冲中心及后沿的强度。刚才所述透射光脉冲的"体中心"则正是源于入射进来的光脉冲的前沿，而其他部分都被样品吸收了。如此说来，这并不存在因果关系方面的问题。其中，脉冲形状似乎并没有变化——即便是其形状已出现严重的变形，这个物理事实也正是长脉冲及薄样品极限下高斯脉冲（或者近似为高斯型的光脉冲）的特性所在[41]。

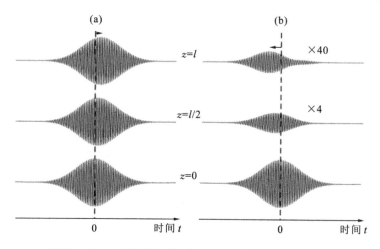

题图 3.2　三个位置处的电场 $E(z,t)$ 随时间的变化关系

注：三个位置为 $z=0$、$z=l/2$、$z=l$。图(a)，在真空中传播，即 $v_{\mathrm{group}}(\omega_0)=c_0=v_{\mathrm{phase}}(\omega_0)$；图(b)，在群速度及脉冲中心速度均为负的条件下脉冲通过共振型洛仑兹谐振介质时的传播情况，也即 $v_{\mathrm{group}}(\omega_0)<0$，$v_{\mathrm{centro}}<0$。电场可通过 $E(z,t)\propto\int_0^{\infty}E_+(0,\omega)\exp\left(\mathrm{i}\omega/c_0\sqrt{1+\chi(\omega)}\,z-\mathrm{i}\omega t\right)\mathrm{d}\omega+c.c.$ 得到数值解。这里，$E_+(0,\omega)$ 为 $z=0$ 处高斯脉冲谱的正频率部分，由 $E_+(0,\omega)\propto\exp\left(-(\omega-\omega_0)^2/\sigma^2\right)$ 给出（见实例 2.4）。谐振子参数为：$\omega_{\mathrm{pl}}^2/\Omega^2=0.05$，$\gamma/\Omega=1$（参照题图 3.1）。光脉冲参数为：$\omega_0/\Omega=1$，$\sigma/\omega_0=0.02$。该样品介质的厚度为 $l=20c_0/\omega_0$，在上述条件下这对应于约 12 个吸收长度，即 $\alpha(\omega_0)l\approx12$。此时，我们已经可以看到高斯脉冲形状的变化。图(b)中的曲线数值已乘以图中所示因子以补偿曲线的指数衰减。

上述推论的正确性已得到厚度为 10 个甚至更少吸收长度的样品介质的实验验证[41,43]。对于厚度为更多吸收长度的样品介质，有时常称为渐进描述或者"终极色散极限"，位于其后端的谐振子将不再是受到原初入射激光脉冲场的作用，而是原初脉冲被严重改变之后的驱动脉冲场。应注意的是，位于 $z=0$ 处的入射光脉冲即使具有非常窄的高斯光谱 $E_+(0,\omega)\propto\exp(-(\omega-\omega_0)^2/\sigma^2)$，其中 $\omega_0=\Omega$，$\sigma\ll\gamma$，而当传播长度 z 相当于几百个甚至几千个吸收长度时，此脉冲强度谱也将出现巨大的光谱红移现象（远大于 σ）。强

度谱正比于 $|E_+(z,\omega)|^2 = |E_+(0,\omega)|^2 \exp(-\alpha(\omega)z)$。如果我们从样品介质吸收线的高能边翼端开始分析,那么此时将出现显著的蓝移现象,这使得光脉冲所有相关的频率成分最终($z \to \infty$)都将位于亚光速群速度区域:这里吸收较弱,且脉冲传播速度小于 c_0。对于希望探究此结果在信息长距离传输速度方面的应用的读者而言,这里所做的讨论应该谨记在心。在任何情况下,从样品介质中透射的光脉冲的强度都将有几十个数量级的衰减。窄带高斯脉冲[46]、方形脉冲[47]及具有陡峭上升沿的脉冲[48]在渐进极限下的情况都已在相关文献中做了阐述,脉冲在如此长距离的传播过程中将获得"终极"光谱啁啾,这将导致在时域中出现 Sommerfeld 和布里渊前驱波[45,49]。顺便提一下,有关上述讨论的非常直观的声学类比已在文献[50]中做了阐述。

问题 3.2　利用偶极矩阵元的定义式

$$d = \int_{-\infty}^{+\infty} \psi_2^*(x)(-ex)\psi_1(x)\mathrm{d}x$$

以及波函数

$$\psi_1(x) = \sqrt{\frac{2}{L}}\sin\left(\frac{1\pi}{L}x\right)$$

$$\psi_2(x) = \sqrt{\frac{2}{L}}\sin\left(\frac{2\pi}{L}x\right)$$

我们可得到

$$d = -\frac{2e}{L}\int_0^L \sin\left(\frac{2\pi}{L}x\right)x\sin\left(\frac{\pi}{L}x\right)\mathrm{d}x$$

$$= -\frac{2e}{L}\frac{L^2}{\pi^2}\underbrace{\int_0^\pi \sin(2X)X\sin(X)\mathrm{d}X}_{=-8/9}$$

$$= \frac{16}{9\pi^2}eL \approx 18\% eL$$

对此结果我们应该不会感到惊讶:偶极矩阵元正比于矩形区域的宽度 L。另外,从 3.2 节图 3.2 也可看出,由于电子质量中心的偏离距离远小于 L,所以 d 应该远小于 eL。

同样,对于势阱中从基态到任意编号为奇数 N 的能态的跃迁过程,其偶极矩阵元 d 为 0。比如,对 $N=4$ 我们得到 $d \approx 1.4\% \; eL$,而对 $N=6$ 有 $d \approx 0.4\% \; eL$。显然,与从基态到第一激发态的跃迁过程相比,其他跃迁具有大得多的偶极矩阵元。这个后验结论印证了此典型问题中二能级系统近似的正确性。

问题 3.3　包含失相过程描述的完整光学布洛赫方程为

$$\dot{u} = +\Omega v - u/T_2$$

$$\dot{v} = -\Omega u - 2\,\Omega_R w - v/T_2$$

$$\dot{w} = +2\,\Omega_R v$$

在静态极限下有 $\dot{w}=0$，进而可得 $v=0$ 和 $\dot{v}=0$。将 $v=0$ 代入第一式我们可进一步求得 $u=0$。根据所得关系式 $\dot{v}=u=v=0$，从第二式可最终得出 $w=f_2-f_1=0$。利用 $f_2+f_1=1$ 可知，激发态和基态的集居数均为 50%，因而此时系统是透明的。这里要注意的是，强失相假设开始起作用的唯一条件是静态极限的存在。依据上述 u 和 v 运动方程易知，静态极限在可与 T_2 相比拟的时间尺度内即成立。

如果集居数反转状态同时还发生着向基态 $w=-1$ 的弛豫过程 $\dot{w}=-(w+1)/T_1$，其中 T_1 为集居数弛豫时间或纵向弛豫时间，那么系统的稳态反转数通常小于 0，即 $-1\leqslant w\leqslant 0$。在 $T_1 \to 0$ 的极限条件下，由上述光学布洛赫方程的第三式，即 $\dot{w}=0=+2\Omega_R v-(w+1)/T_1\approx -(w+1)/T_1$ 可以得到 $w=-1$，这等价于 $f_2=0$ 及 $f_1=1$。

问题 3.4　从图 3.1 可以看出，激光光谱的正频率部分的确将共振激发（$\omega_0=\Omega$）二能级系统的正频率极；而另一方面，激光光谱负频率部分的最大值存在一个量值为 $2\omega_0=2\Omega$ 失谐，如此将导致产生一个失谐量同为 $2\omega_0=2\Omega$ 的拍频信号，这正是图 3.4(a) 和 (b) 中反转数 $w(t)$ 具有快速振荡变化分量的原因。

问题 3.5　为了获得不消失的来自"外现为二阶谐波的三阶谐波产生过程"的光谱信号成分，三阶谐波谱的低频端需要与光谱频率 $2\omega_0$ 交叠。对 sinc^2 型光脉冲且在三阶非线性 $\chi^{(3)}$ 极限下，载波频率为 $3\omega_0$ 的三阶谐波谱的宽度将是基频脉冲光谱宽度的 3 倍，即为 $3\delta\omega$。这意味着条件式 $2\omega_0=3\omega_0-3\delta\omega/2$ 要成立，即 $\delta\omega/\omega_0=2/3$，这说明光谱宽度为 1 个倍频程（参见问题 2.2 的解答）。根据非啁啾 sinc^2 型光脉冲脉宽-频宽乘积关系 $\delta\omega\delta t=2\pi\times 0.8859$（参见 2.3 节的脚注或问题 2.2 的解答），同时利用 $\hbar\omega_0=1.5$ eV，可得三阶谐波最大脉冲宽度 $t_{\mathrm{FWHM}}=\delta t=3.6$ fs。然而应注意到的是，此时三阶谐波信号仍旧非常弱。因此，7.2 节讨论的 5 fs 光脉冲只有在深入非微扰机制的情况下才能产生显著的"外现为二阶谐波的三次谐波"光信号。

问题 3.6　为了获得由式(2.37)描述的瞬时响应，二能级系统必须要能够瞬时响应外加光场激励,换句话说,布洛赫矢量的时间导数必须近似为 0(即绝热状态)。对谐振子系统而言,当跃迁频率 Ω 远大于驱动频率 ω_0,也即 $\Omega/\omega_0 \gg 1$ 时绝热近似条件即可满足。此时如果纵向阻尼 $1/T_1$ 较大,那么反转集居数也满足绝热近似条件。在这些条件下,布洛赫方程将变为(也可参见问题 3.3)

$$0 = +\Omega v - u/T_2$$

$$0 = -\Omega u - 2\Omega_R(t)w - v/T_2$$

$$0 = +2\Omega_R(t)v - (w+1)/T_1$$

由上面第一式求出 u,进而将 u 代入第二式得出 v,然后将 u 和 v 代入第三式可求得

$$w(t) = -\frac{1}{1 + \dfrac{T_1/T_2}{\Omega^2 + 1/T_2^2} 4\Omega_R^2(t)}$$

$$u(t) = -\frac{2\Omega_R(t)\Omega}{\Omega^2 + 1/T_2^2} w(t)$$

在微扰极限,即 $\Omega_R/\Omega \ll 1$ 条件下,可利用界定区间范围 $x \ll 1$ 内的近似式 $1/(1+x) \approx (1-x)$ 将 $w(t)$ 表示式展开为泰勒级数形式。如此一来,式(3.20)的宏观光极化强度可进一步表示为

$$P(t) = \frac{N_{2LS}}{V} d u(t)$$

$$= \frac{N_{2LS}}{V} d \frac{2\Omega_R(t)\Omega}{\Omega^2 + 1/T_2^2} \left(1 - \frac{T_1/T_2}{\Omega^2 + 1/T_2^2} 4\Omega_R^2(t) + \cdots\right)$$

$$= \varepsilon_0 \left(\chi^{(1)} E(t) + \chi^{(3)} E^3(t) + \cdots\right)$$

上式在从第二行向第三行的过渡过程中,我们已引入了拉比频率关系式 $\hbar\Omega_R(t) = dE(t)$,同时也将所有的前因子相应合并为 $\chi^{(1)}$ 和 $\chi^{(3)}$。这个表述形式显然与式(2.37)是相同的,其中 $\chi^{(2)}$ 因为系统的反演对称性而为 0,$\chi^{(3)}$ 为负数。应注意到的是,在 $\Omega \to \infty$ 的极限条件下,线性极化率将正比于 $1/\Omega$ 而三阶极化率正比于 $1/\Omega^3$。同时,在 $T_2 \to \infty$ 时有 $\chi^{(3)} \to 0$,也即如果在分析开始我们没有引入有限的横向阻尼 $1/T_2$,那么三阶极化率 $\chi^{(3)}$ 已经等于 0。

因此,在远离共振微扰极限下,我们二能级系统的奇数阶非线性光学极化率 $\chi^{(N)}$ 可概述为

$$|\chi^{(N)}| \propto \left(\frac{\Omega}{\omega_0}\right)^{-N}$$

其中的约束条件为 $\Omega/\omega_0 \gg 1$、$\Omega_R/\Omega \ll 1$。

问题 3.7 取布洛赫方程(3.17)第一行的时间导数,然后代入第二行 v 的表示式,经整理可以得到

$$\ddot{u} + \Omega^2 u = -2\Omega\Omega_R w$$

同样,利用布洛赫方程的第三行和第二行可以得到

$$\ddot{w} + 4\Omega_R^2 w = -2\Omega\Omega_R u$$

上述方程描述的物理本质为两个耦合谐振子的运动,其"位移"分别为 u 和 w。如果没有右边的耦合项,那么这两个谐振子的本征频率分别为 Ω 与 $2\Omega_R$。假定 $u(t)$ 和 $w(t)$ 均以频率为 Ω_{eff} 作正弦或余弦形式振荡,那么求解上述方程可得

$$\Omega_{\text{eff}} = \sqrt{4\Omega_R^2 + \Omega^2}$$

这正是式(3.32)。布洛赫矢量在 $t_0 = 0$ 时的初始条件可由这些解的线性组合而得到。倘若再经过复杂的推导,即可得出式(3.31)。

问题 3.8 能级图在题图 3.3 中示意给出。

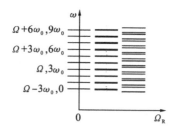

题图 3.3 非共振激发情况下哈密顿矩阵式(3.55)的本征频率 ω

注:其中 $\Omega = 3\omega_0$。注意,对给定的拉比频率 Ω_R/Ω,这里光谱分裂相比共振激发 $\Omega = \omega_0$ 的情形要弱得多(见图3.15)。

问题 3.9 引入比率 $\mathcal{R} = \alpha_2/\alpha_1$,利用关系式 $\dot{A}_2(t) = -A_0(t)$ 很容易得到如下 Riccati 型运动方程[84,85]:

$$\frac{d\mathcal{R}}{d(\omega_0 t)} = i\frac{\Omega_R(t)}{\omega_0} - i\frac{\Omega}{\omega_0}\mathcal{R} - i\frac{\Omega_R(t)}{\omega_0}\mathcal{R}^2$$

由此,二能级系统的集聚反转数 w 可表示为

$$w = |a_2|^2 - |a_1|^2 = \frac{|\mathcal{R}|^2 - 1}{|\mathcal{R}|^2 + 1}$$

其中我们已经应用了归一化条件 $|a_2|^2 + |a_1|^2 = 1$。

第 4 章

问题 4.1

(a)谐振子的偶极动量为(du)(见式(7.6)和式(7.14))或者($-ex$)。对 GaAs 中的拉比谐振而言,当 $\widetilde{E}_0 = 4 \times 10^9$ V/m 时可达到峰值 $u = 1$,因而对 $d = 0.5e$ nm(GaAs),我们可得到 $x_0 = 0.5$ nm$\approx a$,而 a 正比于 $(\widetilde{E}_0)^0$。

(b)从牛顿定律我们可得到电子的峰值位移为

$$x_0 = \frac{e\widetilde{E}_0}{m_e \omega_0^2}$$

它正比于 $(\widetilde{E}_0)^{+1}$。对 ZnO 相关参数 $m_e = 0.24 \times m_0$ 和 $\hbar\omega_0 = 1.5$ eV,我们可以得到 $x_0 = 0.56$ nm$\approx a$。即使当激光强度约达 $I = 2 \times 10^{12}$ W/cm^2,也即峰值包络达 $\widetilde{E}_0 = 4 \times 10^9$ V/m(见实例 2.1)的条件下,经典的晶体电子位移也还是在晶格常数 a 这个量级上。

问题 4.2 正如在上面指出的那样,此时将激光电场表达为正弦形式将是非常方便的,即 $E(t) = \widetilde{E}_0 \sin(\omega_0 t + \phi')$。利用变换式 $\phi' = \phi + \pi/2$ 可以得知,此正弦形式与本书中同样使用的余弦形式 $E(t) = \widetilde{E}_0 \cos(\omega_0 t + \phi)$ 是等价的,其中 CEO 相位为 ϕ。在采用正弦形式时,矢势可表示为 $A_x(t) = -\widetilde{E}_0/\omega_0 \cos(\omega_0 t + \phi')$。将假设(见式(4.18))代入辐射规范下的薛定谔方程,在经过几步直接的数学推导之后可以得到有关系数 a_N 的关系式

$$2Na_N = \underbrace{-\frac{eE_0^N k_x}{m_e \omega_0^2}}_{=:u}(a_{N+1} + a_{N-1}) + \underbrace{\frac{\langle E_{kin} \rangle}{\hbar\omega_0}}_{=:2v}(a_{N+2} + a_{N-2})$$

注意,此关系仅包含实数。Reiss 引入了广义贝塞尔函数[90]

$$J_N(u, v) = \sum_{M=-\infty}^{+\infty} J_M(v) J_{N-2M}(u)$$

它满足如下数学恒等式

$$2N J_N(u, v) = u(J_{N+1}(u, v) + J_{N-1}(u, v)) + 2v(J_{N+2}(u, v) + J_{N-2}(u, v))$$

比较相关系数可得 $a_N = J_N(u, v)$。此时如果返回前面我们对激光电场的定义,可得

$$a_N \rightarrow \exp(i\pi N/2)a_N = \exp(i\pi N/2)J_N(u, v)$$

这正是式(4.24)。

问题 4.3 根据 4.3.2 节的论述,很容易得到

$$v_{\text{group}}(t) = -\frac{a\Delta}{\hbar}\sin\left(\frac{\Omega_B}{\omega_0}\sin(\omega_0 t) + \Omega_B^{\text{dc}} t\right)$$

利用恒等式 $\sin(X+Y) = \sin(X)\cos(Y) + \cos(X)\sin(Y)$，可进一步得到

$$v_{\text{group}}(t) = -\frac{a\Delta}{\hbar}\left\{\sin\left(\frac{\Omega_B}{\omega_0}\sin(\omega_0 t)\right)\cos(\Omega_B^{\text{dc}} t) + \cos\left(\frac{\Omega_B}{\omega_0}\sin(\omega_0 t)\right)\sin(\Omega_B^{\text{dc}} t)\right\}$$

$$= -\frac{a\Delta}{\hbar}\left\{\left[2\sum_{M=0}^{\infty} J_{2M+1}\left(\frac{\Omega_B}{\omega_0}\right)\sin((2M+1)\omega_0 t)\right]\cos(\Omega_B^{\text{dc}} t)\right\}$$

$$+ \left[J_0\left(\frac{\Omega_B}{\omega_0}\right) + 2\sum_{M=1}^{\infty} J_{2M}\left(\frac{\Omega_B}{\omega_0}\right)\cos(2M\omega_0 t)\right]\sin(\Omega_B^{\text{dc}} t)\right\}$$

在上式最后一步中，我们已使用了贝塞尔函数的两个数学恒等式（见文献[80]中的公式(9.1.42)和(9.1.43)）。当 $\Omega_B^{\text{dc}} = 0$ 时我们可重新得到式(4.38)。这里我们将仅讨论 $\Omega_B^{\text{dc}} \neq 0$ 情形下的一个方面：辐射强度谱 $I_{\text{rad}}(\omega) \propto |v_{\text{group}}(\omega)|^2$ 中不仅包括奇数而且也含有偶数 $N = 2M$ 阶谐波。此结果源于由直流电场而导致的反演对称性的破坏，且在阻尼（散射）的作用下稳定存在，可参阅文献[103]。在加偏压下的 n 型掺杂 GaAs/AlAs 超晶格中，的确已经在实验上观察到了二阶谐波产生过程，其中 $\hbar\omega_0 = 2.9$ meV。[104]

问题 4.4 利用斯托克斯阻尼且在非相对论性机制下，我们可得到速度分量 β_x 的运动方程

$$\frac{\mathrm{d}\beta_x}{\mathrm{d}\tilde{t}} + \frac{\beta_x}{\tau} = \varepsilon\cos(\tilde{t})$$

这里我们已经引入了（归一化）阻尼时间 τ。利用初始条件 $\beta_x(0) = \beta_x^0$ 可求得上面方程的解

$$\beta_x(\tilde{t}) = \varepsilon\frac{\tau}{1+\tau^2}(\cos(\tilde{t}) + \tau\sin(\tilde{t}) - \mathrm{e}^{-\tilde{t}/\tau}) + \beta_x^0$$

将上述表达式代入速度分量 β_z 运动方程右边，我们可以得到

$$\frac{\mathrm{d}\beta_z}{\mathrm{d}\tilde{t}} + \frac{\beta_z}{\tau} = \varepsilon\beta_x\cos(\tilde{t}) = \varepsilon\left[\varepsilon\frac{\tau}{1+\tau^2}(\cos(\tilde{t}) + \tau\sin(\tilde{t}) - \mathrm{e}^{-\tilde{t}/\tau}) + \beta_x^0\right]\cos(\tilde{t})$$

上式右边只有正比于 $\varepsilon^2\cos^2(\tilde{t})$ 的项才具有非 0 的时间平均值。利用 $\langle\cos^2\tilde{t}\rangle = 1/2$ 且在 $\tilde{t} \gg \tau$ 的条件下，我们可得如下稳态漂移速度 $\langle\beta_z\rangle$：

$$\langle\beta_z\rangle = \frac{\varepsilon^2}{2}\frac{\tau^2}{1+\tau^2}$$

请注意，这个结果既不依赖于初始条件 $\beta_x(0)$ 也不依赖于 $\beta_z(0)$。比如，如果阻尼时间确实短于 5 fs 且有参数关系 $\hbar\omega_0 = 1.5$ eV，那么我们可得知 $\tau = \omega_0$

×5 fs=11.2,因而因子的值为 $\tau^2/(1+\tau^2)=0.99$,这仅仅略小于 $\tau\rightarrow\infty$ 极限下的因子量值 1。

问题 4.5 从正文相关叙述我们已经知道,初始条件 $\zeta_0=0$ 下的基频发射频率 $\tilde{\omega}_0$ 的简明形式由式(4.63)给出,因而我们所用谱仪或者滤波器的频率 $0.985\times2\omega_0=2\tilde{\omega}_0$ 便确定了由光波矢和探测方向所成角度 θ 的约束条件:

$$\cos\theta=\left(1-\frac{1}{0.985}\right)\frac{4}{\varepsilon^2}+1$$

对 $\varepsilon^2=1$ 可求得 $\theta=20°$,这意味着我们将只能探测到位于以光波矢为中心、张角为 θ 的圆锥上的二阶谐波信号(可参阅图 7.26 对此圆锥的图示说明)。对于其他的光谱频率和(或)ε^2 的量值,只有圆锥张角 θ 发生变化。由于相对论效应,圆锥上的信号强度在方位角 φ 方向也存在着调制变化。对 $\zeta_0\neq0$ 的情况,我们仍然能够得到这样的圆锥,但是圆锥的轴不再平行于波矢 K(见式(4.61)和式(4.62)),而是位于 xz 平面内。

问题 4.6 将 2.2 节中的 $\tilde{E}_0/\tilde{B}_0=c_0$ 代入式(4.78),同时引入式(4.45)的回旋频率 ω_c,如此便可直接得到 Schwinger 场 $\tilde{E}_0$ 的表达式——式(4.79)。

第 5 章

问题 5.1 源于束缚势 $U(x)$ 和激光电场共同作用下的总势 $V(x)$ 分别如图5.3和图5.9所示。与矩形势阱(见图 5.4)相比,库仑势的势垒高度也被显著地降低。实际上,对某一势垒抑制场,左边的势垒峰值将低至 $-E_b$。通过简单而直接的曲线分析可知,对氢原子势而言,在如下峰值激光电场时将出现此电势变化:

$$\tilde{E}_0=\frac{E_b^2}{4e}\frac{4\pi\varepsilon_0}{e^2}=3.2\times10^{10}\text{ V/m}$$

这一结果与实例 5.1 中 Keldysh 参量等于 1 所对应的电场量值 $\tilde{E}_0=2.8\times10^{10}$ V/m 是可比拟的,其中 $\hbar\omega_0=1.5$ eV。因此,对这些条件下的氢原子而言,光强度的增加实际上将导致从多光子吸收效应至越障碍电离过程(不是隧穿电离)的转变。然而,这并非对所有类型的原子都是如此。对氢原子且在中红外激发条件下,比如 $\hbar\omega_0=0.15$ eV,我们将会有这样的场景:多光子吸收效应变化为静电隧穿过程,进而过渡为越障碍电离。

由于激光电场的增加不仅减小了势垒的宽度,而且同时也降低了势垒的高度,所以 $\hbar\omega_0=1.5$ eV 时原子电离率将明显受到激光电场的影响。因此,式(5.13)大大低估了氢原子的实际电离率,它可由含时薛定谔方程的精确数值解或者 ADK(Ammosov-Delone-Krainov)近似理论[149-153]而求得(也可参阅附录 B 文献[135]中的相关讨论)。实质上,式(5.13)中的前因子 Γ^0_{ion} 是由原子量子数及电离势的函数及瞬时激光电场 $E(t)$ 的高次方所代替。然而,如下的指数依赖关系仍然存在:

$$\Gamma^0_{ion}(t) \propto e^{-\frac{E_{exp}}{|E(t)|}}$$

其中 $E_{exp} \propto E_b$。

问题 5.2 我们考虑一个如下沿 z 方向传播的"+"或者"−"圆偏振激光电场 $E(t)$(其空间依赖性不计):

$$E(t) = \widetilde{E}(t) \begin{pmatrix} +\cos(\omega_0 t + \phi) \\ \pm \sin(\omega_0 t + \phi) \\ 0 \end{pmatrix}$$

对常数包络 $\widetilde{E}(t) = \widetilde{E}_0$,我们可以得到 $|E(t)| = \widetilde{E}_0 =$ 常数,因而由式(5.13)可知电离率在时间上为常数,而不是以光场载波频率 ω_0 作振荡变化。在原子电离之后,由牛顿定律可知电子将不再返回原子核处 $r = (0,0,0)^T$。因此,依据我们对线偏振光电场情况下的讨论可知,此时将没有谐波产生。

问题 5.3 图 5.5 中的阈值约位于 $|E(t)|/E_{exp} = 0.05$,此量值为图 5.12 中峰值电场强度 $\widetilde{E}_0$ 情形时阈值的十分之一。如果在分析计算(据式(5.20)和式(5.13))中将 $\widetilde{E}_0$ 减小为 $\widetilde{E}_0/E_{exp} = 0.05$(其他参数与图 5.12 相同),那么我们将的确能得到 $N_e(t \to \infty)$ 对 ϕ 近乎 100% 的调制。然而,此时绝对电子产量却变得非常低,即 $\phi = 0$ 时 $N_e(\infty)/N^0_{atom} = 3 \times 10^{-8}$。同时也应注意的是,当峰值电场强度 $\widetilde{E}_0$ 太低时,实际上我们将不再位于静电机制内(见 5.3 节的脚注)。

问题 5.4 对图 5.7 和图 5.8 中相关参数,势阱中基态到第一激发态跃迁的偶极动量为 $d \approx 18\% eL = 0.11 e$ nm(见问题 3.2)。利用与 Keldysh 参量 $\gamma_K \approx 1$ 相对应的峰值激光电场 $\widetilde{E}_0 = 3 \times 10^{10}$ V/m,同时考虑 $\hbar\omega_0 = 1.5$ eV,可得此偶极动量 $\Omega_R/\omega_0 = 2.2$。在这样的条件下,此时图 5.7 中已有大量穿出势阱的隧穿过程发生,因而二能级系统近似已不再成立,然而在图 5.8 中隧穿过程则没有那么显著,其中 $\gamma_K \approx 2$、$\Omega_R/\omega_0 = 1.1$。因此,对图 5.7 相关参数条件,在峰值拉比频率 Ω_R 超过光载波频率 ω_0 时二能级系统近似失效。当势阱宽度 L 增大时,由于 Kelsydh 参量 γ_K 保持不变而峰值拉比频率 Ω_R 随 L 呈正比例增大,因此较大的势阱宽度显然将扩大二能级系统近似方法应用的范围。不管怎样,这样的分析都强调了这样一个物理事实：在强光场与物质相互作用的过程中，始终存在着源于势阱内部激发过程的非线性光学贡献，而这在高阶谐波产生过程的半经典分析理论中是根本没有被考虑的。

问题 5.5 图 3.4 描述的是从一个离散能态 ♯1 至另一个离散能态 ♯2 的跃迁过程，而图 5.12 则指的是从一个离散能态至另一个非束缚自由连续态的跃迁。因此，图 3.4 中的二能级系统相干性，也即由两个本征态 ψ_1 和 ψ_2 组成的叠加态的幅度以单一频率振荡，此频率即为跃迁频率 Ω。与此相比，在原子电离的情况下跃迁频率将有一较宽分布，这些频率之间相消干涉并最终导致明显的相干性的部分损失（图 5.12），因而此时拉比振荡将不复存在。

第 7 章

问题 7.1 对空间反演变换，也即 $r \rightarrow -r$，式（7.27）的左边即变换为 $j_{pd} \rightarrow -j_{pd}$。由于波矢与电场的空间反演变换结果分别为 $K \rightarrow -K$ 和 $E \rightarrow -E$，因而式（7.27）的右边将变换为原来的负值。因此，在反演对称介质中光子牵引张量 $\boldsymbol{T}$ 可以为非 0 值，这与我们在 2.5 节的推理讨论是相符的，那里我们仅讨论了激光场的磁场分量。对式（7.32）中的二阶谐波极化过程，类似的推理同样成立。

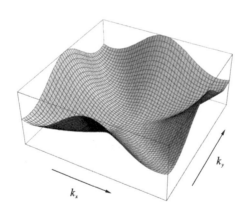

图 7.27 立方对称条件下能量色散随 k_x 和 k_y 的变化关系

注：其中翘曲参数 $W = -3$、$k_z = 0$。这样"弯曲的"色散关系是许多半导体价带所特有的。根据我们在 7.4 节的推理来讨论，如果光波矢沿主立方轴或者对角线方向，也即 $\varphi = 0, \pi/4, \pi/2, \cdots$，那么光子牵引电流将仍然平行于光波矢。

问题 7.2 在微扰机制下且在加速定理成立的范围内[145]，对于（常数）有效电子质量为 m_e、电子电荷为 $-e$ 的各向同性半导体而言，其牛顿第二定律及相关

洛伦兹力为

$$\ddot{\boldsymbol{r}}=\dot{\boldsymbol{v}}=-e\frac{1}{m_{\mathrm{e}}}(\boldsymbol{E}+\boldsymbol{v}\times\boldsymbol{B})$$

在约化对称条件下可改写为

$$\ddot{\boldsymbol{r}}=\dot{\boldsymbol{v}}=-e\,\mathcal{M}_{\mathrm{e}}^{-1}(\boldsymbol{E}+\boldsymbol{v}\times\boldsymbol{B})$$

这里我们已引入了(速度不相关的)3×3 转置有效质量张量 $\mathcal{M}_{\mathrm{e}}^{-1}$[22,145]，其张量元为

$$(\mathcal{M}_{\mathrm{e}}^{-1})_{ij}=\frac{1}{\hbar}\frac{\partial v_i}{\partial k_j}(\boldsymbol{0})=\frac{1}{\hbar^2}\frac{\partial^2 E_{\mathrm{e}}}{\partial k_i\partial k_j}(\boldsymbol{0})$$

$\boldsymbol{k}$ 是电子波矢。例如，对立方对称性介质而言，其能量色散关系对任意给定的波矢 $\boldsymbol{k}$ 方向都是抛物线形的，一个可能的表示形式为

$$E_{\mathrm{e}}(\boldsymbol{k})=\frac{\hbar^2\boldsymbol{k}^2}{2m}\left(1+w\frac{k_x^2\ k_y^2+k_y^2\ k_z^2+k_z^2\ k_x^2}{\boldsymbol{k}^4}\right)$$

这里质量 m 和无量纲 w 为材料参数(见图 7.27)。这个形式实际上可以根据 $|\boldsymbol{k}|$ 极限下价带的 $\boldsymbol{k}\cdot\boldsymbol{p}$ 微扰理论[22]而得到。

同样，采用如下的线偏振光：

$$\boldsymbol{E}(t)=\widetilde{\boldsymbol{E}}\cos(\omega_0 t+\phi)=\begin{pmatrix}\widetilde{E}_1\\\widetilde{E}_2\\\widetilde{E}_3\end{pmatrix}\cos(\omega_0 t+\phi)$$

我们可得到激光电场中一阶近似下的速度

$$\boldsymbol{v}=-\frac{e}{\omega_0}\mathcal{M}_{\mathrm{e}}^{-1}\widetilde{E}\,\sin(\omega_0 t+\phi)$$

注意，对具有约化对称性的情况，$\boldsymbol{v}$ 和 $\boldsymbol{E}$ 通常不再彼此平行。对激光电场中的二阶近似情形，我们可以利用这样的物理学结果：对由第二个麦克斯韦方程描述的平面波，矢量 $\boldsymbol{E}$、$\boldsymbol{B}$ 和 $\boldsymbol{K}$ 满足如下约束关系：

$$\boldsymbol{B}(t)=\frac{1}{\omega_0}\boldsymbol{K}\times\boldsymbol{E}(t)=\frac{1}{c}\hat{\boldsymbol{K}}\times\boldsymbol{E}(t)$$

其中 $\hat{\boldsymbol{K}}=\boldsymbol{K}/|\boldsymbol{K}|$ 为单位波矢、$|\boldsymbol{K}|=\omega_0/c$ 为光的介质色散关系。然后求解如下运动方程：

$$\ddot{\boldsymbol{r}}=\dot{\boldsymbol{v}}=-e\,\mathcal{M}_{\mathrm{e}}^{-1}\left[\left(-\frac{e}{\omega_0}\mathcal{M}_{\mathrm{e}}^{-1}\widetilde{E}\right)\times\left(\frac{1}{c}\hat{\boldsymbol{K}}\times\widetilde{E}\right)\right]\underbrace{\sin(\omega_0 t+\phi)\,\cos(\omega_0 t+\phi)}_{=\frac{1}{2}\sin(2\omega_0 t+2\phi)}$$

考虑初始条件 $\boldsymbol{v}(0)=0$ 及 $\boldsymbol{r}(0)=0$（见 4.4.1 节），我们可以得到

$$\boldsymbol{v}(t)=+\frac{e^2}{4\omega_0^2 c}\mathcal{M}_e^{-1}\big[(\mathcal{M}_e^{-1}\widetilde{\boldsymbol{E}})\times(\hat{\boldsymbol{K}}\times\widetilde{\boldsymbol{E}})\big](1-\cos(2\omega_0 t+2\phi))$$

和

$$\boldsymbol{r}(t)=+\frac{e^2}{4\omega_0^2 c}\mathcal{M}_e^{-1}\big[(\mathcal{M}_e^{-1}\widetilde{\boldsymbol{E}})\times(\hat{\boldsymbol{K}}\times\widetilde{\boldsymbol{E}})\big]\Big(t-\frac{1}{2\omega_0}\sin(2\omega_0 t+2\phi)\Big)$$

同样,此运动包括匀速漂移、光子牵引效应和二阶谐波产生(SHG)。但是在约化对称性条件下,$\boldsymbol{v}(t)$ 和 $\boldsymbol{r}(t)$ 不再必须平行于光波矢 $\boldsymbol{K}$,其具体的方向则依赖于转置有效质量张量 $\mathcal{M}_e^{-1}$ 的准确形式。然而,很显然两参量的光子牵引电流及二阶谐波信号分量通常是 $\hat{\boldsymbol{K}}$ 的线性形式或者 $\widetilde{\boldsymbol{E}}$ 的二次方形式。如此一来,将所有的前因子合并为 $\mathcal{T}_{ijkl}$ 之后,我们可将光子牵引电流密度矢量表述如下:

$$j_i=-\frac{eN_e}{V}\langle v_i\rangle=\sum_{j,k,l=1}^{3}\mathcal{T}_{ijkl}\hat{K}_j\widetilde{E}_k\widetilde{E}_l$$

这与式(7.27)是相同的。用类比的方法可以得到,相应于二阶谐波产生过程的光极化强度 $P_i=-eN_e/V\,r_i$ 的贡献则导致式(7.32)。对空穴的讨论与电子相类似,实际上正是空穴色散的各向同性特性才导致了锗的相关实验结果的出现[224]。

附录 A：重要符号

a	晶体晶格常数
a_e^0	峰值电子加速度
α	吸收系数
$\mathbf{A}(\boldsymbol{r},t)$	矢量势
$\widetilde{A}_0$	矢量势包络峰值
$\mathbf{B}(\boldsymbol{r},t)$	**B** 场或者磁场
$\widetilde{B}_0$	磁场包络峰值
$\boldsymbol{\beta}=(\beta_x,\beta_y,\beta_z)^{\mathrm{T}}=\boldsymbol{v}/c_0$	相对论性速度
c	介质中的光速
c_0	真空中光速 $c_0=2.9979\times10^8$ m/s
$\chi=\chi^{(1)}$	线性光极化率
$\chi^{(N\neq1)}$	非线性光极化率
d	偶极矩阵元
d_{cv}	价带至导带跃迁的偶极矩阵元
$\mathbf{D}(\boldsymbol{r},t)$	**D** 场
$\mathcal{D}$	胡克弹簧常数
$\delta_\omega\delta_t$	脉宽-频宽乘积，比如对 sinc^2 型脉冲，$\delta_\omega\delta_t=2\pi$

	×0.8859
ΔK	谐波产生过程中的波矢失配
$\Delta \omega$	锁模激光谐振腔中的模间隔
$\Delta \phi$	激光脉冲场之间的相位滑移
e	基本电荷 $e = +1.6021 \times 10^{-19}$ As
e	欧拉数 e $= 2.7183$
$E(r, t)$	电场
$\tilde{E}(t)$	电场包络
$\tilde{E}_0$	电场包络峰值
E_b	束缚能（或者电离势）
E_e	电子能量
E_g	半导体带隙能
$\langle E_{kin} \rangle$	质动能（注：根据所述内容背景的不同，本书中符号 $\langle \cdots \rangle$ 或者意味着经典的周期平均值或者指量子力学期望值）
ε	材料介电函数
ε_b	背景介电常数
ε_0	真空介电常数 $\varepsilon_0 = 8.8542 \times 10^{-12}$ AsV^{-1} m^{-1}
ε	归一化电场强度（相对论机制）
f	频率
f_1, f_2	二能级系统中两能级的集聚数
f_e, f_h	电子和空穴的集聚数
$f_\phi = 1/t_\phi$	载波-包络偏移（CEO）频率
$f_r = 1/t_r$	重复频率
F	力矢量
ϕ	载波-包络偏移（CEO）相位
$\phi(r, t)$	静电势
φ_G	Gouy 相位
g	地球表面的重力加速度 $g = 9.81$ m/s^2
g	增益系数

γ	相对论因子
γ_K	Keldysh 参量
Γ_{ion}	电离率
$\hbar$	普朗克常数 $h/(2\pi)$, $\hbar=0.6582$ eV·fs 或 $\hbar=1.0545\times10^{-34}$ Js
$\boldsymbol{H}(\boldsymbol{r},t)$	H 场
$\mathcal{H}$	哈密顿量
i	虚数单位
I	光强度
I_{rad}	辐射光强度
I_0	参考强度
$\boldsymbol{j}$	电流密度
$\boldsymbol{j}_{pd}$	光子牵引电流密度
$\boldsymbol{k}=(k_x,k_y,k_z)^T$	电子波矢
k_B	玻尔兹曼常数 $k_B=1.3804\times10^{-23}$ J/K
$\boldsymbol{K}=(K_x,K_y,K_z)^T$	光波矢
l	长度(隧穿势垒宽度或者样品厚度)
l_{coh}	相干长度
L	激光谐振腔长度
λ	光波长
λ_c	电子康普顿波长 $\lambda_c=2.4262\times10^{-12}$ m
λ_e	电子德布罗意波长
Λ	准相位匹配中的调制周期
m_0	自由电子(静止)质量 $m_0=9.1091\times10^{-31}$ kg
m_e	有效晶体电子质量或相对论性真空电子质量
m_h	有效空穴质量
M	整数
$\boldsymbol{M}(\boldsymbol{r},t)$	磁化率
μ_0	真空磁导率 $\mu_0=4\pi\times10^{-7}$ VsA^{-1} m^{-1}
n	折射率
n_2	非线性折射率

n_{eh}	电子空穴密度
N	整数
N_{e}	电子数
$\mathcal{O}$	任意的量子力学可测量
ω	光谱频率
$\tilde{\omega}$	归一化光谱频率
ω_0	激光脉冲载波频率
$\tilde{\omega}_0$	非线性汤姆逊散射基频发射频率
ω_0^{e}	相对论机制下的电子振荡频率
ω_{c}	回旋频率
ω_{e}	电子频率
ω_{pl}	等离子体频率
Ω	光学(带间)跃迁频率
Ω_{B}	峰值布洛赫频率
$\Omega_{\text{B}}(t)$	瞬时布洛赫频率
Ω_{R}	峰值拉比频率
$\Omega_{\text{R}}(t)$	瞬时拉比频率
$\tilde{\Omega}_{\text{R}}(t)$	瞬时包络拉比频率
Ω_{tun}	峰值隧穿频率
$\boldsymbol{p}$	电子动量
p_{vc}	价带至导带跃迁的跃迁幅度
$\boldsymbol{P}(\boldsymbol{r},t)$	光极化率
$\boldsymbol{r}=(x,y,z)^{\text{T}}$	坐标矢量
r_{B}	波尔半径
R	高斯球面光束轮廓的曲率半径
ρ	电荷密度
$\boldsymbol{S}(\boldsymbol{r},t)$	坡印廷矢量
$\boldsymbol{S}_{\text{RF}}$	光谱射频功率密度
σ	高斯型脉冲的谱宽
t	时间

$t_{\mathrm{FWHM}} = \delta t$	时域脉冲强度轮廓的半峰值全宽
t_{tun}	隧穿时间
τ	迈克尔逊干涉仪的时间延迟
T	温度
T_1	纵向弛豫时间
T_2	横向弛豫时间
θ	光波矢与探测方向所成的角度
Θ	脉冲面积
$\tilde{\Theta}$	包络脉冲面积
$(u, v, w)^{\mathrm{T}}$	布洛赫矢量
$U(t)$	光电倍增管电压
$U(x)$	束缚势（束缚能）
$\boldsymbol{v}$	速度矢量
V	体积
$V(x)$	势能
w	反转数
$w(z)$	横向高斯轮廓的宽度
w_0	束腰
x	经典位移
x_0	峰值经典位移
ξ	正比于激光电场的无量纲参数
z	坐标
z_{f}	焦距长度
z_{R}	瑞利长度

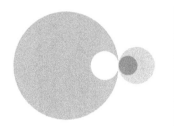

附录 B:
引 文 索 引

[1] C. H. Townes: How the Laser Happened-Adventures of a Scientist (Oxford University Press,1999).

[2] N. Taylor: LASER: The Inventor, the Nobel Laureate, and the Thirty-Year Patent War(Kensington Publishing Corp. ,New York 2000).

[3] T. M. Maiman: Nature 187,493 (1960).

[4] P. A. Franken, A. E. Hill, C. W. Peters, and G. Weinreich: Phys. Rev. Lett. 7,118 (1961).

[5] Y. R. Shen: The Principles of Nonlinear Optics (John Wiley & Sons 1984).

[6] A. Yariv: Quantum Electronics,3rd edition (John Wiley & Sons 1989).

[7] L. Allen and J. H. Eberly: Optical Resonance and Two-Level Atoms (Dover Publications,New York 1987).

[8] P. Meystre and M. Sargent Ⅲ: Elements of Quantum Optics,2nd edition (Springer,Berlin Heidelberg New York 1991).

[9] R. W. Boyd: Nonlinear Optics (Academic Press,Boston 1992).

[10] M. O. Scully and M. S. Zubairy: Quantum Optics (Cambridge University Press 1997).

[11] L. E. Hargrove, R. L. Fork, and M. A. Pollack: Appl. Phys. Lett. 5, 4 (1964).

[12] D. E. Spence, P. N. Kean, and W. Sibbett: Opt. Lett. 16, 42 (1991).

[13] R. L. Fork, C. H. Brito Cruz, P. C. Becker, and C. V. Shank: Opt. Lett. 12, 483 (1986).

[14] U. Keller: Appl. Phys. B: Lasers Opt. 58, 347 (1994).

[15] P. M. W. French: Contemp. Phys. 37, 283 (1996).

[16] D. Strickland and G. Mourou: Opt. Commun. 56, 219 (1985).

[17] M. A. Perry and G. Mourou: Science 264, 917 (1994).

[18] S. Bahk, P. Rousseau, T. Planchon, V. Chvykov, G. Kalintchenko, A. Maksimchuk, G. Mourou, and V. Yanovsky: International Conference on Lasers and Electro Optics(CLEO), San Francisco (USA), May 16 − 21 2004, postdeadline paper CPDA5, conference digest.

[19] P. M. Dirac: Nature 192, 235 (1937).

[20] A. Y. Potekhin, A. V. Ivanchik, D. A. Varshalovich, K. M. Lanzetta, J. A. Baldwin, G. M. Williger, and R. F. Carswell: Astrophys. J. 505, 523 (1998).

[21] J. K. Webb, M. T. Murphy, V. V. Flambaum, V. A. Dzuba, J. D. Barrow, C. W. Churchill, J. X. Prochaska, and A. M. Wolfe: Phys. Rev. Lett. 87, 091301 (2001).

[22] W. Schäer and M. Wegener: Semiconductor Optics And Transport Phenomena, Advanced Texts in Physics (Springer, Berlin Heidelberg New York 2002).

[23] K. L. Sala, G. A. Kenney-Wallace, and G. E. Hall: IEEE J. Quantum Electron. 16, 990(1980).

[24] E. V. Baklanov, and V. P. Chebotaev: Sov. J. Quantum Electron. 7, 1252 (1977).

[25] H. R. Telle, G. Steinmeyer, A. E. Dunlop, J. Stenger, D. H. Sutter, and U. Keller: Appl. Phys. B 69, 327 (1999).

[26] S. T. Cundiff, J. Ye, and J. L. Hall: Rev. Sci. Instrum. 72, 3749 (2001).

[27] Th. Udem, R. Holzwarth, and T. W. Hänsch: Nature 416, 233 (2001).

[28] S. T. Cundiff and J. Ye: Rev. Mod. Phys. 75,325 (2003).

[29] S. Karshenboim: Can. J. Phys. 78,639 (2000).

[30] Th. Udem, S. A. Diddams, K. R. Vogel, C. W. Oates, E. A. Curtis, W. D. Lee, W. M. Itano, R. E. Drullinger, J. C. Bergquist, and L. Hollberg: Phys. Rev. Lett. 86,4996 (2001).

[31] Th. Damour, F. Piazza, and G. Veneziano: Phys. Rev. Lett. 89,081601 (2002).

[32] R. J. Rafac, B. C. Young, J. A. Beall, W. M. Itano, D. J. Wineland, and J. C. Bergquist:Phys. Rev. Lett. 85,2462 (2002).

[33] L. B. Madsen: Phys. Rev. A 65,053417 (2002).

[34] M. Fiebig, D. Fröhlich, B. B. Krichevtsov, and R. V. Pisarev: Phys. Rev. Lett. 73,2127(1994).

[35] A. Apolonski, A. Poppe, G. Tempea, Ch. Spielmann, Th. Udem, R. Holzwarth, T. W. Hänsch, and F. Krausz: Phys. Rev. Lett. 85, 740 (2000).

[36] D. J. Jones, S. A. Diddams, J. K. Ranka, A. Stentz, R. S. Windeler, J. L. Hall, and S. T. Cundiff: Science 288,635 (2000).

[37] U. Morgner, R. Ell, G. Metzler, T. R. Schibli, F. X. Kärtner, J. G. Fujimoto, H. A. Haus, and E. P. Ippen: Phys. Rev. Lett. 86,5462 (2001).

[38] A. Baltuska, T. Fuji, and T. Kobayashi: Phys. Rev. Lett. 88, 133901 (2002).

[39] T. Fuji, A. Apolonski, and F. Krausz: Opt. Lett. 29,632 (2004).

[40] C. W. Luo, K. Reimann, M. Woerner, T. Elsaesser, R. Hey, and K. H. Ploog: Phys. Rev. Lett. 92,047402 (2004).

[41] C. G. B. Garrett and D. E. Mc Cumber: Phys. Rev. A 1,305 (1970).

[42] A. Puri and J. L. Birman: Phys. Rev. A 27,1044 (1983).

[43] S. Chu and S. Wong: Phys. Rev. Lett. 48,738 (1982).

[44] J. Peatross, S. A. Glasgow, and M. Ware: Phys. Rev. Lett. 84,2370 (2000).

[45] L. Brillouin: Wave Propagation and Group Velocity (Academic Press, New York 1960).

[46] K. E. Oughstun and C. M. Balictsis: Phys. Rev. Lett. 77,2210 (1996).

[47] G. S. Sherman and K. E. Oughstun: Phys. Rev. A 41,6090 (1990).

[48] K. E. Oughstun and G. S. Sherman: J. Opt. Soc. Am. B 5,817 (1988).

[49] P. Pleshko and I. Palocz: Phys. Rev. Lett. 22,1201 (1969).

[50] T. Ankel: Z. Phys. B 144,120 (1956).

[51] F. Bloch: Phys. Rev. 70,460 (1946).

[52] F. Bloch,W. W. Hansen,and M. Packard: Phys. Rev. 70,960 (1946).

[53] I. I. Rabi: Phys. Rev. 51,652 (1937).

[54] O. D. Mücke: Extreme Nonlinear Optics in Semiconductors with Intense Two-Cycle Laser Pulses, PhD thesis, Universität Karlsruhe (TH) (Shaker Verlag 2003).

[55] F. Bloch and A. Siegert: Phys. Rev. 57,522 (1940).

[56] B. R. Mollow: Phys. Rev. 188,1969 (1969).

[57] B. R. Mollow: Phys. Rev. A 2,76 (1970).

[58] B. R. Mollow: Phys. Rev. A 5,2217 (1972).

[59] F. Y. Wu,S. Ezekiel,M. Ducloy,and B. R. Mollow: Phys. Rev. Lett. 38, 1077 (1977).

[60] S. Hughes: Phys. Rev. Lett. 81,3363 (1998).

[61] S. Hughes: Phys. Rev. A 62,055401 (2000).

[62] R. Bavli and H. Metiu: Phys. Rev. Lett. 69,1986 (1992).

[63] M. Yu. Ivanov, P. B. Corkum, and P. Dietrich: Laser Phys. 3, 375 (1993).

[64] A. Levinson,M. Segev,G. Almogy,and A. Yariv: Phys. Rev. B 49,R 661 (1994).

[65] T. Zuo, S. Chelkowski, and A. D. Bandrauk: Phys. Rev. A 49, 3943 (1994).

[66] R. W. Ziolkowski,J. M. Arnold,and D. M. Gogny: Phys. Rev. A 52,3082 (1995).

[67] T. Tritschler,O. D. Mücke,M. Wegener,U. Morgner,and F. X. Kärtner: Phys. Rev. Lett. 90,217404 (2003).

[68] E. Dupont,P. B. Corkum,H. C. Liu,M. Buchanan,and Z. R. Wasilewski:

Phys. Rev. Lett. 74,3596 (1995).

[69] R. Atanosov,A. Hache,J. L. P. Hughes,H. M. van Driel,and J. E. Sipe：Phys. Rev. Lett. 76,1703 (1996).

[70] A. Hache,Y. Kostoulas,R. Atanosov,J. L. P. Hughes,J. E. Sipe,and H. M. van Driel：Phys. Rev. Lett. 78,306 (1997).

[71] R. D. R. Bhat and J. E. Sipe：Phys. Rev. Lett. 85,5432 (2000).

[72] M. J. Stevens,A. L. Smirl,R. D. R. Bhat,A. Najmaie,J. E. Sipe,and H. M. van Driel：Phys. Rev. Lett. 90,136603 (2003).

[73] J. Hübner,W. W. Rühle,M. Klude,D. Hommel,R. D. R. Bhat,J. E. Sipe,and H. M. van Driel：Phys. Rev. Lett. 90,216601 (2003).

[74] T. M. Fortier,P. A. Roos,D. J. Jones,S. T. Cundiff,R. D. R. Bhat,and J. E. Sipe：Phys. Rev. Lett. 92,147403 (2004).

[75] J. V. Moloney and W. J. Meath：Phys. Rev A 17,1550 (1978).

[76] G. F. Thomas：Phys. Rev. A 32,1515 (1985).

[77] W. M. Griffith,M. W. Noel,and T. F. Gallagher：Phys. Rev. A 57,3698 (1998).

[78] A. Brown and W. J. Meath：J. Chem. Phys. 109,9351 (1998).

[79] T. Tritschler,O. D. Mücke and M. Wegener：Phys. Rev. A 68,033404 (2003).

[80] M. Abramowitz and I. A. Stegun：Handbook of Mathematical Functions,9th printing(Dover Publications Inc. ,New York 1979).

[81] J. H. Shirley：Phys. Rev. 138,B 979 (1965).

[82] T. Hattori and T. Kobayashi：Phys. Rev. A 35,2733 (1987).

[83] S. M. Barnett,P. Filipowicz,J. Javanainen,P. L. Knight,and P. Meystre：p. 485,in Frontiers in Quantum Optics, E. R. Pike and S. Sarkar,eds. (Adam Hilger,Bristol 1986).

[84] G. M. Genkin：Phys. Rev. A 58,758 (1998).

[85] R. Parzynski and M. Sobczak：Opt. Commun. 228,111 (2003).

[86] A. P. Jauho and K. Johnsen：Phys. Rev. Lett. 76,4576 (1996).

[87] K. Johnsen and A. P. Jauho：Phys. Rev. B 57,8860 (1998).

[88] A. H. Chin, J. M. Bakker, and J. Kono：Phys. Rev. Lett. 85, 3293

(2000).

[89] H. R. Reiss：Phys. Rev. A 19，1140 (1979).

[90] H. R. Reiss：Phys. Rev. A 22，1786 (1980).

[91] D. M. Volkov：Z. Physik 94，250 (1935).

[92] H. D. Jones and H. R. Reiss：Phys. Rev. B 16，2466 (1977).

[93] A. V. Jones and G. J. Papadopoulos：J. Phys. A 4，L87 (1971).

[94] Landolt-Börnstein，Vols. III/17a and III/17b (Springer-Verlag).

[95] F. Bloch：Z. Phys. 52，555 (1928).

[96] C. Zener：Proc. R. Soc. London Ser. A 145，523 (1934).

[97] G. H. Wannier：Phys. Rev. 100，1227 (1955).

[98] G. H. Wannier：Phys. Rev. 117，432 (1960).

[99] G. H. Wannier：Rev. Mod. Phys. 34，645 (1962).

[100] L. Esaki and R. Tsu：Appl. Phys. Lett. 19，246 (1971).

[101] A. A. Ignatov and Y. A. Romanov：Sov. Phys. Solid State 17，2216 (1975).

[102] A. A. Ignatov and Y. A. Romanov：Phys. Stat. Sol. B 73，327 (1976).

[103] M. W. Feise and D. S. Citrin：Appl. Phys. Lett. 75，3536 (1999).

[104] S. Winnerl，E. Schomburg，S. Brandl，O. Kus，K. F. Renk，M. C. Wanke，S. J. Allen，A. A. Ignatov，V. Ustinov，A. Zhukov，and P. S. Kop'ev：Appl. Phys. Lett. 77，1259 (2000).

[105] F. V. Vachaspati：Phys. Rev. 128，664 (1962).

[106] L. S. Brown and T. W. B. Kibble：Phys. Rev. 133，A705 (1964).

[107] E. S. Sarachik and G. T. Schappert：Phys. Rev. D 1，2738 (1970).

[108] J. E. Gunn and J. P. Ostriker：Astrophys. J. 165，523 (1971).

[109] E. Esarey，S. K. Ride and P. Sprangle：Phys. Rev. E 48，3003 (1993).

[110] S. -Y. Chen，A. Maksimchuk，and D. Umstadter：Nature 396，653 (1998).

[111] F. He，Y. Lau，D. P. Umstadter，and T. Strickler：Phys. Plasmas 9，4325 (2002).

[112] F. He，Y. Y. Lau，D. P. Umstadter，and R. Kowalczyk：Phys. Rev. Lett. 90，055002 (2003).

[113] Y. Y. Lau, F. He, D. P. Umstadter, and R. Kowalczyk: Phys. Plasmas 10, 2155 (2003).

[114] J. D. Jackson: Classical Electrodynamics, p. 480 (Wiley, New York 1962).

[115] H. K. Avetissian, A. K. Avetissian, G. F. Mkrtchian, and Kh. V. Sedrakian: Phys. Rev. E 66, 016502 (2002).

[116] D. L. Burke, R. C. Field, G. Horton-Smith, J. E. Spencer, D. Walz, S. C. Berridge, W. M. Bugg, K. Shmakov, A. W. Weidemann, C. Bula, K. T. Mc Donald, E. J. Prebys, C. Bamber, S. J. Boege, T. Koffas, T. Kotseroglou, A. C. Melissonos, D. D. Myerhofer, D. A. Reis, and W. Ragg: Phys. Rev. Lett. 79, 1626 (1997).

[117] J. Schwinger: Phys. Rev. 82, 664 (1951).

[118] J. Schwinger: Phys. Rev. 93, 615 (1954).

[119] E. Brezin and C. Itzykon: Phys. Rev. D 2, 1191 (1970).

[120] T. Tajima and G. Mourou: Phys. Rev. Special Topics 5, 031301 (2002).

[121] S. W. Hawking: Nature 248, 30 (1974).

[122] W. G. Unruh: Phys. Rev. D 14, 870 (1976).

[123] E. Yablonovitch: Phys. Rev. Lett. 62, 1742 (1989).

[124] P. Chen and T. Tajima: Phys. Rev. Lett. 83, 256 (1999).

[125] G. Farkas and C. Tóth: Phys. Lett. A 168, 447 (1992).

[126] S. E. Harris, J. J. Macklin, and T. W. Hänsch: Opt. Commun. 100, 487 (1993).

[127] L. V. Keldysh: Sov. Phys. JETP 20, 1307 (1965).

[128] G. G. Paulus, F. Grasbon, H. Walther, P. Villoresi, M. Nisoli, S. Stagira, E. Priori, and S. De Silvestri: Nature 414, 182 (2001).

[129] J. Gao, F. Shen, and J. G. Eden: Phys. Rev. Lett. 81, 1833 (1998).

[130] J. Gao, F. Shen, and J. G. Eden: Phys. Rev. A 61, 043812 (2000).

[131] J. Gao, F. Shen, and J. G. Eden: Int. J. Mod. Phys. B 14, 889 (2000).

[132] K. Boyer, T. S. Luk, and C. K. Rhodes: Phys. Rev. Lett. 60, 557 (1988).

[133] K. W. D. Ledingham, I. Spencer, T. McCanny, R. P. Singhal, M. I. K.

Santala, E. Clark, I. Watts, F. N. Beng, M. Zepf, K. Krushelnick, M. Tatarakis, A. E. Dangor, P. A. Norreys, R. Allott, D. Neelly, R. J. Clark, A. C. Machacek, J. S. Wark, A. J. Cresswell, D. C. W. Sanderson, and J. Magill: Phys. Rev. Lett. 84,899 (2000).

[134] T. E. Cowan, A. W. Hunt, T. W. Phillips, S. C. Wilks, M. D. Perry, C. Brown, W. Fountain, S. Hatchett, J. Johnson, M. H. Key, T. Parnell, D. M. Pennington, R. A. Snavely, and Y. Takahashi: Phys. Rev. Lett. 84, 903 (2000).

[135] T. Brabec and F. Krausz: Rev. Mod. Phys. 72,545 (2000).

[136] W. Becker, S. Long, and J. M. MicIver: Phys. Rev. A R41,4112 (1990).

[137] J. L. Krause, K. L. Schafer, and K. C. Kulander: Phys. Rev. Lett. 68, 3535 (1992).

[138] A. Pukhov, S. Gordienko, and T. Baeva: Phys. Rev. Lett. 91,173002 (2003).

[139] T. F. Gallagher: Phys. Rev. Lett. 61,2304 (1988).

[140] P. B. Corkum, N. H. Burnett, and F. Brunel: Phys. Rev. Lett. 62,1259 (1989).

[141] P. B. Corkum: Phys. Rev. Lett. 71,1994 (1993).

[142] M. Lewenstein, Ph. Balcou, M. Yu. Ivanov, A. L'Hullier, and P. B. Corkum: Phys. Rev. A 49,2117 (1994).

[143] L. C. Dinu, H. G. Muller, S. Kazamias, G. Mullot, F. Auge, Ph. Balcou, P. M. Paul, M. Kovacev, P. Breger, and P. Agostini: Phys. Rev. Lett. 91,063901 (2003).

[144] C. H. Keitel and S. X. Hu: Appl. Phys. Lett. 80,541 (2003).

[145] N. W. Ashcroft and N. D. Mermin: Solid State Physics (Saunders College Publishing1976).

[146] C. Lemell, X. -M. Tong, F. Krausz, and J. Burgdörfer: Phys. Rev. Lett. 90,076403 (2003).

[147] A. Apolonski, P. Dombi, G. G. Paulus, M. Kakehata, R. Holzwarth, Th. Udem, Ch. Lemell, K. Torizuka, J. Burgdörfer, T. W. Hänsch, and F. Krausz: Phys. Rev. Lett. 92,073902 (2004).

[148] P. Dombi, A. Apolonski, Ch. Lemell, G. G. Paulus, M. Kakehata, R. Holzwarth, Th. Udem, K. Torizuka, J. Burgdörfer, T. W. Hänsch, and F. Krausz: New J. Phys. 6, 39 (2004).

[149] M. V. Ammosov, N. B. Delone, and V. P. Krainov: Sov. Phys. JETP 64, 1191 (1986).

[150] V. P. Krainov: J. Opt. Soc. Am. B14, 425 (1997).

[151] B. Walker, B. Sheehy, L. F. DiMauro, P. Agostini, K. J. Schafer, and K. C. Kulander: Phys. Rev. Lett. 73, 1227 (1994).

[152] E. A. Chowdhury, C. P. J. Barty, and B. C. Walker: Phys. Rev. A 63, 042712 (2001).

[153] K. Yamakawa, Y. Akahane, Y. Fukuda, M. Aoyama, N. Inoue, H. Ueda, and T. Utsumi: Phys. Rev. Lett. 92, 123001 (2004).

[154] T. Brabec and F. Krausz: Phys. Rev. Lett. 78, 3282 (1997).

[155] K. L. Shlager and J. B. Schneider: IEEE Antennas Propagat. Mag. 37, 39 (1995).

[156] K. S. Yee: IEEE Trans. Antennas Propagat. 14, 302 (1966).

[157] J. P. Berenger: J. Comp. Phys. 114, 185 (1994).

[158] E. L. Lindman: J. Comp. Phys. 18, 66 (1975).

[159] A. E. Siegmann: Lasers (University Science, Mill Valley, Calif. 1986).

[160] C. R. Gouy: Acad. Sci. Paris 110, 1251 (1890).

[161] C. R. Gouy: Ann. Chim. Phys. Ser. 6, 24, 145 (1891).

[162] S. Feng and H. G. Winful: Opt. Lett. 26, 485 (2001).

[163] M. A. Porras: Phys. Rev. E 65, 026606 (2002).

[164] R. W. Ziolkowski: Phys. Rev. A 39, 2005 (1989).

[165] Z. Wang, Z. Zhang, Z. Xu, and Q. Lin: IEEE J. Quantum Electron. 33, 566 (1997).

[166] S. Feng, H. G. Winful, and R. W. Hellwarth: Phys. Rev. E 59, 4630 (1999).

[167] A. E. Kaplan: J. Opt. Soc. Am. B 15, 951 (1998).

[168] P. Saari: Opt. Exp. 8, 590 (2001).

[169] A. B. Ruffin, J. V. Rudd, J. F. Whitaker, S. Feng, and H. G. Winful:

Phys. Rev. Lett. 83,3410 (1999).

[170] E. Budiarto, N.-W. Pu, S. Jeong, and J. Bokor: Opt. Lett. 23, 213 (1998).

[171] F. Lindner,G. G. Paulus, H. Walther, A. Baltuska, E. Goulielmakis,M. Lezius,and F. Krausz: Phys. Rev. Lett. 92,113001 (2004).

[172] Z. L. Horvath and Zs. Bor: Phys. Rev. E 60,2337 (1999).

[173] D. Du,X. Liu,G. Korn,J. Squier,and G. Mourou: Appl. Phys. Lett. 64, 3071 (1994).

[174] B. C. Stuart,D. Feit, A. M. Rubenchik, B. W. Shore,and M. D. Perry: Phys. Rev. Lett. 74,2248 (1995).

[175] M. Lenzner,J. Krüger,S. Sartania, Z. Cheng,Ch. Spielmann,G. Mourou,W. Kautek,and F. Krausz: Phys. Rev. Lett. 80,4076 (1998).

[176] A. C. Tien,S. Backus, H. Kapteyn,and M. Murnane: Phys. Rev. Lett. 82,3883 (1999).

[177] U. Morgner,F. X. Kärtner,S. H. Cho, Y. Chen, H. A. Haus,J. G. Fujimoto,E. P. Ippen, V. Scheuer,G. Angelow,and T. Tschudi: Opt. Lett. 24,411 (1999).

[178] M. U. Wehner, M. H. Ulm, and M. Wegener: Opt. Lett. 22, 1455 (1997).

[179] The first microscope objective has a focal length of 5. 41mm and a numerical aperture of NA = 0. 5 (Coherent 25-0522), the second one 13. 41mm and NA=0. 5 (Coherent 25-0555). In these experiments,one loses about a factor of two in average power on the first microscope objective. This is due to the fact that the beam diameter is chosen to be larger than the objective aperture in order to get to the minimum spot radius. Thus,all relevant powers are consistently quoted in front of the sample.

[180] N. Peyghambarian, S. W. Koch, and A. Mysyrowicz: Introduction to Semiconductor Optics (Prentice Hall, Englewood Cliffs, New Jersey 1993).

[181] O. D. Mücke, T. Tritschler, M. Wegener, U. Morgner, and F. X.

Kärtner：Phys. Rev. Lett. 87,057401 (2001).

[182] Q. T. Vu, L. Bányai, H. Haug, O. D. Mücke, T. Tritschler, and M. Wegener：Phys. Rev. Lett. 92,217403 (2004).

[183] M. Sheik-Bahae, A. A. Said, T.-H. Wei, D. J. Hagan, and E. W. van Stryland：IEEE J. Quantum Electron. 26,760 (1990).

[184] L. Bányai, D. B. Tran Thoai, E. Reitsamer, H. Haug, D. Steinbach, M. U. Wehner, M. Wegener, T. Marschner, and W. Stolz：Phys. Rev. Lett. 75,2188 (1995).

[185] M. U. Wehner, M. H. Ulm, D. S. Chemla, and M. Wegener：Phys. Rev. Lett. 80,1992(1998).

[186] W. A. Hügel, M. F. Heinrich, and M. Wegener, Q. T. Vu, L. Bányai, and H. Haug：Phys. Rev. Lett. 83,3313 (1999).

[187] Q. T. Vu, H. Haug, W. A. Hügel, S. Chatterjee, and M. Wegener：Phys. Rev. Lett. 85,3508 (2000).

[188] H. Haug：Nature 414,261 (2001).

[189] R. Huber, F. Tauser, A. Brodschelm, M. Bichler, G. Abstreiter, and A. Leitenstorfer：Nature 414,286 (2001).

[190] W. A. Hügel, M. Wegener, Q. T. Vu, L. Bányai, H. Haug, F. Tinjod, and H. Mariette：Phys. Rev. B 66,153203 (2002).

[191] K. Leo, M. Wegener, J. Shah, D. S. Chemla, E. O. Göel, T. C. Damen, S. Schmitt-Rink, and W. Schäfer：Phys. Rev. Lett. 65,1340 (1990).

[192] M. Wegener, D. S. Chemla, S. Schmitt-Rink, and W. Schäfer：Phys. Rev. A 42,5675(1990).

[193] R. Binder, S. W. Koch, M. Lindberg, N. Peyghambarian, and W. Schäfer：Phys. Rev. Lett. 65,899 (1990).

[194] S. T. Cundiff, A. Knorr, J. Feldmann, S. W. Koch, E. O. Göbel, and H. Nickel：Phys. Rev. Lett. 73,1178 (1994).

[195] H. Giessen, A. Knorr, S. Haas, S. W. Koch, S. Linden, J. Kuhl, M. Hetterich, M. Grün, and C. Klingshirn：Phys. Rev. Lett. 81,4260 (1998).

[196] A. Schülzgen, R. Binder, M. E. Donovan, M. Lindberg, K. Wundke, H. M. Gibbs, G. Khitrova, and N. Peyghambarian：Phys. Rev. Lett. 82,

2346 (1999).

[197] L. Bányai, Q. T. Vu, B. Mieck, and H. Haug: Phys. Rev. Lett. 81, 882 (1998).

[198] C. Ciuti, C. Piermarocchi, V. Savona, P. E. Selbmann, P. Schwendimann, and A. Quattropani: Phys. Rev. Lett. 84, 1752 (2000).

[199] H. Haug and S. W. Koch: Quantum Theory of the Optical and Electronic Properties of Semiconductors, 2nd edition (World Scientific 1993).

[200] The fit formula for the envelope of the electric field spectrum is given by the sum of three Gaussians, i. e. , by $|\tilde{E}_{\omega_0}(\omega)| = \sum_{n=1}^{3} E_n \exp(-(\omega-\omega_n)^2/\sigma_n^2)$, with the parameters $E_2/E_1 = 0.72$, $E_3/E_1 = 1.16$ and E_1 being determined by $\tilde{E}_0$; $\hbar\omega_1 = 1.38$ eV, $\hbar\omega_2 = 1.68$ eV, $\hbar\omega_3 = 1.82$ eV; $\hbar\sigma_1 = 0.10$ eV, $\hbar\sigma_2 = 0.19$ eV, $\hbar\sigma_3 = 0.03$ eV. For the ZnO calculations, in order to avoid artifacts, the low and high-energy Gaussian tails of this spectrum (that predominantly arise from the broad central Gaussian) are suppressed by an analytic function. The real electric field $E(t)$ of an individual pulse results from the real part of the Fourier transform of $|\tilde{E}_{\omega_0}(\omega)|$. Note that the CEO phase ϕ of $E(t)$ can be modified without explicitly decomposing it into carrier wave $\cos(\omega_0 t + \phi)$ and envelope $\tilde{E}(t)$ - which would not be possible analytically anyway. Also, see Problem 2.5.

[201] D. E. Aspnes, S. M. Kelso, R. A. Logan, and R. Bhat: J. Appl. Phys. 60, 754 (1986).

[202] O. D. Mücke, T. Tritschler, M. Wegener, U. Morgner, and F. X. Kärtner: Phys. Rev. Lett. 89, 127401 (2002).

[203] V. F. Elesin: Sov. Phys. JETP 32, 328 (1971).

[204] C. Comte and G. Mahler: Phys. Rev. B 34, 7164 (1986).

[205] S. Schmitt-Rink, D. S. Chemla, and H. Haug: Phys. Rev. B 37, 941 (1988).

[206] F. Jahnke and K. Henneberger: Phys. Rev. B 45, 4077 (1992).

[207] V. Skrikand, and D. R. Clarke: J. Appl. Phys. 83, 5447 (1998).

[208] O. D. Mücke, T. Tritschler, M. Wegener, U. Morgner, and F. X. Kärtner：Opt. Lett. 27,2127 (2002).

[209] X. W. Sun and H. S. Kwok：J. Appl. Phys. 86,408 (1999).

[210] K. Postava, H. Sueki, M. Aoyama, T. Yamaguchi, Ch. Ino, Y. Igasaki, and M. Horie：J. Appl. Phys. 87,7820 (2000).

[211] W. Franz：Z. Naturforschg. A 13,484 (1958).

[212] L. V. Keldysh：Sov. Phys. JETP 34,788 (1958).

[213] Y. Yacobi：Phys. Rev. 169,610 (1968).

[214] A. Srivastava and J. Kono：International Conference on Quantum Electronics and LaserScience (QELS),Baltimore (USA),June 1 − 6 2003, paper QFD2,conference digest (2003).

[215] A. H. Chin, O. G. Calderon, and J. Kono：Phys. Rev. Lett. 86, 3292 (2001).

[216] K. B. Nordstrom, K. Johnsen, S. J. Allen, A. -P. Jauho, B. Birnir, J. Kono, T. Noda, H. Akiyama, and H. Sakaki：Phys. Rev. Lett. 81, 457 (1998).

[217] J. P. Gordon：Phys. Rev. A 8,14 (1973).

[218] R. Peierls：Proc. R. Soc. Lond. A 347,475 (1976).

[219] R. Peierls：Proc. R. Soc. Lond. A 355,141 (1977).

[220] H. M. Barlow：Nature 173,41 (1954).

[221] W. Lehr and R. von Baltz：Z. Phys. B 51,25 (1983).

[222] A. F. Gibson, M. F. Kimmitt, and A. C. Walker：Appl. Phys. Lett. 17, 75 (1970).

[223] A. M. Danishevskii, A. A. Kastal'skii, S. M. Ryvkin, and I. D. Yaroshetskii：Sov. Phys. JETP 31,292 (1979).

[224] A. C. Walker and D. R. Tilley：J. Phys. C 4,L376 (1971).

[225] K. D. Moll, D. Homoelle, A. L. Gaeta, and R. W. Boyd：Phys. Rev. Lett. 88,153901(2002).

[226] M. Drescher, M. Hentschel, R. Kienberger, G. Tempea, C. Spielmann, G. A. Reider, P. B. Corkum, and F. Krausz：Science 291,1923 (2001).

[227] M. Hentschel, R. Kienberger, Ch. Spielmann, G. A. Reider, N. Milos-

evic, T. Brabec, P. Corkum, U. Heinzmann, M. Drescher, and F. Krausz: Nature 414,509 (2001).

[228] N. A. Papadogiannis, B. Witzel, C. Kalpouzos, and D. Charalambidis: Phys. Rev. Lett. 83,4289 (1999).

[229] P. M. Paul, E. S. Toma, P. Breger, G. Mullot, F. Augé, Ph. Balcou, H. G. Muller, and P. Agostini: Science 292,1689 (2001).

[230] A. Rundquist, C. G. Durfee Ⅲ, Z. Chang, C. Herne, S. Backus, M. M. Murnane, and H. C. Kapteyn: Science 280,1412 (1998).

[231] C. G. Durfee, A. R. Rundquist, S. Backus, C. Herne, M. M. Murnane, and H. C. Kapteyn: Phys. Rev. Lett. 83,2187 (1999).

[232] A. Paul, R. A. Bartels, R. Tobey, H. Green, S. Weiman, I. P. Christov, M. M. Murnane, H. C. Kapteyn, and S. Backus: Nature 421,51 (2003).

[233] A. McPherson, G. Gibson, H. Jara, U. Johann, T. S. Luk, I. A. McIntyre, K. Boyer, and C. K. Rhodes: J. Opt. Soc. Am. B 4,595 (1987).

[234] M. Ferray, A. L'Hullier, X. F. Li, A. Lompre, G. Mainfray, and C. Manus: J. Phys. B 21,L 31 (1988).

[235] X. F. Li, A. L'Hullier, M. Ferray, L. A. Lompre, and G. Mainfray: Phys. Rev. A 39,5751(1991).

[236] N. Sarukura, K. Hata, T. Adachi, R. Nodomi, M. Watanabe, and S. Watanabe: Phys. Rev. A 43,1669 (1991).

[237] Y. Akiyami, K. Midorikawa, Y. Matsunawa, Y. Nagata, M. Obara, H. Tashiro, and K. Toyoda: Phys. Rev. Lett. 69,2176 (1992).

[238] J. J. Macklin, J. D. Kmetec, and C. L. Grodon III: Phys. Rev. Lett. 70, 766 (1993).

[239] A. L'Huillier and Ph. Balcou: Phys. Rev. Lett. 70,774 (1993).

[240] K. Miyazaki, H. Sakai, G. U. Kim, and H. Takada: Phys. Rev. A 49,548 (1994).

[241] J. G. W. Tisch, R. A. Smith, J. E. Muffett, M. Ciarocca, J. P. Marangos, and M. H. R. Hutchinson: Phys. Rev. A 49,R 28 (1994).

[242] K. Miyazaki and H. Takada: Phys. Rev. A 52,3007 (1995).

[243] Z. Chang, A. Rundquist, H. Wang, M. M. Murnane, and H. C. Kapteyn:

Phys. Rev. Lett. 79,2967 (1997).

[244] Ch. Spielmann, N. H. Burnett, S. Sartania, R. Koppitsch, M. Schnürer, C. Kan, M. Lenzner, P. Wobrauschek, and F. Krausz: Science 278,661 (1997).

[245] P. Salieres, A. L'Huillier, P. Antoine, and M. Lewenstein: Adv. At. , Mol. ,Opt. Phys. 41,83 (1999).

[246] C. J. Joachain, M. Dörr, and N. J. Kylstra: Adv. At. ,Mol. ,Opt. Phys. 42,225 (2000).

[247] E. Seres, J. Seres, F. Krausz, and C. Spielmann: Phys. Rev. Lett. 92, 163002 (2004).

[248] E. A. J. Mercatili and R. A. Schmeltzer, Bell System Tech. J. 43,1783 (1964).

[249] R. A. Bartels, A. Paul, H. Green, H. C. Kapteyn, M. M. Murnane, S. Backus, I. P. Christov, Y. Liu, D. Attwood, and C. Jacobsen: Science 297,376 (2002).

[250] J. Armstrong, N. A. Bloembergen, J. Ducuing, and P. S. Pershan: Phys. Rev 127,1918(1962).

[251] E. A. Gibson, A. Paul, N. Wagner, R. Tobey, S. Backus, I. P. Christov, M. M. Murnane, and H. C. Kapteyn: Phys. Rev. Lett. 92, 033001 (2004).

[252] A. de Bohan, P. Antoine, D. B. Milosević, and B. Piraux: Phys. Rev. Lett. 81,1837 (1998).

[253] G. Tempea, M. Geissler, and T. Brabec: J. Opt. Soc. Am. B 16,669 (1999).

[254] A. Baltuska, Th. Udem, M. Ulberacker, M. Hentschel, E. Goulielmakis, Ch. Gohle, R. Holzwarth, V. S. Yakovlev, A. Scrinzi, T. W. Hänsch, and F. Krausz: Nature 421,611(2003).

[255] E. Priori, G. Cerullo, M. Nisoli, S. Stagira, S. De Silvestri, P. Villoresi, L. Poletto, P. Ceccherini, C. Altucci, B. Bruzzese and C. de Lisio: Phys. Rev. A 61,063801 (2000).

[256] G. Sansone, C. Vozzi, S. Stagira, M. Pascolini, L. Poletto, P. Villoresi,

G. Tondello, S. Di Silvestri, and M. Nisoli: Phys. Rev. Lett. 92, 113904 (2004).

[257] A. Gürtler, F. Robicheaux, M. J. J. Vrakking, W. J. van der Zande, and L. D. Noordam: Phys. Rev. Lett. 92, 063901 (2004).

[258] K. Lee, Y. H. Cha, M. S. Shin, B. H. Kim, and D. Kim: Phys. Rev. E 67, 026502 (2003).

[259] N. G. Basov, V. Yu. Bychenkov, O. N. Krokhin, M. V. Osipov, A. A. Rupasov, V. P. Silin, G. V. Sklizkov, A. N. Starodub, V. T. Tikhonchuk, and A. S. Shikanov: Sov. Phys. JETP 49, 1059 (1979).

[260] T. J. Englert and E. A. Rinehart: Phys. Rev. A 28, 1539 (1983).

[261] J. Meyer and Y. Zhu: Phys. Fluids 30, 890 (1987).

[262] S. -Y. Chen, A. Maksimchuk, E. Esarey, and D. Umstadter: Phys. Rev. Lett. 84, 5528 (2000).

[263] S. Banerjee, A. R. Valenzuela, R. C. Shah, A. Maksimchuk, and D. Umstadter: Phys. Plasmas 9, 2393 (2002).

[264] K. Ta Phuoc, A. Rousse, M. Pittman, J. P. Rousseau, V. Malka, S. Fritzler, D. Umstadter, and D. Hulin: Phys. Rev. Lett. 91, 195001 (2003).

[265] N. M. Naumova, J. A. Nees, I. V. Sokolov, B. Hou, and G. A. Mourou: Phys. Rev. Lett. 92, 063902 (2004).

[266] A. Rousse, C. Rischel, and J. C. Gauthier: Rev. Mod. Phys. 73, 17 (2001).

[267] This figure has been prepared by Werner A. Hügel, Institut für Angewandte Physik, Universität Karlsruhe (TH), Germany (2003).

[268] This figure has been prepared by Oliver D. Mücke, Institut für Angewandte Physik, Universität Karlsruhe (TH), Germany (2003).

[269] This figure has been prepared by Thorsten Tritschler, Institut für Angewandte Physik, Universität Karlsruhe (TH), Germany (2004).

[270] This figure has been prepared by Klaus Hof, Institut für Angewandte Physik, Universität Karlsruhe (TH), Germany (2004).